工业信息化技术丛书

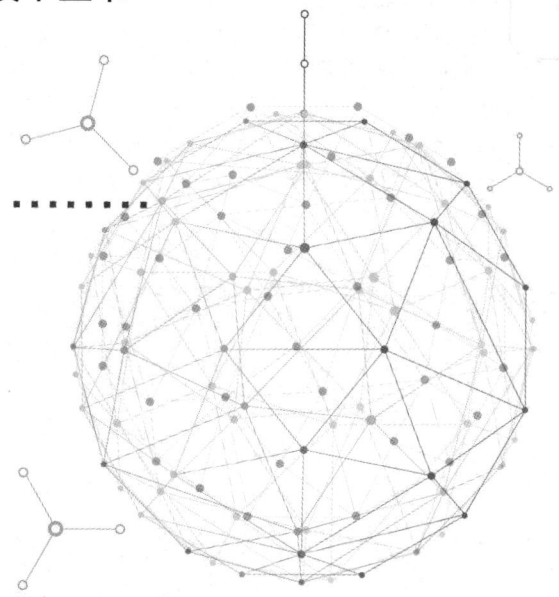

# 科技服务与价值链协同业务科技资源

孙林夫　高雪芹　◎著

电子工业出版社

Publishing House of Electronics Industry

北京·BEIJING

## 内容简介

《科技服务与价值链协同业务科技资源》是在"互联网+"时代、云服务、大数据和人工智能技术不断创新的环境中，对科技服务及科技资源新体系的一种探索。书中论述了构建现代产业集群的核心枢纽—价值链及价值链协同体系，试图建立基于工业互联网平台的价值链协同业务科技资源体系，并以典型的第三方工业互联网平台—国龙多价值链协同服务平台为例，论述了面向供应、营销、服务和配件价值链的业务科技资源模型和案例。本书是国家重点研发计划"现代服务业共性关键技术研发及应用示范"重点专项创新发展科技资源新体系的一种实践。

未经许可，不得以任何方式复制或抄袭本书之部分或全部内容。
版权所有，侵权必究。

#### 图书在版编目（CIP）数据

科技服务与价值链协同业务科技资源 / 孙林夫，高雪芹著. —北京：电子工业出版社，2021.8
（工业信息化技术丛书）
ISBN 978-7-121-41770-2

Ⅰ.①科⋯ Ⅱ.①孙⋯ ②高⋯ Ⅲ.①科技服务—协同效应—研究 Ⅳ.①G315

中国版本图书馆 CIP 数据核字（2021）第 160622 号

---

责任编辑：刘志红（lzhmails@phei.com.cn）　　特约编辑：李　姣
印　　刷：天津画中画印刷有限公司
装　　订：天津画中画印刷有限公司
出版发行：电子工业出版社
　　　　　北京市海淀区万寿路 173 信箱　邮编　100036
开　　本：720×1 000　1/16　印张：16.75　字数：297.48 千字
版　　次：2021 年 8 月第 1 版
印　　次：2021 年 8 月第 1 次印刷
定　　价：138.00 元

凡所购买电子工业出版社图书有缺损问题，请向购买书店调换。若书店售缺，请与本社发行部联系，联系及邮购电话：(010) 88254888，88258888。
质量投诉请发邮件至 zlts@phei.com.cn，盗版侵权举报请发邮件至 dbqq@phei.com.cn。
本书咨询联系方式：(010) 88254479，lzhmails@phei.com.cn。

# 前言
## PREFACE

  今天，我们正处于一个变革和创新的时代，云服务、大数据和人工智能技术不断创新，"互联网+先进制造业"及工业互联网发展得如火如荼，现代产业及其技术体系、生产模式、产业形态和价值链正在创新和重塑。而《国务院关于加快科技服务业发展的若干意见》的颁布让我国成为第一个将科技服务业作为一个独立的业态进行系统研究的国家，打造科技资源新体系、创新发展科技服务业显得尤为重要。正如哈佛商学院 Michael Porter 教授和 PTC 公司总裁 Jim Heppelmann 在《哈佛商业评论》中所云，不断变化的产品性质正在打破价值链，迫使各个公司不得不重新考虑和调整他们在公司内部所做的几乎一切事情。

  价值链及价值链协同体系是现代产业集群的核心枢纽，是推进城市群及产业集群化、服务化、生态化发展的纽带。因而推进价值链协同，创新发展价值链协同业务科技资源体系，既是科技服务业创新的重要方向，也是重塑生态化产业价值链，构建现代产业体系的主要手段。本书是国家重点研发计划"现代服务业共性关键技术研发及应用示范"重点专项创新发展科技资源新体系的一种实践，撰写工作得到国家重点研发计划"价值链协同业务科技资源及服务集成技术（2017YFB1400900）"项目的支持，也得到了该重点专项相关项目的支持，在此表示衷心感谢！

  本书共分为 8 章：第 1、2 章主要介绍城市群、科技服务业的基本概念，以及产业集群和价值链协同理论；第 3 章主要介绍科技服务内涵及价值链协同业务科技资源体系；第 4～7 章分别构建基于第三方云平台的供应、营销、配件和服务价值链协同业务科技资源；第 8 章总结面向城市群的业务科技资源服务体系。

本书技术性和实用性较强，可为从事价值链管理和科技服务业的工作人员提供参考。本书同样适用于供应链、汽车产业链等行业的研发和管理技术人员参考学习。

本书由孙林夫总体策划，从最初构思到定稿，经历1年多的时间，期间多次对提纲和内容进行调整。高雪芹、任春华、邱竞雄、王书海、马玉麟等博士参加了本书的撰写工作。书中包含了陈于思、罗宗鑫、江伟炜、冯子麟、叶飞、李旭、张峥、王浩雨、陈明露、王海阳、刘军、伍建辉、屈良全等人在完成学位论文期间的研究内容。本书还得到了电子工业出版社刘志红编辑的大力支持。在此向各位致以诚挚的谢意。本书在撰写过程中参阅并引用了不少文献和部分国内外在该领域的研究成果，作者在此一并致谢。

由于作者水平有限，书中难免出现纰漏和不足之处，敬请各位专家、读者批评指正。

作　者

2021年6月

# 目录
CONTENTS

**第1章 概述** ········································································· 001

    1.1 城市群是世界上经济最活跃的区域，科技服务业成为城市群创新发展的重要推动力 ··············································· 002

    1.2 价值链是推进城市群及产业集群化、服务化、生态化发展的纽带，推进价值链协同成为科技服务业创新的重要方向 ··············· 005

    1.3 科技革命和新一代信息技术的融合，为科技服务业创新和发展提供了重大机遇 ··············································· 007

    参考文献 ··································································· 012

**第2章 产业集群及价值链协同理论分析** ························· 014

    2.1 产业集群发展模式及集聚效应 ····························· 014

        2.1.1 产业集群发展模式 ····································· 014

        2.1.2 产业集群集聚机理分析 ································· 016

        2.1.3 产业集群集聚效应分析 ································· 020

    2.2 产业价值链管理理论 ··········································· 022

        2.2.1 供应链管理理论 ········································· 022

        2.2.2 集群式供应链理论 ····································· 023

        2.2.3 价值链管理理论 ········································· 024

2.2.4　价值网管理理论 ·········································································· 025

2.3　产业价值链协同平台和系统 ············································································ 025

　　　2.3.1　供应链管理系统及产业价值链协同解决方案 ·········································· 025

　　　2.3.2　第三方云服务平台及产业价值链协同解决方案 ······································· 029

　　　2.3.3　工业互联网平台及产业价值链协同解决方案 ·········································· 031

参考文献 ······················································································································· 036

# 第 3 章　科技服务与价值链协同业务科技资源 ····················································· 039

3.1　科技服务与科技资源 ······················································································ 039

　　　3.1.1　科技服务与科技资源 ··········································································· 039

　　　3.1.2　"互联网+"赋予科技服务的新内涵 ····················································· 045

3.2　面向价值链业务协同的科技资源 ···································································· 047

　　　3.2.1　知识化业务流程建模 ··········································································· 047

　　　3.2.2　资源模型建模 ····················································································· 050

　　　3.2.3　知识化业务流程与资源模型的映射关系建模 ·········································· 053

　　　3.2.4　价值链协同业务科技资源建模 ······························································ 056

3.3　价值链协同业务科技资源体系 ······································································· 057

　　　3.3.1　产业集群价值链协同活动与业务科技资源需求分析 ······························· 058

　　　3.3.2　价值链协同业务科技资源体系 ······························································ 061

参考文献 ······················································································································· 062

# 第 4 章　基于第三方云平台的供应价值链协同业务科技资源 ······························· 065

4.1　面向供应商的配件社会库存管控业务科技资源 ············································· 065

　　　4.1.1　面向供应商的配件社会库存管控需求分析 ············································· 065

　　　4.1.2　面向供应商的配件社会库存管控业务流程 ············································· 067

4.1.3　面向供应商的配件社会库存管控业务科技资源构建 ············ 070

　　4.1.4　支持库存管控业务科技资源的跨链检索与匹配模型 ············ 072

　　4.1.5　面向供应商的库存管控业务科技资源应用案例 ················ 077

4.2　面向供应商的配件销售业务科技资源 ································ 080

　　4.2.1　面向供应商的配件销售需求分析 ···························· 080

　　4.2.2　面向供应商的配件销售业务流程 ···························· 081

　　4.2.3　面向供应商的配件销售业务科技资源构建 ···················· 082

　　4.2.4　支持配件销售业务科技资源的销量预测模型 ·················· 083

　　4.2.5　面向供应商的库存管控业务科技资源应用案例 ················ 087

4.3　面向供应商的配件故障分析业务科技资源 ···························· 089

　　4.3.1　面向供应商的配件故障需求分析 ···························· 089

　　4.3.2　面向供应商的配件故障分析业务流程 ························ 090

　　4.3.3　面向供应商的配件故障分析业务科技资源构建 ················ 092

　　4.3.4　支持配件故障分析业务科技资源的损坏量预测模型 ············ 093

　　4.3.5　面向供应商的配件故障分析业务科技资源应用案例 ············ 096

参考文献 ································································ 103

# 第 5 章　基于第三方云平台的营销价值链协同业务科技资源 ·············· 104

5.1　面向经销商的整车营销业务科技资源 ································ 104

　　5.1.1　面向经销商的整车营销需求分析 ···························· 104

　　5.1.2　面向经销商的整车营销业务流程 ···························· 105

　　5.1.3　面向经销商的整车营销业务科技资源构建 ···················· 107

　　5.1.4　支持整车营销业务科技资源的人车模型 ······················ 109

　　5.1.5　面向经销商的整车营销业务科技资源应用案例 ················ 111

5.2 面向经销商的整车订单库存匹配业务科技资源 ………………………… 115
    5.2.1 面向经销商的整车库存管理需求分析 ………………………… 115
    5.2.2 面向经销商的整车订单库存匹配业务流程 …………………… 117
    5.2.3 面向经销商的整车订单库存匹配业务科技资源构建 ………… 118
    5.2.4 整车订单库存匹配业务科技资源模型 ………………………… 120
    5.2.5 面向经销商的整车订单库存匹配业务科技资源应用案例 …… 122

5.3 面向经销商的绩效评价业务科技资源 …………………………………… 124
    5.3.1 面向经销商的绩效评价需求分析 ……………………………… 124
    5.3.2 面向经销商绩效评价的业务流程 ……………………………… 126
    5.3.3 面向经销商绩效评价的业务科技资源构建 …………………… 126
    5.3.4 支持经销商绩效评价业务科技资源的评价模型 ……………… 129
    5.3.5 面向经销商绩效评价业务科技资源的应用案例 ……………… 131

参考文献 …………………………………………………………………………… 137

## 第6章 基于第三方云平台的配件价值链协同业务科技资源 …………… 138

6.1 面向配件代理商的库存管控业务科技资源 ……………………………… 138
    6.1.1 配件价值链协同云平台下的库存管控技术需求分析 ………… 138
    6.1.2 面向配件代理商的库存管控业务流程设计 …………………… 139
    6.1.3 面向配件代理商的库存管控业务科技资源构建 ……………… 141
    6.1.4 支持配件代理商库存管控业务科技资源的搜索模型 ………… 142
    6.1.5 面向配件代理商的库存管控业务科技资源应用案例 ………… 148

6.2 面向配件代理商的配件需求预测业务科技资源 ………………………… 151
    6.2.1 面向配件代理商的配件需求预测业务需求分析 ……………… 151
    6.2.2 面向配件代理商的配件需求预测业务流程设计 ……………… 153
    6.2.3 面向配件代理商的配件需求预测业务科技资源构建 ………… 153

  6.2.4 支持配件代理商配件需求预测业务科技资源的预测模型 ………… 156

  6.2.5 面向配件代理商的配件销售预测业务科技资源应用案例 ……… 158

 6.3 面向配件代理商的配件库存风险管控业务科技资源 ………………………… 159

  6.3.1 面向配件代理商的配件库存风险管控业务需求分析 …………… 159

  6.3.2 面向配件代理商的配件库存风险管控业务流程设计 …………… 162

  6.3.3 面向配件代理商的配件库存风险管控业务科技资源构建 ……… 168

  6.3.4 支持配件代理商库存管控业务科技资源的风险评估模型 ……… 170

  6.3.5 面向配件代理商的配件库存风险管控业务科技资源应用案例 … 175

参考文献 …………………………………………………………………………………… 179

# 第 7 章 基于第三方云平台的服务价值链协同业务科技资源 …………………… 180

 7.1 面向服务商的故障知识库业务科技资源 …………………………………… 180

  7.1.1 服务价值链协同云平台下的故障知识库构建需求分析 ………… 180

  7.1.2 面向服务商的故障知识库构建方案设计 ………………………… 181

  7.1.3 面向服务商的故障知识库业务科技资源构建 …………………… 184

  7.1.4 服务商故障知识库构建模型 ……………………………………… 186

  7.1.5 面向服务商的故障知识库业务科技资源应用案例 ……………… 197

 7.2 面向服务商的故障知识服务业务科技资源 ………………………………… 202

  7.2.1 服务价值链协同云平台下的故障知识服务需求分析 …………… 202

  7.2.2 面向服务商的故障知识服务业务流程设计 ……………………… 203

  7.2.3 面向服务商的故障知识服务业务科技资源构建 ………………… 207

  7.2.4 支持服务商故障知识服务业务科技资源的匹配搜索模型 ……… 209

  7.2.5 面向服务商的故障知识服务业务科技资源应用案例 …………… 217

 7.3 面向服务商的售后数据服务业务科技资源 ………………………………… 223

  7.3.1 服务价值链协同云平台下的售后数据服务需求分析 …………… 223

7.3.2　面向服务商的售后数据服务业务流程设计 ………………… 225

7.3.3　面向服务商的售后数据服务业务科技资源构建 …………… 230

7.3.4　支持服务商售后数据服务业务科技资源的预测模型 ……… 232

7.3.5　面向服务商的售后数据服务业务科技资源应用案例 ……… 236

参考文献 ……………………………………………………………………… 242

## 第8章　面向城市群的业务科技资源服务体系 ……………………… 243

8.1　城市群综合科技服务平台 …………………………………………… 243

8.2　面向城市群的业务科技资源服务体系 ……………………………… 246

8.3　面向城市群的业务科技资源服务体系部署与应用 ………………… 251

8.4　城市群及区域产业集群科技服务发展模式探索 …………………… 254

参考文献 ……………………………………………………………………… 256

# 第1章
# 概　述

  2014年,《国务院关于加快科技服务业发展的若干意见》(以下简称《意见》)的颁布使中国成为第一个将科技服务业作为一个独立的业态并进行系统研究的国家。《意见》认为,加快科技服务业发展,是推动科技创新和科技成果转化、促进科技经济深度融合的客观要求;是调整优化产业结构、培育新经济增长点的重要举措;是实现科技创新引领产业升级、推动经济向中高端水平迈进的关键一环,对于深入实施创新驱动发展战略、推动经济提质增效升级具有重要意义。

  《意见》提出,到2020年,基本形成覆盖科技创新全链条的科技服务体系,服务科技创新能力大幅增强,科技服务市场化水平和国际竞争力明显提升,培育一批拥有知名品牌的科技服务机构和龙头企业,涌现一批新型科技服务业态,形成一批科技服务产业集群,科技服务业成为促进科技经济结合的关键环节和经济提质增效升级的重要引擎。同时,提出了重点发展研究开发、技术转移、检验检测认证、创业孵化、知识产权、科技咨询、科技金融、科学技术普及等专业科技服务和综合科技服务,提出了"8+1"的科技服务格局。

  《意见》鼓励科技服务机构的跨领域融合、跨区域合作,以市场化方式整合现有科技服务资源,创新服务模式和商业模式,发展全链条的科技服务,形成集成化总包、专业化分包的综合科技服务模式。鼓励科技服务机构面向产业集群和区域发展需求,开展专业化的综合科技服务,培育发展壮大若干科技集成服务商。

  2021年,中华人民共和国国家发展和改革委员会等13部门联合颁布了《关于加快推动制造服务业高质量发展的意见》(发改产业〔2021〕372号),要求发展研究开发、技术转移、创业孵化、知识产权、科技咨询等科技服务业，推动产业链与创新链精准对接、深度融合。

可见，面向产业集群和区域发展需求，开展跨领域融合、跨区域的专业化综合科技服务成为科技服务的重大方向。而推进城市群产业梯度转移和产业转型升级，既是科技服务业发展的着力点，也是科技服务业创新发展的新土壤。

## 1.1 城市群是世界上经济最活跃的区域，科技服务业成为城市群创新发展的重要推动力

**1. 城市群是世界上经济最活跃的区域，主导着全球及各国经济的发展**

城市群发展是世界经济科技重心转移的结果，已成为世界上经济最活跃的区域，主导着全球及各国经济的发展，像以"伦敦—利物浦"为轴线的英国伦敦城市群、"波士顿—纽约—华盛顿"北美大西洋沿岸城市群等。

以国际大都市为核心的城市群已完成城市群产业梯度转移和产业结构转型升级。其中，国际大都市率先完成了从工业经济向服务经济的发展转变；而制造业中心城市大力构建制造业与服务业并重的多元经济体系。以"伦敦—利物浦"为轴线的英国伦敦城市群，伦敦的三次产业比例在 2004 年就已经达到 0.04∶12.70∶87.26，见表 1-1。城市群产业梯度转移已经完成。

表 1-1　国际大都市的发展情况

|  | 伦敦（%） | 东京（%） |
| --- | --- | --- |
| 面积占全国比重 | 0.65 | 0.6 |
| 人口占全国比重 | 12.5 | 9.8 |
| GDP 占全国比重 | 17.00 | 18.00 |
| 三次产业比例 | 0.04∶12.70∶87.26 | 0.1∶13.8∶86.1 |

我国城市群面积约占全国的 28%，人口约占全国的 68%，经济总量却占全国的 82%左右。其中，二产增加值占全国 93.51%，三产占 77.07%，互联网用户占 95.89%，专利授权量占 83.57%。虽然我国地级城市服务业就业人口仅占全国的 14.26%，但创造了 70.97%的服务业增加值，成为我国经济最为活跃的区域和经济发展的主导力量。表 1-2 所示为京津冀协同区、长三角、成渝和哈长城市群发展情况。

表 1-2 京津冀协同区、长三角、成渝和哈长城市群发展情况

|  | 京津冀城市群 | 长三角城市群 | 成渝城市群 | 哈长城市群 |
| --- | --- | --- | --- | --- |
| 面积占全国比重 | 1.91% | 1.15% | 1.92% | 2.92% |
| 人口占全国比重 | 6.5% | 7.18% | 6.65% | 3.38% |
| GDP 占全国比重 | 8.8% | 15.45% | 5.49% | 3.71% |
| 三次产业比例 | 5：40：55 | 3：46：51 | 10：50：40 | 12：49：39 |

可见，城市群已经成为世界上经济最为活跃的区域，主导着全球经济与各国经济的发展。现代服务业特别是科技服务业正在成为推进城市群产业梯度转移，实现产业结构转型升级的重要推动力。

我国高度重视城市群的创新发展，习近平总书记在中国共产党第十九次全国代表大会上的报告中指出，要"贯彻新发展理念，建设现代化经济体系"，提出建立更加有效的区域协调发展新机制，建立"以城市群为主体构建大中小城市和小城镇协调发展的城镇格局"。2020 年 10 月 16 日，习近平总书记主持中共中央政治局会议，审议《成渝地区双城经济圈建设规划纲要》。此次会议指出，当前我国发展的国内国际环境将持续发生深刻复杂的变化，推动成渝地区双城经济圈建设，有利于形成优势互补、高质量发展的区域经济布局，有利于拓展市场空间、优化和稳定产业供应链，是构建以国内大循环为主体、国内国际双循环相互促进的新发展格局的一项重大举措。

2020 年 10 月 29 日，中国共产党第十九届中央委员会第五次全体会议通过的《中共中央关于制定国民经济和社会发展第十四个五年规划和二〇三五年远景目标的建议》要求促进大中小城市和小城镇协调发展，发挥中心城市和城市群带动作用，建设现代化都市圈。《中华人民共和国国民经济和社会发展第十四个五年规划和 2035 年远景目标纲要》中提出，要以城市群、都市圈为依托，促进大中小城市和小城镇协调联

动、特色化发展。以促进城市群发展为抓手，全面形成"两横三纵"城镇化战略格局。建立健全城市群一体化协调发展机制和成本共担、利益共享机制，统筹推进基础设施协调布局、产业分工协作、公共服务共享、生态共建环境共治。围绕优化提升超大特大城市中心城区功能，提出有序疏解中心城区一般性制造业、区域性物流基地、专业市场等功能和设施的要求。

2. 城市群产业集群化、服务化、生态化发展趋势明显，科技服务业已成为城市群产业梯度转移、实现转型升级的重要推动力

《中华人民共和国国民经济和社会发展第十四个五年规划和 2035 年远景目标纲要》要求增强全球资源配置、科技创新策源、高端产业引领功能，率先形成以现代服务业为主体、以先进制造业为支撑的产业结构，提升综合能级与国际竞争力。城市群产业集群化、服务化、生态化发展趋势明显。

一是集群化。城市群通过产业纵向关联、横向竞合及城市独特的优势，在城市群形成了各种各样的产业集群，分工合作越来越多，产业集群化趋势不断增强，致使城市群由竞争走向竞争与合作，产业集聚效应越来越明显。

二是服务化。20 世纪 70 至 80 年代，国际大都市率先完成了从工业经济向服务经济的发展转变。而利物浦等制造业中心城市则构建了制造业与服务业并重的多元经济体系，一是知识密集性服务业向制造业全链条全过程渗透，成为推动城市群产业向价值链高端跃升的重要动力；二是以产业集聚发展现代产业，以制造与服务融合发展产业新生态。

三是生态化。今天的产业竞争已从企业间的个体竞争发展成为产业链之间的整体竞争，构建以专业化分工与社会化协作为基础，各种不同级别企业并存，不同类型企业共生互补的生态化产业体系已成为重大趋势，产业生态化发展推进了城市群的竞争和合作，推动了城市群产业的梯度转移。

可见，现代服务业的创新发展已经成为城市群产业梯度转移、实现转型升级的重要推动力。作为现代服务业的重要组成部分，科技服务业具有人才智力密集、科技含量高、产业附加值大、辐射带动作用强等特点，是推动城市群及产业集群化、服务化、生态化发展的核心动力。

## 1.2 价值链是推进城市群及产业集群化、服务化、生态化发展的纽带，推进价值链协同成为科技服务业创新的重要方向

经济全球化、信息技术的革命和现代管理思想的发展，使现代产业体系发生了重大变化。同质化的竞争和供大于求的市场，使企业原有的生产、技术和资金等优势越来越不明显，产品利润率日趋降低。

全球化和信息化使价值链的各个环节可以在空间上离散地分布于世界各地，在全球化整合中抓住产业价值链的战略环节，在价值链中处于治理者地位，就能在全球产业竞争中取得优势。在全球范围配置制造资源、形成制造业优势产业链和区域特色产业集群、抢占世界市场已成为各国制造业发展的首选战略。

因此，发达国家的跨国企业纷纷实施归核化战略和差异化战略，把经营重点放在核心业务价值链中本身优势最大的环节上，而将非核心业务剥离，通过实施战略性外包增强差异性竞争优势。这使原本完整连续的传统产业价值链断裂分解，与渗透进来的服务价值链条混合，实现了产业融合，产生了全新的现代产业价值链。

如今，产业竞争已从企业间的个体竞争发展成为产业链之间的整体竞争，现代产业正在向链条化、集群化和生态化方向发展。构建以专业化分工与社会化协作为基础，各种不同级别企业并存，不同类型企业共生互补的生态化产业体系已成为世界现代产业发展的重大趋势。

围绕制造业产业链的协同与优化已成为提升产业核心竞争力的必然选择。产业生态化发展推进了企业群的竞争和合作，企业群的"互联"与"协同"成为发展中的首要问题。围绕"互联"与"协同"，推动了科技服务业的发展，继而成为重塑生态化产业价值链，构建现代产业体系的主要手段。

## 科技服务与价值链协同业务科技资源

实施中国制造强国战略提出：引导大企业与中小企业通过专业分工、服务外包、订单生产等多种方式，建立协同创新、合作共赢的协作关系。推动建设一批高水平的中小企业集群。建设一批特色和优势突出、产业链协同高效、核心竞争力强、公共服务体系健全的新型工业化示范基地。

《关于加快推动制造服务业高质量发展的意见》（发改产业〔2021〕372号）要求健全制造业供应链服务体系，稳步推进制造业智慧供应链体系，创新网络和服务平台建设，推动制造业供应链向产业服务供应链转型。支持制造业企业发挥自身供应链优势赋能上下游企业，促进各环节高效衔接和全流程协同。要求构建协同发展生态。依托龙头企业构建产业链增值服务的生态系统，推动上下游企业开展协同采购、协同制造、协同物流，促进大中小企业专业化分工协作，构建创新协同、产能共享、供应链互通的生态链。

德国"工业4.0"期望通过互连互通，将设计、生产设备、生产线、工厂、供应商、产品和客户紧密联系在一起，一是实现所有生产、运营环节信息的纵向集成；二是实现不同企业间信息共享和业务协同的横向集成；三是围绕产品全生命周期的价值链的端到端集成，实现从产品设计、生产制造、物流配送、使用维护等在内的产品全生命周期价值链的协同。

德国西门子公司打造了西门子基于云的开放式物联网操作系统——MindSphere，构建以西门子数字化工厂智能套件为核心的解决方案，发展消费者定制、消费者互动、智能供应链圈、智能设计、智能制造、智能服务等为核心的互联互通平台。推进了以科技服务创新产业互联与协同的重要发展方向。

美国通用电气公司（GE）基于价值1万亿美元的运营资产及其由1 000万个传感器追踪的5 000万多类独特数据，打造了Predix云平台，与英特尔合作打造Predix Ready的设备以链接所有工业物联网的边缘设备，在思科网络产品上集成Predix软件，提供整套软件服务，构建Predictivity数据与分析解决方案。基于工业互联网，实现了机器、数据和人相连接，推进从被动的"工业运营"转向"预测模式"。数据及分析解决方案也成了科技服务的新资源。

产业互联与协同支撑了产业价值链的重塑。基于互联与协同及其新兴服务业的发展，推进了制造业多价值链的协同，创造了基于价值网的生态化产业新体系，从而打破传统供应链的线性协作关系，利于形成以客户为核心的价值创造体系，由客户、企业及供应商、合作制造商组成环形结构，打破了传统供应链与上下游协作的线性价值链。以支撑制造和服务企业群"互联"与"协同"，以推进协作模式创新为目标的现代服务业得到创新和发展，成为突破数据孤岛、业务孤岛、价值链孤岛，打破微笑曲线和价值链陷阱的重要手段，也是发展制造服务新生态、构建现代产业新体系的重要手段。

为此，《国务院关于加快科技服务业发展的若干意见》专门鼓励科技服务机构面向产业集群和区域发展需求，开展专业化的综合科技服务。城市群及产业的集群化、服务化、生态化发展对科技服务业的创新提出了重大需求。

但是，我国城市群产业结构趋同，服务业发展严重不足，分工合作与产业梯度转移体系尚未全面形成。一是缺乏支撑城市群和区域现代产业体系构建的科技服务业发展理论、方法和核心技术，人们至今没有看到从城市群和区域现代产业体系构建及推进城市群产业梯度转移的角度来发展科技服务业的新理论和新技术；二是缺乏支撑城市群和产业集群的区域综合科技服务发展模式和解决方案，对服务模式创新认识不足，轻模式成为普遍问题；三是缺乏支撑城市群和区域产业集群的区域综合科技服务平台，科技服务机构市场能力薄弱。

因此，迫切需要创新科技服务业，以推进价值链协同，为城市群及产业集群化、服务化、生态化发展提供支撑。

## 1.3 科技革命和新一代信息技术的融合，为科技服务业创新和发展提供了重大机遇

新一轮科技革命引发服务业创新升级。云服务、大数据、工业互联、人工智能等技术的不断突破和深入应用，加速了科技服务新发展模式、新资源体系、新传递

系统及新兴业态的创新和发展,推动了现代服务产业的平台化、服务化、集群化和生态化,知识密集型服务业比重快速提升,推进了服务业的转型升级,推动着新一轮的产业变革。

实施中国制造强国战略提出要促进工业互联网、云计算、大数据在企业研发设计、生产制造、经营管理、销售服务等全流程和全产业链的综合集成应用。建立优势互补、合作共赢的开放型产业生态体系。加快开展物联网技术研发和应用示范,培育智能监测、远程诊断管理、全产业链追溯等工业互联网新应用。

**1. 云服务平台已成为生态化现代产业体系的重要一环,已成为科技服务的主要手段,得到世界各国高度重视**

云服务正在带动生产与服务模式的创新,推进服务方式的根本性变革。云平台在互联网络上配置、租赁和管理应用服务解决方案,具有明显的资源优势、效率优势和成本优势,是融入产业价值链的重要环节。正在打破全球既有技术锁定和传统垄断体系,推动产业链和产业力量的分化重组,催生新兴产业体系,为重塑产业格局带来新的重大机遇。

为提升产业整体竞争能力,构建生态化的现代产业体系,不少国家围绕产业链和企业群建设云服务平台,建立业务协同和资源共享环境,既提升了产业链的运行效率、降低了产业链运行成本和制造资源的配置成本,又消除了广大中小企业进入国际竞争的屏障和壁垒,形成了在全球范围配置资源的优势和新型协作体系。谷歌、IBM、亚马逊和微软等国际具有影响力的 IT 公司把云计算理解为一个概念、一种方法和一项工具,云服务则是云计算的具体商业实现,因此,很多公司投入大量资金建设云基础设施,研发云服务平台和云解决方案。传统互联网企业借助于"云终端+整合服务"向云服务转型;众多基于云技术的服务创新也已经展开,在行业应用领域出现了移动金融云、电子商务云、医疗云和物流云等创新服务形式,在个人消费领域出现了数据信息存储、备份和同步、影音、游戏、导航和搜索、安全、SNS 等创新服务。

GE 基于 Predix 云构建工业生态系统。可以将各类数据按照统一的标准进行规范化梳理,并提供随时调取和分析的能力,基于 Predix 平台开发部署计划和物流、互联产品、智能环境、现场人力管理、工业分析、资产绩效管理、运营优化等多类工业

APP。如布鲁斯电力公司通过 8 个核反应堆（每个能够生产多达 800 兆瓦）能够为加拿大安大略省提供约 30%的基础电力，但它同样面临发电效率低下、核电设备维护难度等问题。凭借 Predix 平台的应用，发电效率大幅上升，平均发电价格降低了 30%，设备稳定性明显上升。

按照著名咨询公司 Gartner 提供的技术成熟度曲线，云计算作为一种服务的交付和使用模式，已进入"黄金机遇期"，呈现出高增长态势。IDC 的《中国企业级 SaaS 市场发展预测（2016—2021）》认为，越来越多的企业通过云计算降低成本并实现资源优化配置。到 2021 年，市场规模将会突破 300 亿元人民币，年复合增长率为传统软件的 5 倍。

2. 大数据成为重要的战略资源，基于大数据的科技服务已经兴起，数据分析能力正在成为现代服务业的核心竞争力

今天，全球数据量已跨入 Zettabyte 时代，并正在以每年翻一倍的速度递增。据麦肯锡（McKinsey）测算，利用全球个人位置数据，就可以创造出 6 000 亿美金的消费者价值。大数据有巨大的潜在价值。

我国高度重视发展大数据及基于大数据的科技服务。《国家创新驱动发展战略纲要》要求"推动宽带移动互联网、云计算、物联网、大数据、高性能计算、移动智能终端等技术研发和综合应用""加快网络化制造技术、云计算、大数据等在制造业中的深度应用"。《中华人民共和国国民经济和社会发展第十四个五年规划和 2035 年远景目标纲要》要求加快构建全国一体化大数据中心体系，强化算力统筹智能调度，建设若干国家枢纽节点和大数据中心集群，建设 E 级和 10E 级超级计算中心。鼓励企业开放搜索、电商、社交等数据，发展第三方大数据服务产业，促进共享经济、平台经济健康发展。

国家重点研发计划结合网络协同制造和智能工厂重点专项的实施，构建制造大数据平台及企业数据空间，研究支撑智能决策和预测运营的技术体系、标准体系、数据体系，研发制造大数据驱动的企业业务管控、智能决策、预测运营等系统，形成基于战略管控、智能决策和预测运营的整体解决方案。为基于制造大数据的科技服务创新奠定了基础。

中国信息通信研究院发布的《大数据白皮书（2018年）》显示：在产业层面，我国大数据产业继续保持高速发展。权威咨询机构 Wikibon 的预测表示，大数据在 2018 年深入渗透到各行各业。中国信息通信研究院结合对大数据相关企业的调研测算，2017 年我国大数据产业规模为 4 700 亿元人民币，同比增长 30%。其中，大数据软硬件产品的产值约为 234 亿元人民币，同比增长 39%。

中国信息通信研究院发布的《中国数字经济发展与就业白皮书（2018年）》中的数据显示，2017 年我国数字经济总量达到 27.2 万亿元，同比名义增长超过 20.3%，占 GDP 比重达到 32.9%。其中，以大数据为代表的新一代信息技术对于数字经济的贡献功不可没。赛迪顾问股份有限公司发布的《2018 中国大数据产业发展白皮书》展示了我国的大数据产业生态地图。

阿里巴巴的阿里云 ET 工业大脑平台包含数据舱、应用舱和指挥舱 3 大模块，分别实现数据知识图谱的构建、业务智能算法平台的构建及生产可视化平台的构建。依托阿里云大数据平台，ET 平台建立产品全生命周期数据治理体系，有效改善生产良率、优化工艺参数、提高设备利用率、减少生产能耗，提升设备预测性维护能力。

美国高度重视大数据研发和应用。2012 年 3 月美国政府发布了大数据研究和发展倡议，2014 年美国总统行政办公室发布《2014 年全球大数据白皮书》，2016 年进一步发布联邦大数据研究与开发计划，不断加强在大数据研发和应用方面的布局；2018 年在发布的《美国先进制造业领导者的战略》中提出"要通过将大数据分析和先进的传感和控制技术应用于大量制造业活动，促进制造业的数字化转型"。

3. 工业互联成为重塑现代产业格局的重大机遇，基于工业互联的科技服务体系正在发展和壮大

作为新一代信息技术与制造业深度融合的产物，工业互联网日益成为新工业革命的关键支撑和深化"互联网+先进制造业"的重要基石，对未来工业发展产生了全方位、深层次、革命性的影响。

《中华人民共和国国民经济和社会发展第十四个五年规划和 2035 年远景目标纲

要》明确提出"在重点行业和区域建设若干国际水准的工业互联网平台和数字化转型促进中心，深化研发设计、生产制造、经营管理、市场服务等环节的数字化应用，培育发展个性定制、柔性制造等新模式，加快产业园区数字化改造。深入推进服务业数字化转型，培育众包设计、智慧物流、新零售等新增长点"。

我国的航天云网——INDICS平台提供工业服务引擎、面向软件定义制造的流程引擎、大数据分析引擎、仿真引擎和人工智能引擎，提供面向开发者的公共服务组件库和200多种API接口。海尔COSMOPlat平台已打通交互定制、开放研发、数字营销、模块采购、智能生产、智慧物流、智慧服务等业务环节，满足用户个性化定制需求。树根互联——根云平台能够为企业提供端到端的解决方案和即插即用的SaaS应用。

发达国家的工业互联网已得到高速发展，其生态系统格局正在形成和发展。在产业链上游，云计算、数据管理、数据分析、数据采集与集成、边缘计算五类专业技术型企业为平台构建提供技术支撑；在产业链中游，装备与自动化、工业制造、信息通信技术、工业软件四大领域内的领先企业则加快了平台布局速度；在产业链下游，垂直领域用户和第三方开发者通过应用部署与创新不断为平台创造新的价值。

美国通用电气公司大力打造工业互联网，基于工业互联网，实现了机器、数据和人相连接；德国SAP公司打造HANA平台，基于工业互联网智能地连接人、物和业；德国西门子公司打造MindSphere平台，构建基于云的开放式物联网操作系统，并通过用于产品、生产和绩效的全数字化双胞胎推动闭环创新。以云平台为核心、以网络化为重要特征、支撑制造业工业体系的工业互联网正在形成和发展。MindSphere平台目前已在北美和欧洲的100多家企业开始试用，并在2017年汉诺威展会上与埃森哲、Evosoft、SAP、微软、亚马逊和Bluvision等合作伙伴展示了多种微服务和工业App。依托MindSphere平台，通过云传输，实现失效报警和故障预警功能。

富士康的BEACON平台通过工业互联网、大数据、云计算等软件与工业机器人、传感器、交换机等硬件进行相互整合，建立了端到端的可控可管的智慧云平台，实现了设备能耗实时监控，优化了生产过程中2C排程，企业制造环节省电10%，明显减少设备维护及上料时间，弱化自动在线测试环节，提高产品一次性良品率。

**4. 人工智能正在成为引领未来的战略性技术和新一轮产业变革的核心驱动力，是科技服务创新的重大方向**

经过60多年的演进，特别是在移动互联网、大数据、超级计算、传感网、脑科学等新理论新技术及经济社会发展强烈需求的共同驱动下，人工智能发展进入新阶段。世界主要发达国家把发展人工智能作为提升国家竞争力、维护国家安全的重大战略，加紧出台规划和政策，围绕核心技术、顶尖人才、标准规范等强化部署，力图在新一轮国际科技竞争中掌握主导权，人工智能成为国际竞争的新焦点。

2017年7月，国务院印发了《新一代人工智能发展规划》（以下简称《规划》），认为"人工智能的迅速发展将深刻改变人类社会生活、改变世界"。人工智能作为新一轮产业变革的核心驱动力，将进一步释放历次科技革命和产业变革积蓄的巨大能量，并创造新的强大引擎，重构生产、分配、交换、消费等经济活动各环节，形成从宏观到微观各领域的智能化新需求，催生新技术、新产品、新产业、新业态和新模式，引发经济结构重大变革，深刻改变人类生产生活方式和思维模式，实现社会生产力的整体跃升，人工智能正在成为经济发展的新引擎。

《规划》提出要"深入实施创新驱动发展战略，以加快人工智能与经济、社会、国防深度融合为主线，以提升新一代人工智能科技创新能力为主攻方向，发展智能经济，建设智能社会，维护国家安全，构筑知识群、技术群、产业群互动融合和人才、制度、文化相互支撑的生态系统"。要求到2025年，人工智能可以成为带动我国产业升级和经济转型的主要动力，新一代人工智能理论与技术体系初步建立，人工智能产业迈向全球价值链高端。新一代人工智能在智能制造、智能医疗、智慧城市、智能农业、国防建设等领域得到广泛应用，人工智能核心产业规模超过4 000亿元，带动相关产业规模超过5万亿元。

# 参考文献

[1] 国务院. 关于加快科技服务业发展的若干意见[S]. 2014.

[2] 国家发展改革委. 关于加快推动制造服务业高质量发展的意见[S]. 2021.

[3] 中共中央政治局. 成渝地区双城经济圈建设规划纲要[S]. 2020.

[4] 十九届五中全会. 中共中央关于制定国民经济和社会发展第十四个五年规划和二〇三五年远景目标的建议[S]. 2020.

[5] 十三届全国人大四次会议. 中华人民共和国国民经济和社会发展第十四个五年规划和2035年远景目标纲要[S]. 2021.

[6] 国务院. 中国制造2025[S]. 2015.

[7] 中共中央, 国务院. 国家创新驱动发展战略纲要[S]. 2016.

[8] 中国信息通信研究院. 大数据白皮书（2018年）[M]. 2018.

[9] 中国信息通信研究院. 中国数字经济发展与就业白皮书（2018年）[M]. 2018.

[10] 工业和信息化部. 2018中国大数据产业发展白皮书[M]. 2018.

[11] 美国白宫. 2014年全球大数据白皮书[M]. 2014.

[12] 美国国家科学技术委员会. 先进制造业美国领导力战略[M]. 2018.

[13] 国务院. 新一代人工智能发展规划[S]. 2017.

# 第 2 章
# 产业集群及价值链协同理论分析

## 2.1 产业集群发展模式及集聚效应

### 2.1.1 产业集群发展模式

城市群及产业集群的发展模式研究论著较丰富,如《超越集群——中国产业集群的理论探索》(王缉慈等人)、《中小企业集群与经济发展》(邵继勇)、《产业集群的组织分析》(李凯等人)、《集聚经济学——城市、产业区位与全球化》(藤田昌九等人)。其中,最为典型的是《中小企业集群与经济发展》论述的"五种模型说",认为产业集群按不同标准可归纳为不同的模式体系。

**1. 轴轮式产业集群**

轴轮式产业集群是指众多相关中小企业围绕一个龙头企业形成的产业集群。在一个处于中心地位的大企业的带动下,各中小企业一方面按照它的要求,为它加工、制造某种产品的零部件或配件,或者提供某种服务,另一方面又完成相对独立的生产运作,促进自身的发展。日本的丰田汽车城是轴轮式集群的典型。在丰田公司的 250 多个供货商中,有 50 个供货商将总部设在了丰田城,其余供货商也聚集在半径为 5 小时车程的范围之内。所有的供应商都紧紧地围绕着丰田,形成一个整体。丰田要求供货必须准时,货到后不进库房,直接按计划时间上线,即时作业。这套标准化流程是连续花费了3年时间,集合了250多个供应商,通过不断开会、讨论、训练而形成的。标准化生产链在保证了产品质量的同时,也把成本降到了最低。

轴轮式产业集群的主要特点有以下几方面:①有一个大型企业构成集群的核心,带动周围的中小企业发展;②核心企业凭借自身雄厚的技术支持和强大的品牌优势,控制着整个系统的运转,并给周边企业以指导;③整个集群的运作以核心企业的生产流程为主线;④相比集群外企业,集群内众多小企业能够提供更低的运费、更符合要求的配套加工产品。

2. 多核式产业集群

多核式产业集群是指众多小企业围绕几个龙头企业形成的产业集群。在形成初期,这种模式往往只有一个核心企业和一些相关配套企业,但随着产业的发展,会出现多个核心企业,形成同一集群内多个主体并存的局面。如美国的底特律汽车城,有通用、福特和克莱斯勒三大汽车公司,这三大全球知名企业带动了众多规模不同的汽车企业。美国有1/4的汽车产于底特律城,全城400多万人口中,有90%的人靠汽车工业谋生。

多核式产业集群模式的主要特点是:①以几个企业为核心进行运营;②围绕不同的核心企业形成了多个体系,同一体系内部密切合作,体系间又存在着明显的竞争;③集群中的竞争一方面表现为核心企业之间的竞争,即选择外围合作企业(如供货商、服务机构等)和争取顾客,另一方面表现为生产同类产品的配套企业间的竞争,即外围企业竞争对自己企业发展更有利的核心企业。

3. 网状式产业集群

网状式产业集群是指众多相对独立的中小企业交叉联系,聚集在一起形成的产业集群。网状式产业集群的主要特点是:①集群中企业的规模小,雇员的人数很少,企业的类型大都属于雇主型企业;②由于生产工艺较为简单,流程较少,企业能够独立地完成生产,所以相互之间较少有专业化分工与合作;③生产经营对地理因素的依赖性较强;④生产的产品具有明显的地方特色,大多是沿袭传统生产方式形成的;⑤供应商和顾客群比较一致，竞争较为激烈；⑥在对外销售方面具有较强的合作性。

### 4. 混合式产业集群

混合式企业集群是由多核式产业集群与网状式混合而成的产业集群。集群内部既存在几个核心企业及相关的小企业，又存在大量没有合作关系的中小企业。混合式产业集群的主要特点是：①多核式产业集群与网状式产业集群并存；②核心企业不仅带动了配套企业的发展，也为散存的中小企业提供了机会；③核心企业与配套企业以品牌为核心竞争力，散存的中小企业主要以低成本为竞争优势；④技术创新是集群中企业生存和发展的关键。

### 5. 无形大工厂式产业集群

无形大工厂式产业集群是由诸多在生产流程上相连接的中小企业所构成的产业集群。这些中小企业专业化程度高、应变迅速，形成了实际上的"无形大工厂"。这种集群模式的特点主要有：①规模较小，但有弹性，形成了一个具有可伸缩性的生产体系；②商业中介和服务组织较为活跃，发挥着重要的作用；③专业化程度较高，分工较为明显，企业间的合作较为密切；④整个集群犹如一个巨大的工厂，其中各个中小企业相对独立地经营，共同维持着整个体系的运转。

## 2.1.2 产业集群集聚机理分析

很多产业经济学的论著认为，产业集聚是指某一核心产业或几种产业领域内相互关联的企业及其支撑体系在一个适当大的区域范围内高密度地聚集在一起，从而形成产业优势的发展过程。企业集群的形式多种多样，没有统一和固定的模式。区位优势、产业纵向关联和横向关联是企业集聚的重要原因。《产业集群的组织分析》（李凯等人）论述了链条链接模式、齿轮链接模式和沙滩链接模式。

### 1. 区位优势指向而形成的产业集群——沙滩链接模式

区位优势指向而形成的产业集群通常是由同一产业或不同产业的众多中小企业

组成，它们充分利用区位优势，如产业传统优势区域、配套供应商聚集地、原料或燃料集中地、产品的主要市场、交通运输枢纽地、信息和技术发达地、政策红利、廉价劳动力集中地、基础设施优势等，形成各类专业化的产业集群。把基于区位优势形成的产业集群称为沙滩链接模式。沙滩链接模式比较松散，集群网络的行动企业间没有显著的供应商—用户关系或者竞争合作关系，有些企业甚至对于原材料等资源也没有统一的要求。企业之所以能够集聚主要因为公共投入和特殊区位优势。

沙滩链接模式的产业集群并非严格意义上的集群网络组织，它是一种外因驱动下的产业集群雏形，经过网络充分发育以后可以向稳定的产业集群组织转化，沙滩链接模式的产业集群网络链接结构如图2-1所示。此类组织虽然具备产业集群网络的形态，但是产业网络关联度很低。网络内部的每一个主要生产企业周围可能存在若干小企业为之提供产品和服务配套，但是，主要生产企业之间的经济联系却很少，彼此对网络参与程度也很低，结构比较松散，相互之间的经济、社会关系主要体现为对公共服务、信息、基础设施等的共享，网络内部的隐性知识交流是影响网络结合度的最主要因素。相比较而言，主要生产企业与外部的经济联系却十分紧密；企业的关键技术来源、核心知识获取、目标市场，甚至高级人才的招聘均来自集群区域外部。

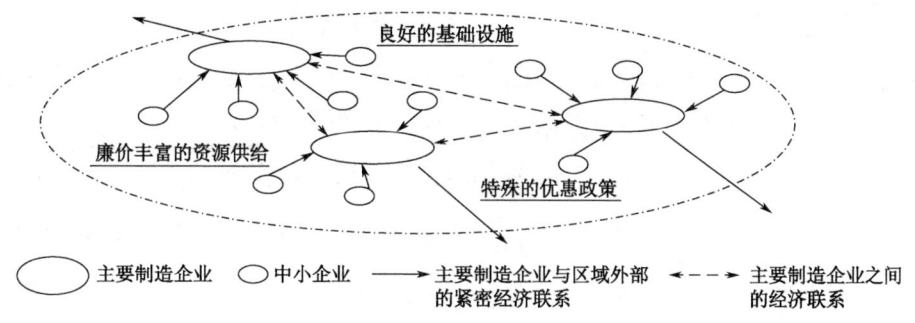

图 2-1 沙滩链接模式的产业集群网络链接结构

沙滩模式构成的产业集群只不过是外来核心制造企业的暂时栖息地。显然，这样的产业网络结构缺乏集群的根植力。

### 2. 基于纵向分工网络的产业集群——链条链接模式

产业纵向关联而形成的集群中的企业同属于一个产业的上、中、下游企业，彼此间存在着生产过程的联系，产业链成为维系集群生存与发展的动力，每个企业都在产业链上占据合适的位置,形成一种合理的分工和协作的状态。在这类产业集群中,通常还会存在为每一个生产环节提供服务的外围联系,如供电、供水、运输、社会服务和产业服务等。

链条链接模式形成的集群网络中,生产企业之间有比较明确的专业生产分工,一般分化出了五级成员:核心制造企业、直接配套企业、二级以下配套企业、服务企业和最终客户。其中,直接配套企业是指专业化生产核心企业所需要的原料、零配件等产品或半成品的生产性企业;服务企业是指为核心制造企业及协作企业群提供科技资源服务及销售/代理/分包等服务的专业性服务企业。此模式对产业集群网络行动者之间的产品配套、服务配套、技术协同及隐性知识共享有较高的要求。

各成员企业通过价值链形成密切的上下游关联关系,围绕该产业的技术、资本和人力资源,共同分享区域内部的基础设施。区域内生产性服务业的众多服务企业为集群提供了生存的土壤,包括科技服务业在内的智力资源保障、人才保障及基础服务等保障。

链条链接模式的结构具有如下特点:①产品复杂,集成度较高;②产品集成中所包含的技术含量较高;③核心制造企业的规模优势明显,固定资产存量很大,生产系统复杂,而配套企业在单件产品的生产上具有一定的规模优势或者技术优势。显然,产业链条长的产业往往以链条链接模式为构建取向,在市场机制的作用下,产业链上的众多企业依据自身优势与利益的市场化分割,进行专业化分工,最终形成基于同一条产业链的上下游协作、外部环境资源配套的区域经济要素耦合模式。

链条链接模式的集群网络结构以高度专业化分工的产业链为背景,网络中的行动者依托各自的分工优势参与到集群网络生产中来,链条链接模式的产业集群网络链接结构如图2-2所示。这种高度的专业化能够保证集群组织内部分工的高效率,并能保持适当的生产弹性,是一种高度柔性化的组织形态。这种"弹性专精"结网模式的集群结构使整个组织兼具竞争力和灵活性,比纯粹的市场组织或者企业科层组织分工效率更高,可以在较大范围内实现对另外两种组织形态的替代。

### 3. 基于横向竞合网络的产业集群——齿轮链接模式

产业横向关联而形成的产业集群通常以区域内某一主导产业为核心,通过企业间的横向联系,外部形成多层次的产业群体,由于这些群体之间相互享受着彼此带来的外部经济效应,因而充满了活力。

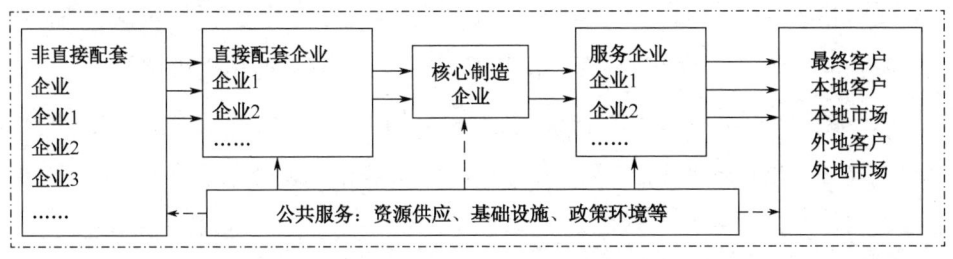

图 2-2 链条链接模式的产业集群网络链接结构

产业横向关联主要以竞争合作互动为主导,是一种齿轮链接模式,集群网络内部存在着数目众多的行动者——制造企业,它们类似于精密仪器中结合在一起的大大小小的齿轮。通常,该类模式的制造企业之间往往不是供应商—用户关系,而表现为竞争—合作关系,齿轮链接模式的产业集群网络链接结构如图 2-3 所示。

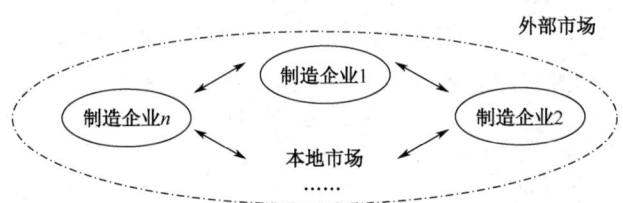

图 2-3 齿轮链接模式的产业集群网络链接结构

齿轮链接模式下的生产企业并非因为分工和生产协作的需要才聚合在一起,大多数的企业是在相同生产环节上从事类似的生产经营活动,彼此之间存在着激烈的竞争。这种业内竞争很大程度上促进了集群组织专用性资产的通用化,并有助于集群网络组织内部非人格市价的形成。而且,由于众多企业的空间集聚,形成了知名度高的行业品牌和地区品牌,有助于降低外部市场消费者的信息搜寻成本,从而对外部市场消费者产生吸聚效应。同时,各企业均有自己的优势产品和技术专长,存在优势互补的可能性和内在动力。

齿轮链接模式中网络行动者间的良性"咬合"是保证整个系统完整、功能实现的关键和保障。显然,参与网络行动者(生产企业)的数量及网络内部隐性知识共享对齿轮链接模式集群网络的结构稳定性意义重大,相比而言,产品配套、服务配套与技术协同对集群网络的存续作用不明显。适当数量生产企业的存在可以使齿轮链接模式的集群网络中形成对内部市场的挤压、垄断和对外部市场的强吸聚力,从而实现网络内部企业的利益最大化,并在竞合中保证整个集群网络组织的延续。

但是,相似企业的过量集中则会导致恶性竞争。由于生产产品的雷同,各生产企业之间存在着淘汰赛式的激烈竞争,在利益的驱动下,极可能出现内部的机会主义行为;一旦出现某个行动者(企业)逃避集群网络的齿轮耦合义务,破坏内部的潜规则,那么最直接的结果是各要素之间出现恶意竞争,最终很可能会导致整个集群网络结构的分崩离析。

### 2.1.3 产业集群集聚效应分析

**1. 离散型集聚及集聚效应**

离散型集聚是最简单的产业集聚发展模式,是指不同产业的企业在某一区域空间内的集聚。包括自然型离散集聚,如不同产业的制造企业自发地沿交通要道的集聚;园区型离散集聚,如没有产业关联的开发园区。区位优势是形成这类产业集群的因素之一。

离散型集聚的企业之间只有简单的空间集聚,没有产业内在的逻辑联系,产业关联度很低,因此只能产生低层次的集聚效应。这种集聚使企业共享集聚区域空间公共资源,主要是道路交通、通信网络等基础设施等,降低了企业设立阶段的进入门槛和成本。离散型集聚可以提高政府投入基础设施建设的使用效率,节约土地资源,形成区域空间内的经济增长极和增长带,从而以非均等均衡发展模式推动区域经济发展。

离散型集聚发展模式的局限性是显而易见的,由于集聚企业之间缺少产业发展的内在逻辑联系,企业与企业之间既不存在市场竞争,也不存在产业内部的分工与合作。因此,这种集聚效应既不产生竞争剩余,也不产生合作剩余。

**2. 同质型集聚及集聚效应**

同质型集聚是指生产同类产品的中小型企业群在区域空间内集聚。同质型集聚分为自然型模式和规划园区型模式。同质型集聚一旦形成,不仅可以获得离散型集聚产生的那种集聚效应,而且还产生竞争剩余。同质型集聚企业不仅可以从集聚效应中获得好处,而且还可以分享竞争剩余,因此这种集聚属于较高级的集聚。区位优势和产业横向关联是这类产业集群形成的主因。

同质型集聚竞争剩余是指同质型集聚企业之间的竞争所产生的特殊集聚效应转化成的经济效益与竞争导致产业平均利润率下降之间差额。成百上千家生产同类产品的同质企业的集聚竞争是非常激烈的,以赢得市场份额为目的的价格竞争会降低这一产业的平均利润率,这是竞争给同质企业的集聚企业带来的负效应。

同质型集聚企业之间的竞争会产生不同于离散型集聚的特殊的集聚效应。一是同质型集聚企业的竞争会形成区域范围内某一产品的特色产业品牌。特色产业品牌的形成,不仅节省了单个企业进行品牌经营的投入成本,而且也降低了企业进入和开拓市场的营销成本。二是同质型集聚企业为追求超额垄断利润的竞争,从整体上会提升集聚企业产品的科技含量。对相同的市场客户,要想获得超过其他同类企业的高额利润,提升产品的科技含量是企业必然的选择。同质型集聚企业都这样做可以吸引某一产业的专业人才和科技成果向集聚区域集中,从而在整体上提升了同质型集聚企业的科技水平和同质产品的科技含量。三是同质型集聚企业的竞争会形成区域某一产业的规模经济,这种规模是同质型企业集聚形成的,本质上属于群规模,群规模带来了规模经济效益,集聚的经济规模同样带来了规模经济效益。

同质型集聚企业的竞争产生的特殊聚集效应,会直接或间接地转化为同质型集聚企业的经济效益。这种效益远远大于因竞争而导致的产业平均利润率下降,产生了同质型集聚竞争带来竞争剩余。由此可见,竞争剩余产生于同质型集聚企业之间的竞争,没有集聚的同质企业之间的竞争是不会产生竞争剩余的。

### 3. 产业链集聚及集聚效应

产业链集聚发展模式属于复合立体集聚模式。产业链集聚的复合性是指这种集聚包容了离散型集聚和同质型集聚,立体性是指以某一产业的内在逻辑联系为主轴的,辅之以上下游产业和旁侧产业的立体交叉集聚,形成由点到轴,再由轴到面的三维立体集聚空间结构。产业纵向关联和横向关联是这类产业集群形成和发展的主要原因,而区位优势助长了集群更大程度的发展。

以有没有龙头企业的带动为标准,可以把产业链集聚分为两种形式:一种是以高度分工协作为基础的,被称为"小狗经济"的产业链集聚发展模式;另一种是以龙头企业的带动为特征的产业链集聚。因为包容了离散型集聚和同质型集聚,所以产业链集聚既可以获得离散型集聚的集聚效应,又可以获得同质型集聚的竞争剩余。同时,这种集聚以产业内部的分工协作为联系纽带,由此产生合作剩余。

合作剩余是指因产业链集聚的各个环节上企业之间的高度分工协作,使生产率提高所带来的倍增乘数效应。在数值上,合作剩余等于产业链集聚企业之间高度分工协作生产经营所实现的经济效益与不分工协作的单个企业生产经营所获得的经济效益之差。

竞合剩余不是竞争剩余与合作剩余的简单相加,而是在集聚新质基础上产生的超出孤立的竞争剩余和合作剩余之上的竞合协同效应。在数值上,竞合剩余是指产业链集聚企业之间既竞争又分工协作所实现的经济效益与只竞争不协作(同质型集聚)或者只协作不竞争(被称为"斑马经济"的大而全式企业集团内部产业链)企业所实现的经济效益之差。

竞合剩余不仅来自产业链条各环节上企业之间的竞争与合作,而且包括上下游业和旁侧产业的立体交叉集聚效应,即来自于某一产业链相关的各产业之间的竞争与合作。这是属于区域经济集聚发展最复杂的一种空间结构,这种网状空间结构本质上是以一条产业链为轴心,上下游产业和旁侧产业围绕这个轴心立体交叉集聚,各产业链的网状集聚派生出更高档次上的集聚效应。

## 2.2 产业价值链管理理论

### 2.2.1 供应链管理理论

约瑟夫等人在《供应管理手册》一书中指出,供应链是指在满足最终顾客或消费者需求的投资、流程和货物流动,它们传统上被认为是由运输、仓储和库存等环节所构成的链条中的实物流。森尼尔等人在《供应链管理：战略，规划与运营》一书中指出，供应链包括满足顾客需求所直接或间接涉及的所有环节，不仅包括制造商和供应商，而且包括运输商、仓库、零售商和顾客。供应链是供应链管理的客体，国内外研究学者对供应链有不同的认识，对供应链管理的概念相应地也有不同的说法。韦弢勇在《供应链管理》一书中指出，供应链管理是对供应链涉及的全部活动进行计划、组织、协调与控制，人们最早把供应链管理的重点放在管理库存上，作为平衡有限的生产能力和适应用户需求变化的缓冲手段，它通过各种协调手段，寻求把产品迅速、可靠地送到用户手中所需要的费用与生产库存管理费用之间的平衡点，从而确定最佳的库存投资额，因此其主要的工作任务是管理库存和运输；现在的供应链管理则把供应链上的各个企业作为一个不可分割的整体，使供应链上各企业分担的采购、生产、分销和销售的职能成为一个协调发展的有机体、供应链管理是对供应链所涉及的全部活动进行计划、组织、协调与控制。

## 2.2.2 集群式供应链理论

黎继子在《集群式供应链：创新管理》一书中，综合国内外学者对产业集群和供应链耦合的分析，总结出集群式供应链的概念，集群式供应链系统的结构如图2-4所示，即在特定集群地域中，存在围绕同一产业或相关产业价值链不同环节的诸多研发机构、供应商、制造商、批发商和零售商，甚至是终端客户等组织。这些组织都以供应商—客户关系，通过"信任和承诺"的非正式松散方式或契约的正式紧密方式进行连接，形成基于本地一体化的单链式供应链。集群地域供应链中核心企业的非唯一性和生产相似性，导致该地域中供应链具有多条性和生产相似性，这样形成了每条单链式供应链，企业不仅内部之间相互协作，而且不同单链的企业存在着跨链间的协调。与此同时，还存在大量位于这些单链式供应链之外但在集群地域之中的专业化配套中小企业，这些中小企业配合并补充着这些单链式供应链生产。

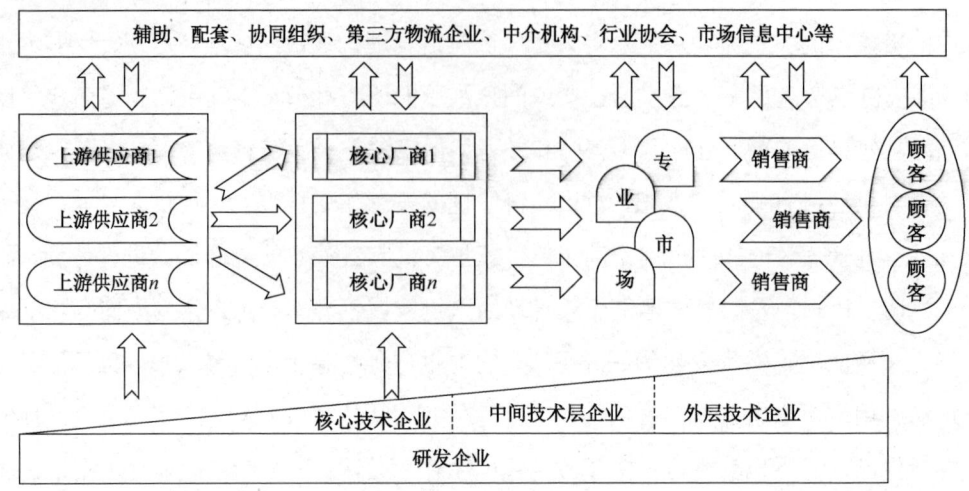

图 2-4　集群式供应链系统的结构

## 2.2.3　价值链管理理论

赵春雨在《企业价值链管理研究:循环经济视角》一书中提出,在传统的价值链管理方式下,价值链管理的思路是假设在企业投入既定的情况下,通过优化业务流程,提高价值增值活动的效率,降低运营成本,从而提高价值创造能力。书中指出价值链管理主要包括垂直价值链管理和水平价值链管理。

垂直价值链管理是指对一个企业价值增值链中所有参与实体(如原材料生产商、供应商、制造商、顾客等)的管理。日本的企业最先运用了垂直价值链管理,试图把制造过程中所有因素统一起来,以更好地控制供应商和分销商,加强制造企业与其供应商之间的合作,提高产品质量。这样发展并引进了二者之间的精益传送系统。制造企业和供应商不必再为获得最低价格而进行讨价还价,因为双方建立了合作伙伴关系。基于利益共享,供应商也会参与制造企业的产品设计,这样双方能通过及时的信息交流,迅速设计出最符合顾客需求的产品。

水平价值链管理是对企业价值链同一水平上企业集团的各个企业主体间相互作用的管理。由于虚拟企业的流行,各公司有时甚至与竞争对手通过联合,采用 IT 技术达到共同的目标。一旦实现了这一目标,虚拟企业便解散。虚拟企业没有固定的原则,通常由各相关企业提供各自的核心优势,即由具有最先进技术的企业来设计产品,由最好的制造商生产产品，由最好的市场销售公司来销售产品。

### 2.2.4 价值网管理理论

价值网管理模型引起了国内外许多学者和企业的关注。Gulati 认为，越来越多的企业处在由供应商、顾客和竞争对手等组成的网络组织中。Sriniras 认为，价值网络是由价值链各环节中的不同成员动态形成的拓扑空间和价值流的网络。Carney 认为网络组织可以通过有效地控制投资成本和最大限度地利用一般资产，同时确保企业的弹性来降低交易成本并获得竞争优势。吴海平等人指出价值网络中产品或服务的价值由价值网络的每个成员创造，并由价值网络整合。价值网络管理模式将企业的供应链管理从波特链思维转变为网络思维，这是对社会传统供应链模型的改进与提升。对于价值网络管理模型的具体形式，李玉剑等人在《企业供应链的价值网管理模式与现实构建》中，总结了以下具有代表性的价值网模式：大卫·波维特等的价值网模式、惠普公司的价值网模式、Prabakar 的价值网络模型和吴海平的价值网模式。

## 2.3 产业价值链协同平台和系统

### 2.3.1 供应链管理系统及产业价值链协同解决方案

**1. SAP 通用功能和应用案例**

SAP 是全球的企业软件供应商，能为企业提供专业服务。SAP（System Applications and Products）既是公司的名称，也是其产品企业管理解决方案的软件名称。SAP 公司成立于 1972 年，总部位于德国沃尔多市，是全球最大的企业管理和协同化商务解决方案供应商，也是全球第三大独立软件供应商。

SAP 系统通过整合企业现有的信息化资源（如财务会计系统、物料系统、成本控制系统、SD 销售与分销和生产计划与控制系统等），将企业的信息化平台统一到 SAP 系统中，避免出现信息孤岛现象，最终实现集成、统一的企业信息管理，便于历史数据的快速溯源，为管理者提供最佳的决策分析方法。在此阶段中，实施方将为汽车提供 SAP 标准模块的实施和系统二次开发，并确定分为 FI、CO、PP、MM 和 SD 五大模块，如图 2-5 所示。

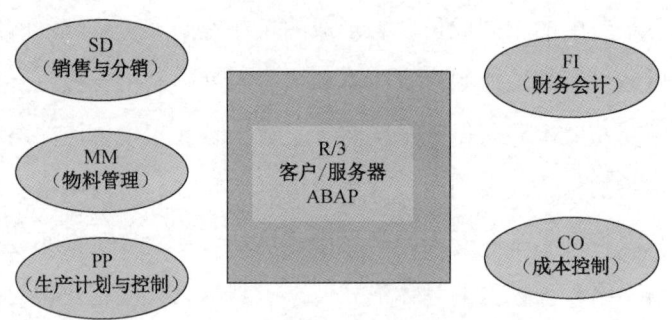

图 2-5　SAP 系统的功能模块

图 2-6 所示为 SAP 系统的整体解决方案，该系统给汽车公司带来巨大的效益，为汽车公司的业务经营提供了一个统一的应用平台，保证业务流程之间的协同性和连贯性，有效降低了系统营运的成本。

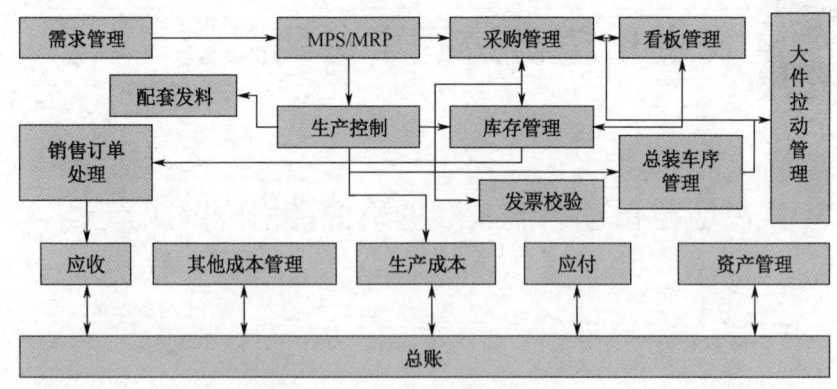

图 2-6　SAP 系统的整体解决方案

2. 浪潮通用功能和应用案例

浪潮供应链解决方案涵盖了企业集团的采购、销售、仓存、运输、计量和质量等供应链管理的业务需求，基于全面集中、高效协同的管理思想，达到了企业集团的垂直管理的目标。浪潮 GS 供应链管理系统提供了稳定、开放、先进的供应链管理平台，如图 2-7 所示，各大企业通过集中采购管理、集团销售管理、集中发运管理和异地库存管理等业务模块，使集团企业内部供应链的协同效率得到了大幅度提高，有效地整合了集团的供应商和客户资源，为集团降低了综合成本和库存资金的占用，并深入支持"互联网+"和物联网技术，使集团有效地管理下属企业，并提高了集团企业的整体竞争力。

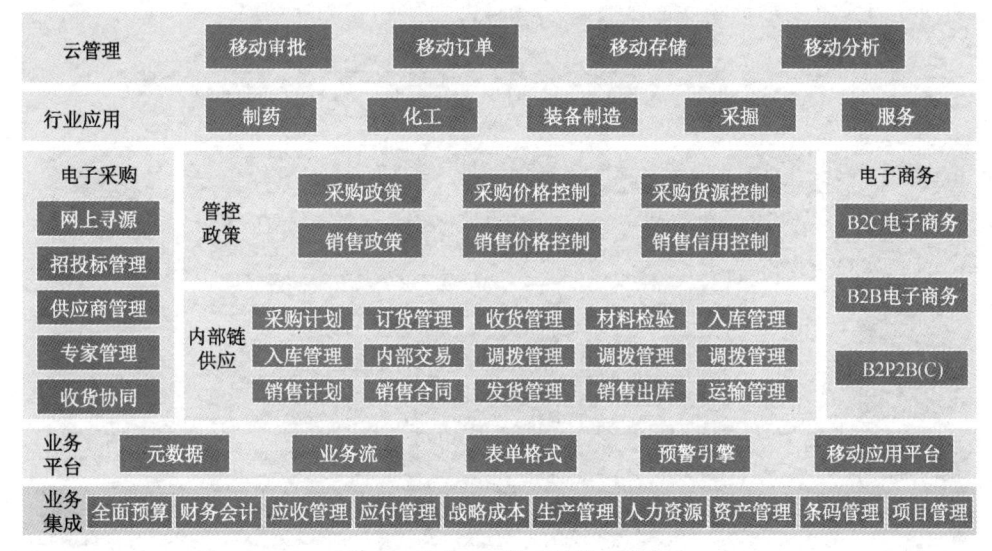

图 2-7 浪潮 GS 供应链管理系统

浪潮 GS 供应链管理系统将自身的移动功能属性应用在制药、化工、装备制造、采掘和各项服务中，分为采购层、销售层、内部链供应层及电子商务层，并将业务集成于业务平台中，实现上下层业务的协同达到供应链的管理。

浪潮 GS6 通过采用采购管理、销售管理、库存管理等系统，帮助企业实现线下供应链的全面管理，帮助企业建立高效的内部运营体系。借助互联网、物联网等先进技术，通过框架协议、供应商协同、寻源采购、WMS、客户协同、网上订单等构建企业线上业务。通过线上、线下业务的协同应用，实现企业从消费到供应、从线上到线下的全面管理，帮助企业实现精准营销。

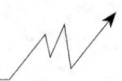

### 3. 金蝶通用功能和应用案例

金蝶国际软件集团有限公司提供的制造业解决方案面向机械、电子、汽配、化工、制药和冶金等行业，在国内外先进制造管理理念和众多成功客户实践的基础上，提炼出完整的集团制造业务管理模式，包含多种供应链协同业务模式及制造协同业务模式，金蝶供应链管理整体解决方案架构如图2-8所示。充分支持集团企业多层次的供应链协作和生产管理，通过高效的需求规划、生产执行和过程监控，帮助集团企业快速响应客户需求，实现集团制造管理的高效协同。

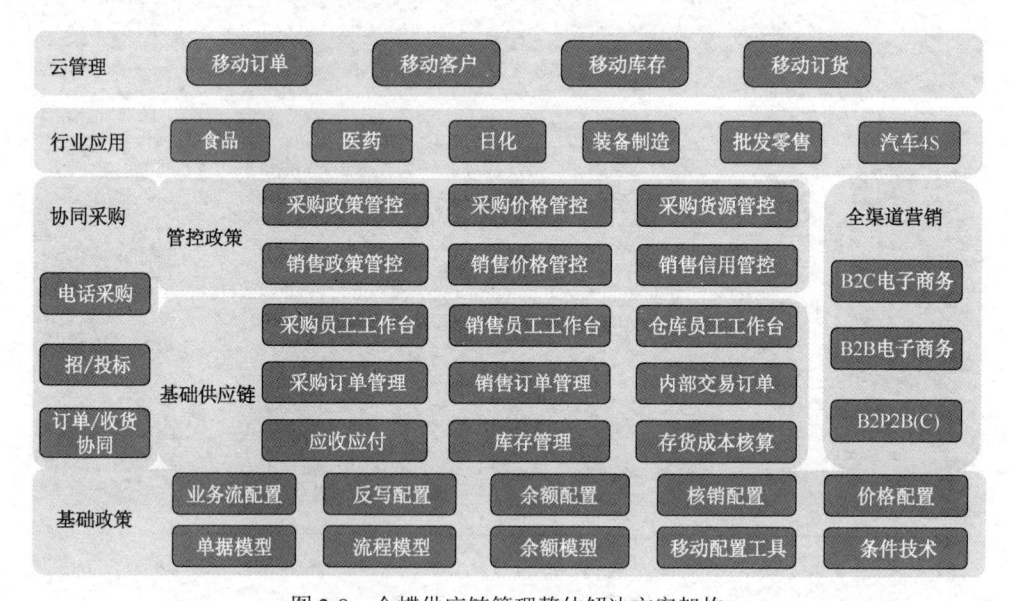

图2-8 金蝶供应链管理整体解决方案架构

供应链管理解决方案中以主型企业为核心，为上游供应商和下游经销商提供统一的云服务平台，实现信息实时共享、实时收发采购订单和销售订单、实时往来对账等内外协同业务。借助科学的价值链协同管控机制，协调企业和供应商之间的交互，实现更快捷准确的下单和接单。平台通过实现供、需双方全程交易的电子化，彻底变革传统的上下游协同模式，协助企业准确高效地与下游经销商实时沟通，同时协同处理从订单下单到销售出库的全过程，能够充分协同企业线上线下资源，实现降低运营成本及最大化整体效益的目标。

## 2.3.2 第三方云服务平台及产业价值链协同解决方案

**1. Salesforce.com**

Salesforce 是一家创新的云计算公司,致力于推出 CRM 相关的云产品,Salesforce CRM 逐渐成为全世界最受欢迎的 CRM 产品之一。除了用于销售和市场营销的 CRM,它还提供了完整的客户成功平台解决方案,能够用于管理企业与潜在客户和客户之间所有的互动,以推动客户增长和成功。

Salesforce 整体架构中,底层的 force.com 整合并控制了底层的物理基础设施,接着给上层的 Sales Cloud、Service Cloud 和其他定制应用提供 PaaS 服务,最后 force.com 上层的应用以 SaaS 形式供用户使用。Salesforce 平台架构自下而上,可以分为以下几个层次:高信任度的多租户、云计算平台可扩展的元数据、企业生态圈和完整的 CRM 解决方案。

图 2-9 所示为 Salesforce 平台整体架构图,该平台通过这个统一的架构能极大地整合多种应用,从而降低了在基础设施方面的资金投入。在软件架构方面,因为使用这个统一的架构,使得所有上层的 SaaS 服务都依赖 Force.com 的 API,这

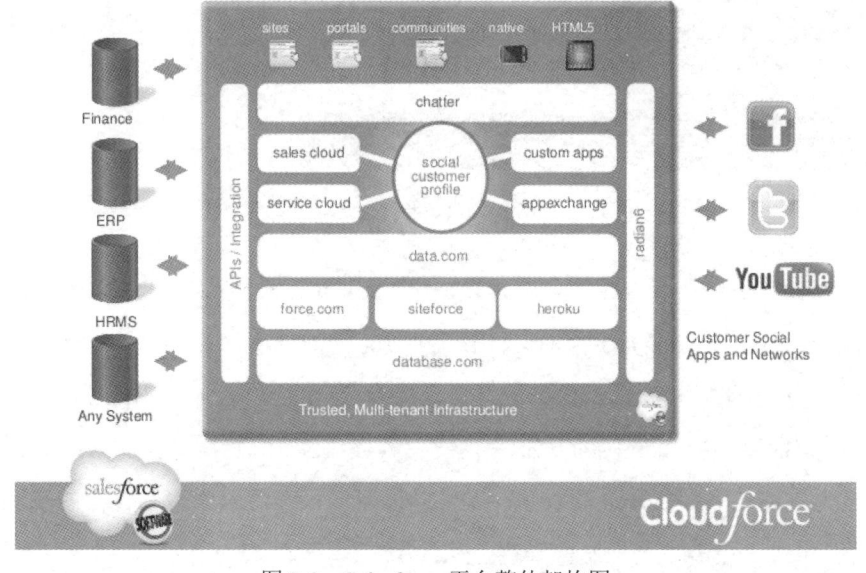

图 2-9 Salesforce 平台整体架构图

样将有效地确保 API 的稳定性并避免了重复，从而方便用户和 Salesforce 在这个平台上开发应用。此外，Salesforce 基于 Metadata 元数据的系统，系统将服务层和元数据层分离，使得架构灵活，易于扩展。

如图 2-10 所示，Salesforce 提供的核心产品为营销云、销售云和客服云，分别对应着售前、售中和售后端的销售闭环，这部分业务贡献了最大比例的营收，服务于企业销售活动的全流程。其余产品提供的都是后端支撑的作用，使核心业务可以快速、高效正确地运行。

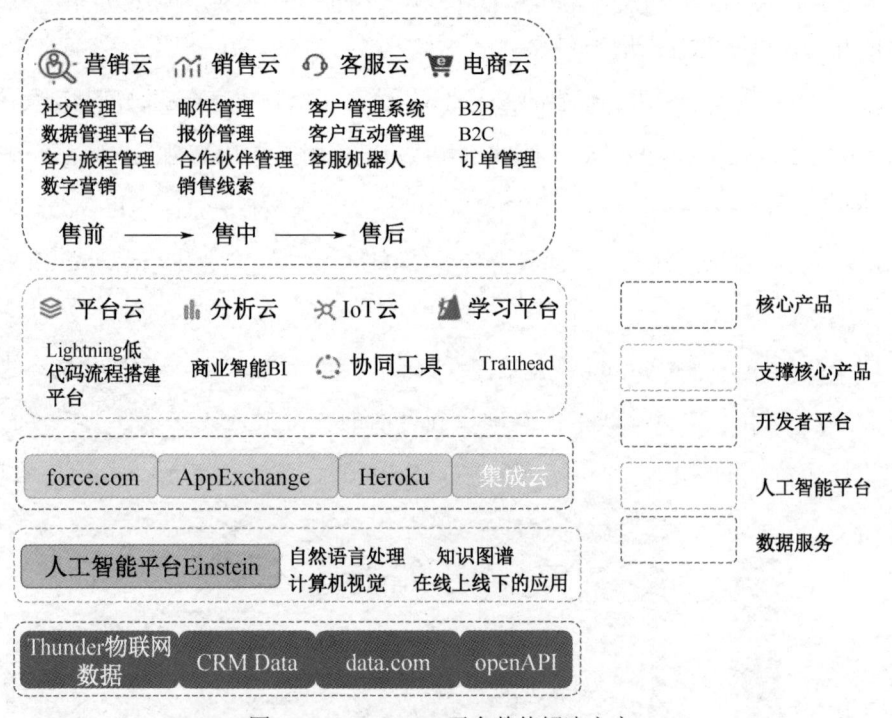

图 2-10　Salesforce 平台整体解决方案

Salesforce 整体解决方案中，平台云、分析云、IoT 云和学习平台提供对核心产品的支撑。应用云提供获取海量 SaaS 应用的渠道。Lightning 平台提供图形化编程方式，构建个性化流程框架。分析云提供数据可视化及智能分析服务，将销售流程数据可视化、分析智能化。学习平台为开发者和使用者提供交流学习的环境。人工智能平台 Einstein 为具体业务提供 AI 技术支撑，提供以机器学习和深度学习为核心的预测分析、图像识别和知识图谱技术，服务于线上和线下。

## 2. 基于 SaaS 的产业链的企业群协同云平台

汽车产业价值链是一个由有限个体单元组成的、围绕核心企业运转的网络组织，这个网络组织具有个体单元的多样性、地域的分布性、协作关系的动态性和协作内容的多样性等特点。基于 SaaS 的产业链协同平台就是以这个网络组织为研究对象，其建设目标是以第三方服务平台的形式，为产业链企业群协作提供支撑，其服务内容包括零部件协同采购、产品协同销售、售后服务和配件的协同管理及协同物流管理等，各企业联盟在应用时，通过简单配置和少量的定制开发就可以通过平台实现协作，在协作过程中，各个企业以独立个体的形式使用平台，核心企业在平台上建立协作关系，协作企业通过浏览器就可以使用平台提供的功能，解决制造生产型产业链协作过程中企业信息化程度参差不齐，部分协作企业信息化水平落后等问题，使产业链中的各企业都能简单地做到"即登即用"。基于 SaaS 的产业链协同平台解决方案如图 2-11 所示。平台提供产业链协作的底层支持，面对不同的应用需求，提供不同的解决方案。

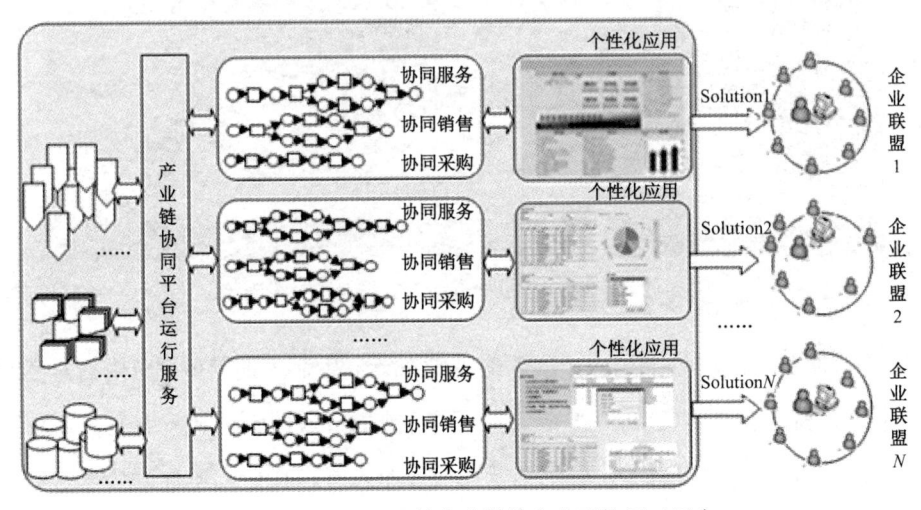

图 2-11 基于 SaaS 的产业链的企业群协同云平台

### 2.3.3 工业互联网平台及产业价值链协同解决方案

#### 1. 华为云

华为作为全球领先的信息与通信技术解决方案供应商，不仅在电信、企业、消费者等领域提供有竞争力的产品和服务，还构筑了端到端的解决方案优势。其专注于 ICT 领域，坚持稳健经营、持续创新、开放合作，为运营商客户、企业客户和消费者提供有竞争力的 ICT 解决方案、产品和服务，并致力于实现未来信息社会、构建更美好的全连接世界。如图 2-12 所示，华为推出的 OceanConnect IoT 平台在技术架构上分为垂直和水平两个方向。在垂直方向又分为三层架构，分别为云平台服务层（CSP）、设备管理服务层（DMP）和应用使能平台服务层（AEP）。

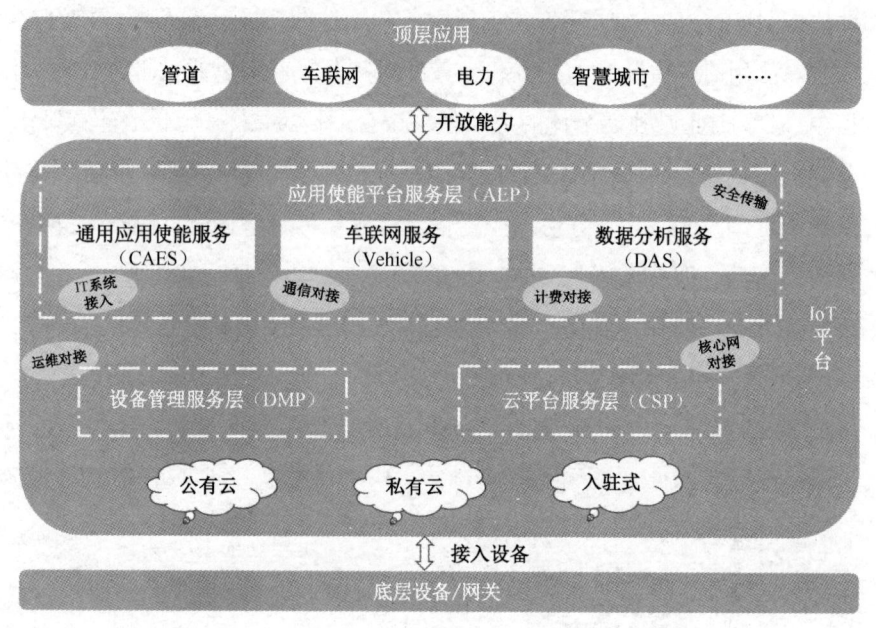

图 2-12 华为 OceanConnect IoT 平台的技术架构

云平台服务层能够为上层应用提供容器化部署、生命周期管理、应用日常运维等功能。IoT 平台主要通过 CSP 部署在云上，同时提供设备接入和开放能力。另外，IoT 平台还与 IT 系统、计费系统、运维系统和通信系统等对接，遵循标准协议。设备管理服务层主要提供设备连接、设备数据采集与存储、设备维护等功能。此外，还提供统一的设备建模、发放、认证、鉴权、设备升级、配置、数据订阅、命令下发、数据存储归档等服务。应用使能平台服务层主要提供 API 开放能力，同时具备数据分析、规则引擎、业务编排等能力。在应用使能平台服务层中，通用应用使能服务（CAES）包括通用应用使能和应用开发使能两个部分，提供行业应用的规则引擎、工作流编排、数据流抽取、集成服务等服务。IoT 平台在车联网服务（Vehicle）的应用使能服务包括电子围栏、报表服务等。IoT 平台中的数据分析服务（DAS）提供面向行业的实时分析和离线分析服务，不提供原生的 HBase、Hadoop 服务。

目前，OceanConnect IoT 平台主要服务行业包括公共事业、车联网、油气能源、生产与设备管理、智慧家庭等领域，构筑多个成熟解决方案并完成商用，约有 40 个运营商 POC 项目及若干个企业 POC 项目等，提供 170 余个开放 API，聚合超过 500 个合作伙伴。另外 AEP 还内置了物联网大数据分析能力，助力用户快速实现海量数据的价值挖掘。ROMA 企业应用和数据集成平台不仅实现了 API 集成、数据集成和消息集成，还链接了私有云的数据（如商业套件、本地应用、数据库、工业设备）等，同时产生了很多应用，如第三方 SaaS 应用、云端应用、华为云服务和合作伙伴应用等，如图 2-13 所示。

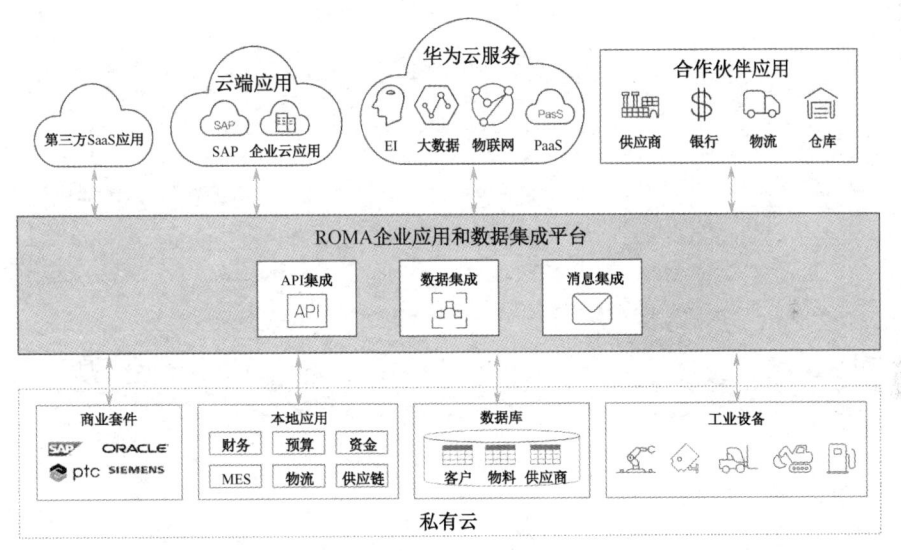

图 2-13　ROMA 企业应用和数据集成平台解决方案架构

## 2. 海尔 COSMO 平台

COSMO 平台是一个可以通过用户驱动而实现大规模定制的平台。不同类型的企业可在该平台上快速匹配智能制造解决方案，主要因为 COSMO 平台拥有全社会一流的资源，能够有效地连接人、机、物。该平台有三大显著特征：用户全流程参与、零距离互联互通、打造开放共赢的新生态。这些特征意味着用户可以全流程参与产品交互、设计、采购、制造、物流、体验和迭代升级等环节，形成了用户、企业、资源三位一体，开放共赢的有机全生态。COSMO平台不仅为中国参差不齐的制造业企业提供量身定制，它还试图最大限度地满足不同制造能力企业的差异化需求，让它们能尽快地融入智能制造体系。

如图2-14所示，COSMO平台架构共分为四层：资源层、平台层、应用层和模式层。资源层主要以开发模式对全球资源，包括软件资源、服务资源、业务资源、硬件资源等，进行聚集整合，打造平台资源库，并通过创建IoT平台生态系统为其他各层提供资源服务。

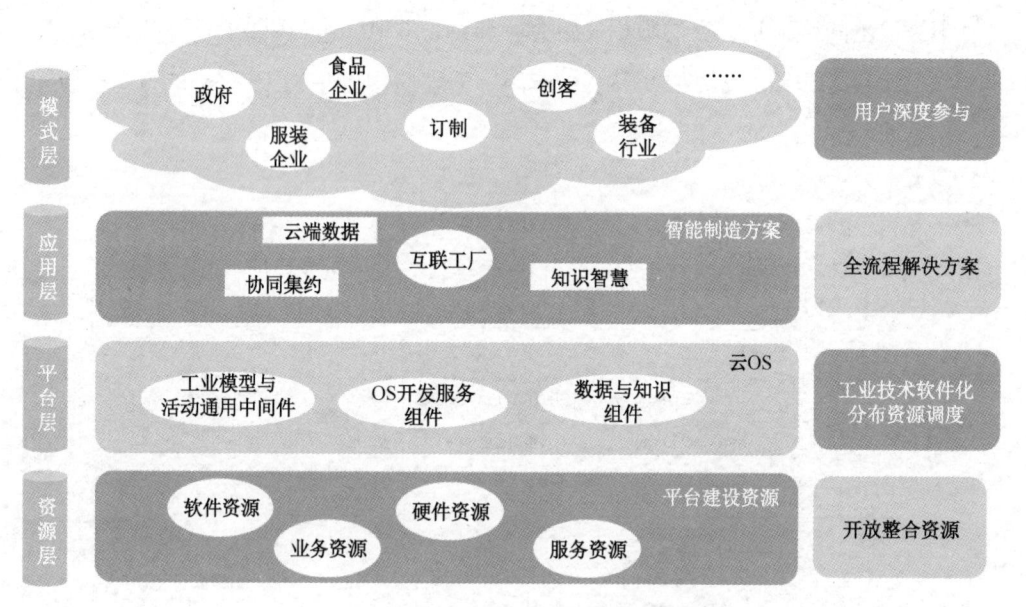

图2-14 海尔COSMO平台的解决方案架构

平台层主要支持工业应用的快速开发、部署、运行、集成，实现工业技术软件化，进行各类资源的分布式调度和最优匹配。海尔集成了物联网、互联网、大数据等技术，通过开发云操作系统构建了开放的云平台，并采用了分布式模块化微服务架构，通过工业技术软件化和分布资源调度，可以为第三方企业提供云服务部署和开发。此外，平台层上的数据、知识组件及工业模型活动的通用中间组件既可以为公有云提供服务，也可为第三方企业的私有云提供服务。

应用层通过模式软化为企业提供互联工厂应用服务，形成全流程的应用解决方案。目前，基于IM和WMS等几个主要类别，应用程序层拥有200多个服务应用程序。海尔基于互联工厂提供的智能制造解决方案将制造模型上传到云中并在应用层平台上开发互联工厂的小型 SaaS 应用，使用云数据和智能制造为不同企业提供解决方案。

模式层的核心是互连的工厂模型。海尔以用户为中心定制模型，因此模型有较高的用户参与度，它引领并驱动着利益相关者与其自身相关的其他行业的发展。另外，模式层可以依托互联工厂应用服务实现模式复制和资源共享，实现跨行业的复制，通过赋能中小企业，助力中小企业提质增效，转型升级。

### 3. 三一重工树根互联

树根互联技术有限公司由三一重工物联网团队组建，它是独立开放的云平台企业。2017 年初，树根互联发布了根云平台（RootCloud）。基于三一重工在装备制造及远程运维领域的经验，根云平台由 OT 层向 IT 层延伸构建平台，重点面向设备健康管理，提供端到端的工业互联网解决方案和服务。根云平台主要具备以下三方面功能：一是智能物联，通过传感器、控制器等感知设备和物联网络，采集、编译各类设备数据；二是大数据和云计算，面向海量设备数据，提供数据清洗、数据治理、隐私安全管理等服务及稳定可靠的云计算能力，并依托工业经验知识谱构建工业大数据工作台；三是 SaaS 应用和解决方案，为企业提供端到端的解决方案和即插即用的 SaaS 应用，并为应用开发者提供开发组件，方便其快速构建工业互联网应用。

树根互联平台架构中最底层的是物联层，由硬件层和通讯层组成。为适应中国工业的真实现状，树根互联在技术上专注于 API 和多协议兼容，可以集成各种不同的 ICS 系统，体现了其强大的物联接入能力。目前，树根互联可以支持 Modbus、Profinet、OPCDA/OPC UA 等的工业协议数量超过 400 种，实现连接到 OEM 厂商的一系列 PLC、CNC、传感器和其他的特殊设备；RootCloud 平台已覆盖 95% 的主流工业控制器，适配 100% 的国际通用硬件接口，设备一站式快速接入。具体来看，RootCloud 平台已接入超过 56 万台工业设备，连接超过 4 500 亿级资产。

树根互联平台架构中间的是数据层。随着树根互联连接和服务的设备越来越多，树根互联也越来越重视数据的价值，通过各类设备采集的数据，可以解决很多工厂内部生产的问题，如根据机加工设备数据预判刀具损坏情况等。目前，树根互联支持

PB级的工业大数据处理分析能力，毫秒级数据分发8 000+个维度指标，数据处理速度为150+万条/秒，基于主流的数据挖掘、机器学习和人工智能技术，开展大数据挖掘与分析，建立故障诊断、故障预测、健康评估、质量控制等数据模型。

最上层的是应用层，可以满足各类制造企业客户的各种数据应用需求，即与横向发展的工业应用场景服务结合在一起。树根互联结构架构如图2-15所示。

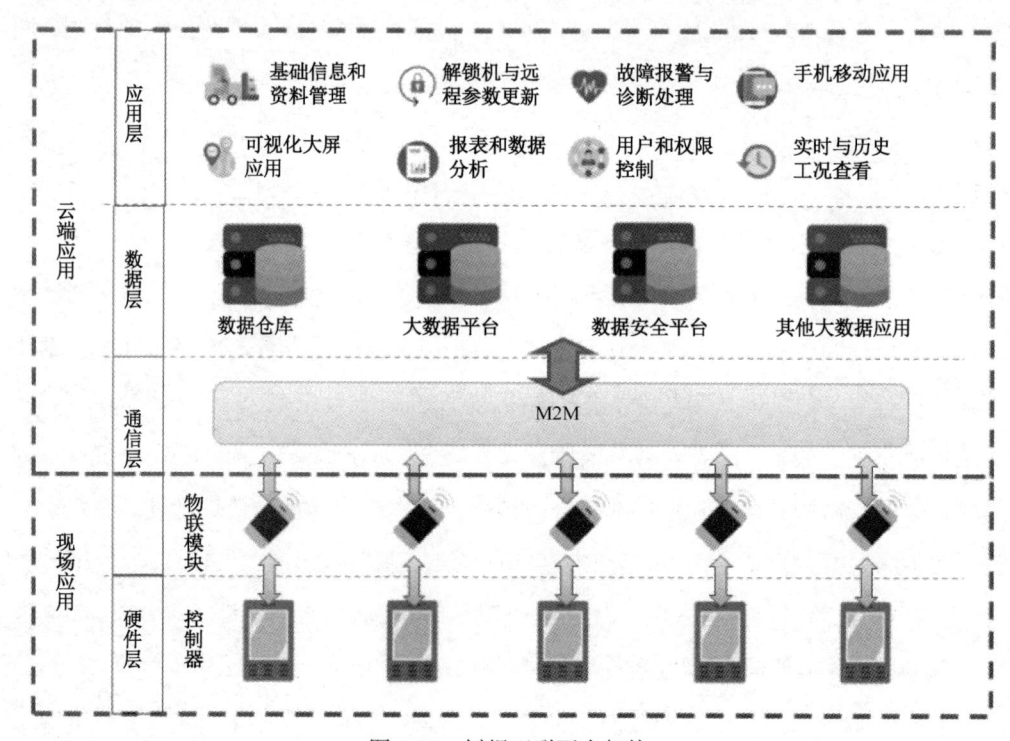

图2-15 树根互联平台架构

# 参考文献

[1] 王缉慈. 超越集群——中国产业集群的理论探索[M]. 科学出版社，2010.

[2] 邵继勇. 中小企业集群与经济发展[M]. 科学出版社，2007.

[3] 李凯，李世杰. 产业集群的组织分析[M]. 经济管理出版社，2007.

[4] 藤田昌久，雅克-弗朗索瓦·蒂斯，石敏俊. 集聚经济学——城市、产业区位与全球化[M]. 格致出版社，2016.

[5] 约瑟夫·L·卡维纳托,安娜·E·弗林,拉尔夫·G·考夫曼. 供应管理手册[M]. 电子工业出版社,2010.

[6] 森尼尔·乔普瑞,彼得·梅因德尔,Chopra,等. 供应链管理:战略,规划与运营[M]. 社会科学文献出版社,2003.

[7] 韦弢勇. 供应链管理[M]. 机械工业出版社,2009.

[8] 黎继子. 集群式供应链:创新管理[M]. 科学出版社,2015.

[9] 赵春雨. 企业价值链管理研究:循环经济视角[J]. 中国物资出版社,2010.

[10] Gulati R, Nohria N, Zaheer A. Guest editors' introduction to the special issue: strategic networks[J]. Strategic Management Journal, 2000, 21(3): 199-201.

[11] Srinivas, Talluri, and, et al. A framework for designing efficient value chain networks[J]. International Journal of Production Economics, 1999: 133-144.

[12] Carney M. The Competitiveness of Networked Production: The Role of Trust and Asset Specificity[J]. Journal of Management Studies, 2010: 457-479.

[13] 吴海平,宣国良. 价值网络的本质及其竞争优势[J]. 经济管理,2001.

[14] 李玉剑,宣国良. 企业供应链的价值网管理模式与现实构建[J]. 经济管理,2004(08):79-83.

[15] 翁晓海. 基于SAP的汽车制造企业供应链管理系统的设计与实现[D]. 电子科技大学,2009.

[16] 浪潮. 供应链解决方案[EB/OL]. https://www.inspur.com/lcjtww/2315750/2322129/2322131/2342790/index.html.

[17] Wei Gu. 金蝶EAS智能供应链解决方案[EB/OL]. https://zhuanlan.zhihu.com/p/45699496.

[18] 龚勇. Salesforce社交企业架构[EB/OL]. http://blog.sina.com.cn/s/blog_418feaab0100yc7k.html. 2012-04-04.

[19] 亿欧智库. SaaS巨头的经验及启示——Salesforce公司案例分析[R]. 2019:15-16.

[20] 统一物联. 详解OceanConnect物联网平台[EB/OL]. https://blog.csdn.net/weixin_42708837/article/details/99436645. 2019-11-1.

[21] 辉哥. 26 个最经典的工业互联网+人工智能案例[EB/OL]. https://cloud.tencent.com/developer/article/1182380. 2018-08-10.

[22] 华为. 应用集成 ROMA 解决方案-典型业务场景[EB/OL]. https://www.huaweicloud.com/intl/zh-cn/solution/roma/.

[23] 311 供应链研究院. 中国互联网工业平台——海尔 COSMOPlat[EB/OL]. https://baijiahao.baidu.com/s?id=1640715136447433711&wfr=spider&for=pc. 2019-08-02.

[24] 财资一家. 三一集团：推出根云 RootCloud 平台|工业互联网平台案例汇编[EB/OL]. https://t.cj.sina.com.cn/articles/view/1708114593/65cfc2a1001006dk7. 2018-05-23.

[25] DataHunter. 树根互联是如何让数字技术更好地应用于工业场景的[EB/OL]. https://zhuanlan.zhihu.com/p/77408348. 2020-05-07.

[26] 金蝶. 金蝶集团制造业解决方案[EB/OL]. https://www.doc88.com/p-383499299062.html.

[27] 吴朱华. 剖析 SalesForce 的多租户架构[EB/OL]. https://blog.csdn.net/hzcyclone/article/details/38239801. 2014-07-29.

[28] 朱涛. Salesforce 的产品矩阵，超越工具型 CRM[EB/OL]. https://www.iyiou.com/interview/20191023116113. 2019-10-23.

# 第 3 章
# 科技服务与价值链协同业务科技资源

## 3.1 科技服务与科技资源

### 3.1.1 科技服务与科技资源

**1. 科技服务**

科技服务起源于 19 世纪中期,咨询类机构是科技服务的最早组织形态。20 世纪 20 至 30 年代,咨询行业在美国、英国和法国等工业化国家中获得了发展,同时还出现了研发服务、天使投资等机构。国外很少将科技服务业作为一个特定的范畴进行描述,如美国学者和欧洲学者分别倾向于使用知识服务业(Knowledge-Based Service Industry)和知识密集型服务业(Knowledge-Intensive Business Service,KIBS)这样的概念。经济合作与发展组织(Organization for Economic Cooperation and Development,OECD)在 2007 年在发布的《创新与知识密集型服务活动》中深入分析了不同背景下知识型密集服务业在创新活动中的特点和应用,认为知识密集型服务以不同的方式影响创新过程。

我国政府一直非常重视科技服务业的发展,国务院在 2014 年 10 月发布的《国务院关于加快科技服务业发展的若干意见》(国发〔2014〕49号)(以下简称《意见》)中明确了科技服务业发展的总体要求和重点任务。科技服务业发展的重点任务为重点发展研究开发、技术转移、检验检测认证、创业孵化、知识产权、科技咨询、科技金融、科学技术普及等专业科技服务和综合科技服务,提升科技服务业对科技创新和产业发展的支撑能力。其中,综合科技服务"鼓励科技服务机构的跨领域融合、跨区域合作,以市场化方式整合现有科技服务资源,创新服务模式和商业模式,发展全链条的科技服务,形成集成化总包、专业化分包的综合科技服务模式。鼓励科技服务机构面向产业集群和区域发展需求,开展专业化的综合科技服务,培育发展壮大若干科技集成服务商"。《意见》的颁布使我国成了世界上第一个对科技服务业进行系统研究的国家。

国家与地方的科技基础条件平台和科技服务平台相继建立,科技文献共享、科学数据共享、研究实验基地共享、大型科学仪器设备共享已经通过各地公共科技服务平台得以实现。例如,首都科技条件平台、上海研发公共服务平台、浙江省科技创新云服务平台、广州科技资源共享服务平台、西安科技大市场、黑龙江省科技创新创业共享服务平台、重庆科技资源共享服务平台等。

到目前为止,我国已制定了《科技服务业分类》国家标准(GB/T 32152—2015)、《科技服务产品数据描述规范》国家标准(GB/T 31779—2015)及科技平台与资源等标准规范。例如,在2016年2月1日起实施的《科技服务产品数据描述规范》建立了科技服务产品的数据描述框架,为科技服务的描述、发布、查询、共享和交换提供标准,以方便需求方评价服务机构和服务产品,促成科技服务供需双方的有效对接。在该标准中,科技服务是"为满足客户需求,服务机构运用科学知识、技术和分析方法以及经验等要素提供的无形的、非实体的智力服务"。科技服务产品元数据主要包括服务基本信息、服务团队信息、服务机构信息、服务价格、服务提供、服务交付物和服务质量评价,以UML包形式描述,如图3-1所示。

2017年国家重点研发计划——现代服务业共性关键技术研发及应用示范重点专项,针对科技服务类服务关键核心技术的研究内容部署,主要从专业科技资源与价值链协同业务科技资源的角度开展。其中,专业科技服务资源——面向区域专业科技服务和新兴资源服务的实际需求,资源的研究范围涵盖"研究开发、技术转移、检验检测认证、创业孵化、知识产权、科技咨询、科技金融、科学技术普及等",而价值链协同业务科技资源则围绕"产业价值链协同与重构的实际需求,面向典型产业及产业技术创新联盟",资源的研究范围涵盖"价值链协同业务流程资源、业务数据资源等"。

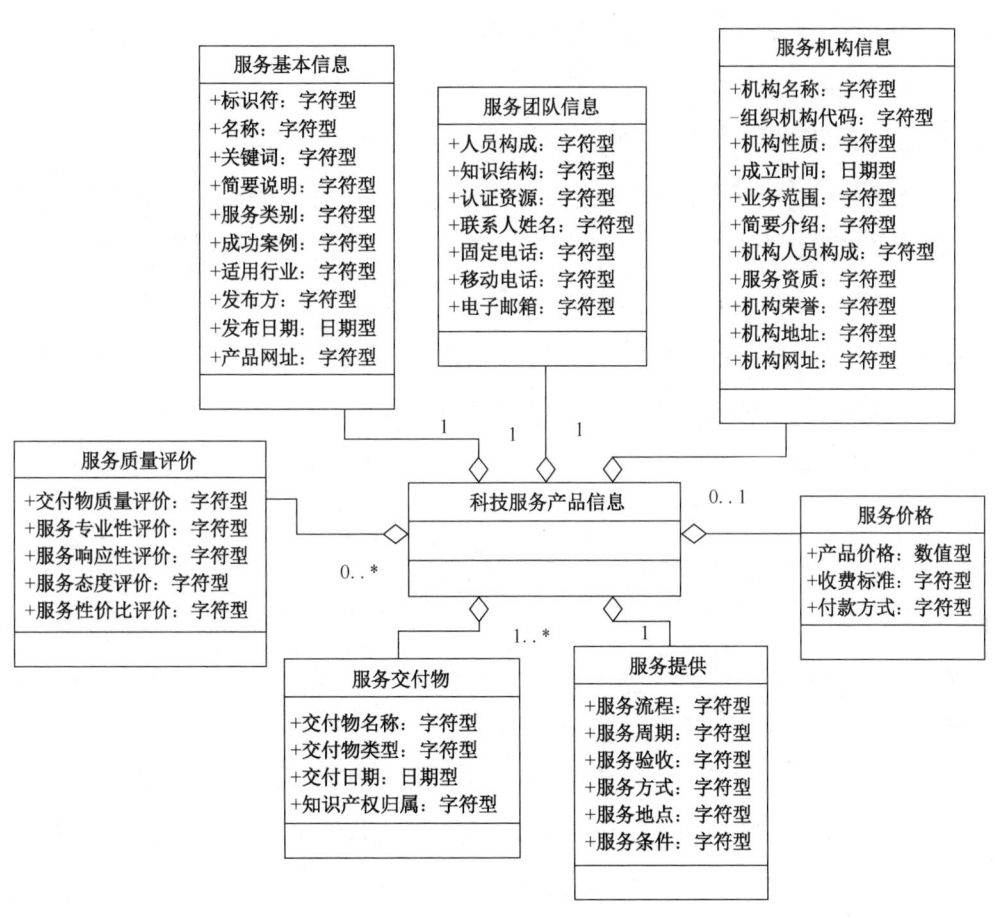

图 3-1 科技服务产品元数据实体

## 2. 科技资源

通常所说的资源是指一切可被人类开发和利用的物质、能量和信息的总称。科技资源是资源范畴内的一部分,作为科技活动或科技服务活动的投入要素,根据现有的国内外实践和理论来看,尚没有统一、明晰的概念界定。针对科技资源的分类,国内外存在二分法、四分法和五分法等不同的分类方式。二分法简单地将科技资源分为人力资源和财力资源，这种分类方式在美国和日本较常用。四分法将科技资源分为人力资源、物力资源、财力资源和信息资源，我国在20世纪90年代开始使用这种分类方式。其中，科技信息资源包括科技图书、科技期刊、科技报告、科技成果、会议文献、专利文献、标准文献、学位论文、法律法规及技术档案等在基础科学研究与技术开发、应用过程中产生的各种信息资源。另外，科技管理有时也被看作一种重要的无形科技资源，由此在四分法基础上形成了五分法的分类方式。

国内有关学者对科技资源的概念进行了界定。赵伟等人认为科技资源是一种复合资源，既有如科技信息资源、仪器设备类资源等属于社会资源的部分，也有如大多数自然科技资源等属于自然资源的部分。其要素分类包含科技人力资源、科技物力资源、科技信息资源、科技财力资源、科技制度和组织资源。刘玲利认为科技资源是科技活动的基础，是能直接或间接推动科技进步、进而促进经济和社会发展的一切资源要素的集合。根据科技资源内部要素的内容特点和相互作用关系，将其分为基础型核心科技资源要素和整体功能性科技资源两大类，前者包括科技人力、财力、物力和信息等资源要素，为科技活动提供基础支持；后者包括科技市场、制度、文化等资源要素，发挥配置功能。唐泳等人认为科技资源是指人们从事科技活动、生产科技成果的物质条件及产出的阶段性和最终性科技成果，它是支撑科技发展的基础条件，可分为有形资源和无形资源。有形的科技资源包括科学仪器设备、研究实验基地、自然科技资源、科学数据、科学文献、科学成果、科研人员等；无形的科技资源主要指科技人员的创造能力、科技咨询、服务、培训等。周琼琼等人认为科技资源是用于支撑科技活动的所有资源的总称，它包括人力资源、财力资源、物力资源和知识资源四类主因子。

总体而言，大多数学者都在对科技资源的定义或特征描述中强调其知识层面的意义，科技资源在本质上是包含知识要素在内的资源，知识要素成分是其与其他类型资源的主要区分点。

从科技资源的应用实践来看，美国联邦政府 CIO 委员会在政府数据开放方面，建立了 Data Gov 数据平台，集成了海量的数据资源，吸纳了大量应用程序和软件工具、手机应用插件等。欧盟科研与创新总司（DG-RTD）提出了"地平线2020"框架，以整合欧盟各国的科研资源，提高效率，促进科技创新。大英图书馆构建了面向中小企业情报信息服务的项目，向中小企业提供创业信息服务。在中国，万方数据股份有

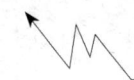

限公司是国内最大的科技信息服务提供商之一，它建设了万方数据库，汇集整合了中外上百个知名的科技、经济、金融、文献、生活与法律法规等方面的数据库；中国科学院计算机网络信息中心建设了中国科学院数据云，提供科学数据整合与共享服务技术与基础设施。

在科技资源标准规范方面，国内相关机构已经开展了许多工作。全国科技平台标准化技术委员会已经制定发布了《科技平台资源核心元数据》(GB/T 30523—2014)、《科技平台服务核心元数据》(GB/T 31073—2014)、《科技资源标识》(GB/T 32843—2016)等国家标准。在2017年9月1日开始实施的《科技资源标识》(GB/T 32843—2016)规定了科技资源标识的对象和产生途径。在该标准中，科技资源是"支撑科技创新和经济社会发展的科技基础条件资源、技术创新资源"，科技资源类型包括大型科学仪器设备、重大科技基础设施、研究实验基地、植物种质资源、动物种质资源、微生物菌种资源、人类遗传资源、标准物质、实验材料、标本、科学数据、图集图谱、研究与实验报告、论文、著作、专利、标准、计量标准、计算机软件、新产品新工艺和新材料、科普资源、科技案例和其他科技资源。

以上研究与实践主要围绕文献、专利、标准等传统形式开展。业务科技资源是一种以业务数据和业务流程为基础，融入知识要素，以软构件形式呈现的可复制、可重用的资源。在业务科技资源的应用实践方面，业界走在学界的前面。

在制造行业，数据是企业研发、采购、生产和销售等经营活动不可或缺的信息，正在成为最宝贵的资源。数据是制造业转型升级的核心，依托信息技术可将企业研发、采购、制造和物流各个环节的数据进行全面采集、分析和决策。在知识利用和传承的过程中，软件定义是一股重要的推动力量。软件定义主要体现在采用可编程的软件诠释实体产品，并通过软件系统赋予产品更多的应用功能和使用价值。

软件定义正在向传统行业，特别是工业制造业转变，软件定义加速驱动制造业的数字化。研发生产环节体现为生产知识的软件化，产品的设计、仿真、工艺、制造的技术和经验不断增长，这些生产知识通过软件化沉淀下来，使工业知识机理和专家经验基于软件的使用而变得更加显性化、复用化和智能化。在运营管理环节，通过生产制造全生命周期的数字化实时地采集和分析数据，支持智能决策软件，使企业的生产运营更多地依靠基于工业大数据分析的软件化解决方案进行优化，工业App成为趋势。软件同样被应用于产品服务环节，例如，GE 于 2015 年发布的 Predix 2.0，实现了对 35 000 台航空发动机的全生命周期管理服务。

SAP 于 2018 年正式提出智慧企业（Intelligent Enterprise）这一解决方案，目标是在统一的架构下打造智慧企业，完成企业从流程驱动向流程和数据混合驱动的转变，大幅度提升企业生产效率，实现商业模式的转型。SAP 提供了以数字化双胞胎网络、预测性维护与服务、预测性质量、车辆洞察、物流业务网络等为代表的工业 SaaS。相应地，SAP 推出了集各种解决方案于一体的 SAP 智慧企业框架。该框架涵盖的产品组合包括智慧企业套件、基于 SAP Cloud Platform（云平台）和 SAP HANA Data Management Suit（数据管理套件）的数字平台，以及基于 SAP Leonardo（物联网解决方案）的智能技术。SAP 认为智慧企业是对企业应用软件的智能化改造，从海量数据中获取洞察，推动业务流程前进，将洞察转变为行动，从而取得用户所需的效果。

2016 年，在 SaaS 领域排名第二，在 CRM 细分领域排名第一的 Salesforce 推出了被称为 Einstein 的最新 AI 产品，引发市场关注"CRM+AI"模式。Einstein 将会被嵌入到商业业务范围，自动挖掘相关商业信息，预测客户行为，推荐下一步最优行动，最终帮助客户提升销售能力。与此同时，通过并购整合，力图实现"CRM+AI+数据"完整生态的构建。

金蝶国际软件集团有限公司于 2017 年发布了基于云端的财务机器人，该机器人将应用云计算、大数据、图像语音识别、LBS 等 AI 技术，为企业提供多场景全方位的智能财务服务，主要包括从业务发起环节自动识别发票等原始单据，通过内置的各种财务机器人，实现财务的自动审核与记账。通过机器人的自主学习和完善，实现自我认知，完成智能报表的出具。智能财务的核心是通过大数据技术，进行建模与分析，利用人工智能技术，优化财务流程，提高工作效率，从而推动智能财务的应用。

由 GE、SAP、Salesforce 和金蝶的实践可以看出，业务科技资源通过软件定义，对价值链各个环节产生的业务数据进行分析和挖掘，将特定场景的知识固化沉淀下来，形成面向特定服务的知识化业务流程。从体系构建的角度来看，不同企业由于自身的资源基础与战略规划不同，侧重点也有所不同，GE 的 Predix 云平台关注工业设备；SAP 的智慧企业框架强调业务流程的智能化；Salesforce 的 Einstein 关注"CRM+AI"；而金蝶的财务机器人关注智能财务服务。

## 3.1.2 "互联网+"赋予科技服务的新内涵

在"互联网+"、大数据和人工智能等新一代信息技术环境的影响下,科技服务被赋予新的时代内涵与特征。科技资源以知识性为核心特征,通常以文献、专利、标准、科技成果等形式呈现,传统的科技服务主要围绕企业的研发设计环节开展。在新技术和新业态下,以知识性为核心特征的科技资源在内涵和外延上不断延伸,从采集的数据中提取知识要素,形成可复制、可重用的资源,已逐渐成为业界向企业提供知识性服务的主流实践。价值链常用于分析企业相互关联的经营活动所构成的创造价值的动态过程,企业之间的价值链协同改变了产业集群的构建方式,推进了产业的发展,Salesforce 和 SAP 等价值链的云服务平台可以改变价值链协同的模式。由于价值链协同普遍存在于产业集群中,从价值链协同活动产生的业务数据中挖掘的知识可适用于集群内的多家企业,能为企业提供资源服务,进而支持价值链重塑、支撑集群的发展创新。

产业集群的本质是一种独特的产业组织形式,产业协同的基本单元是企业之间在供应、营销、服务、物流等领域的业务协同。由于价值链协同业务活动的相似性,主流供应商(如 SAP、Salesforce、用友和金蝶)提供存在共性的业务流程解决方案。以第三方产业价值链协同平台为例,在长期运行过程中,平台积累了大量价值链协同业务流程和业务数据,并且与多家整机制造企业的内部系统相集成,相同业务流程的数据模型基本相同,存在映射转换方案。

由于价值链协同普遍存在于产业集群中,从价值链协同活动产生的业务数据中挖掘的知识适用于集群内的多家企业。这些知识具备可重用的特征,并且具备一定的适用性。因此,在各家价值链协同解决方案的业务流程存在共性的基础上,面向产业集群的科技服务需求,对价值链协同业务科技资源模型进行研究,构建价值链协同业务科技资源体系,为产业集群提供价值链协同业务科技资源服务,如图 3-2 所示。

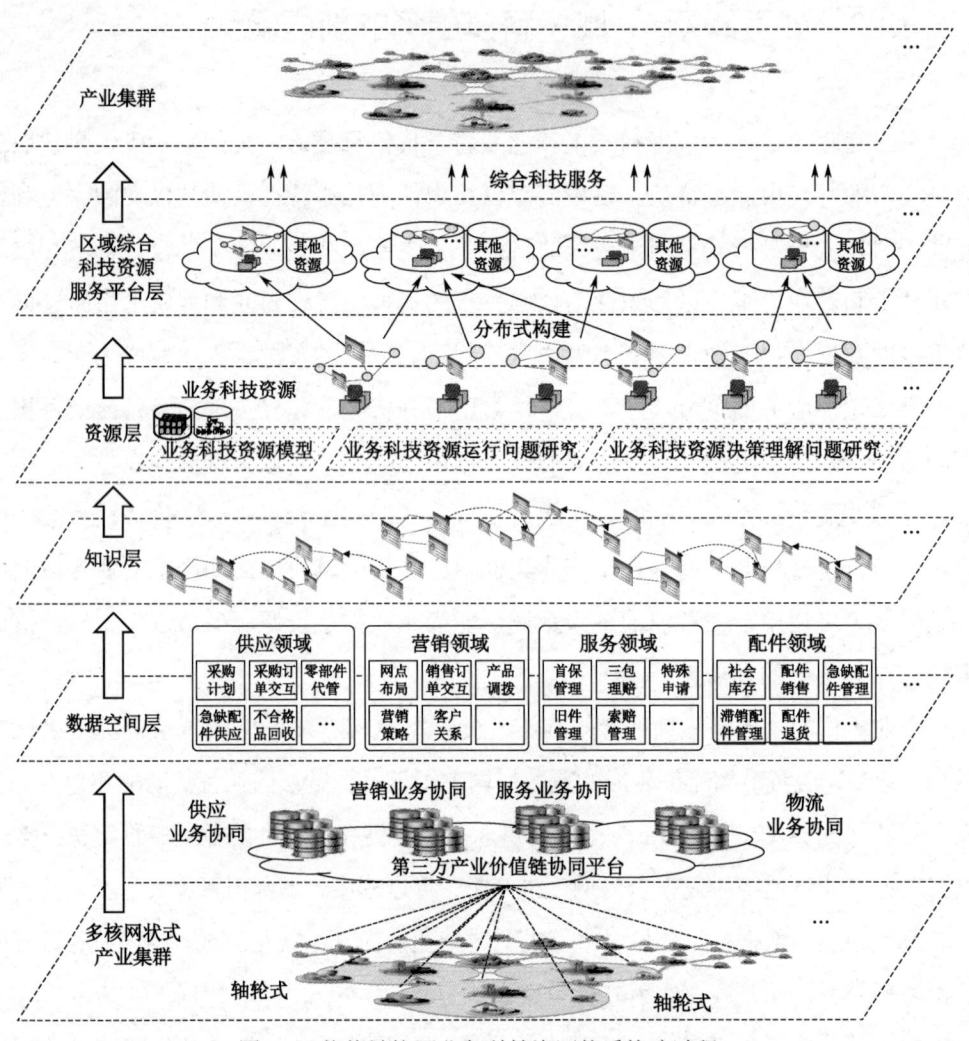

图 3-2　价值链协同业务科技资源体系构建过程

从图 3-2 中可以看出，第三方产业价值链协同平台在支持产业集群开展供应、营销、服务、物流等多个环节的业务协同的过程中，积累了大量业务流程与业务数据，并在此基础上构建了数据空间。在数据空间的基础上，运用数据智能技术提取知识要素，形成可复制、可重用的价值链协同业务科技资源，进而构建业务科技资源体系，并部署于区域综合科技资源服务平台，为产业集群提供综合科技服务。

## 3.2 面向价值链业务协同的科技资源

对于在"互联网+"和新一代信息技术环境下产生的科技资源,以及为产业集群协同提供资源服务,本节提出价值链协同业务科技资源(简称业务科技资源)的概念,并从计算机科学的视角对其进行建模。简单地说,业务科技资源由标准化的知识化业务流程和资源模型构成。本节首先对知识化业务流程和资源模型进行建模,在此基础上再对业务科技资源进行建模。

业务科技资源模型以业务数据为基础,将数据抽象模型化,将知识化服务流程的业务流程构件化,且符合一定的标准体系。因此,数据/模型+流程/构件+标准就组成了业务科技资源的知识单元。其中,数据是价值链协同过程中产生的业务数据,形成了产业集群的价值链协同数据空间;模型是面向特定服务的资源建模,即基于可服务、可封装的数据空间的资源模型;流程属于所有面向特定服务的业务流程集合;构件是基于资源模型和知识化服务流程的程序模块;标准是基于业务数据的资源模型、业务流程及服务标准。业务科技资源具备可封装、可重用的特征,资源标准是业务科技资源的重要内容。

### 3.2.1 知识化业务流程建模

业务流程是"达到特定目标或完成特定任务而执行的一组逻辑关联的行动",对企业而言,特定目标与任务是基于对顾客有价值的输出活动与职能组成的输出任务,活动的集合之间的逻辑关系表现为相互之间前因后果、彼此反馈与调节。科技资源在本质上是包含知识要素在内的资源,知识要素成分决定了科技资源与其他类型资源的主要区别。因此,相较于一般的业务流程,业务科技资源的业务流程强调在流程中融入知识要素,这种融入知识要素的业务流程被称为知识化业务流程。

## 1. 业务流程建模

由于 Petri 网具有可以显式刻画业务流程的控制流执行状态、拥有严格的语义和形式化的分析技术及易于理解的图形化表示等优点，在学术界被公认为是一种良好的业务流程建模语言。本节基于 Petri 网对业务流程进行建模，为便于理解，以第三方产业价值链平台上外出服务申请协同业务为例，给出其业务流程的 Petri 网表示。

一个以 Petri 网建模的业务流程是一个三元组，$BP = (PlaceSet, TransSet, FlowSet)$，其中，PlaceSet 是库所（places）的有限集，TransSet 是变迁（transactions）的有限集，满足 $PlaceSet \cap TransSet = \varnothing$，$FlowSet \subseteq (PlaceSet \times TransSet) \cup (TransSet \times PlaceSet)$ 是有向弧的集合，被称为流关系（flow relation）。

现以第三方产业价值链平台上外出服务申请协同业务为例，给出其业务流程的 Petri 网表示。外出服务申请协同业务涉及核心整机制造企业与服务商之间的价值链协同活动，外出服务是指当保修整机产品出现故障不能运转时，服务商需派人到事发现场进行维修。图 3-3 给出了在核心企业单级审核情况下，外出服务申请审核业务流程的 Petri 网表示。服务商提交外出服务申请到制造企业后，制造企业审核员对申请执行审批操作。

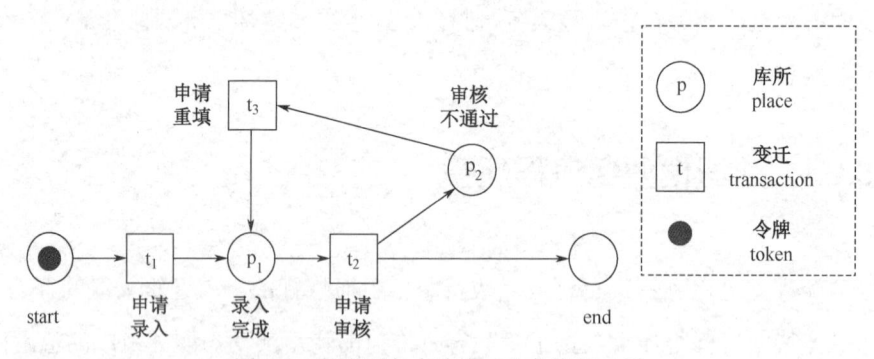

图 3-3 外出服务申请协同业务流程示例

图 3-3 所示外出服务申请协同业务流程的 Petri 网可表述为：库所集合 $PlaceSet = \{start, p_1, p_2, end\}$，变迁集合 $TransSet = \{t_1, t_2, t_3\}$，流关系集合 $FlowSet = \{(start, t_1), (t_1, p_1), (p_1, t_2), (t_2, p_2), (p_2, t_3), (t_2, end)\}$。

## 2. 知识化业务流程建模

资源在本质上是包含知识要素在内的资源，知识要素成分决定了科技资源和其他类型资源的主要区分点。因此，相较于一般的业务流程，业务科技资源的业务流程强调在流程中融入知识要素。

在以 Petri 网对业务流程建模的基础上，对知识化业务流程进行建模。在 Petri 网模型中，库所刻画状态，变迁刻画活动。为与普通的业务流程区分，强调融入知识要素的活动，将提取知识要素变迁称为知识变迁，记作 kt。记提取知识要素的变迁集合为 KTransSet $\subseteq$ TransSet，普通变迁集合则为 TransSet \ KTransSet。在知识化业务流程中，KTransSet $\neq \varnothing$，而在一般性的业务流程的定义中，KTransSet $= \varnothing$，知识化业务流程的形式化描述如下。

**定义 3-1**：一个以 Petri 网建模的知识化业务流程是一个五元组 KBP = (ID$_{KBP}$, PlaceSet, TransSet, KTransSet, FlowSet)，其中，

ID$_{KBP}$ 是知识化业务流程的标识，具有唯一性，用以区别资源提供方所提供的其他知识化业务流程；

PlaceSet 是库所的有限集；

TransSet 是变迁的有限集，满足 PlaceSet $\cap$ TransSet $= \varnothing$；

KTransSet 是知识变迁的有限集，满足 KTransSet $\subseteq$ TransSet, KTransSet $\neq \varnothing$；

FlowSet $\subseteq$ (PlaceSet $\times$ TransSet) $\cup$ (TransSet $\times$ PlaceSet) 是流关系的有限集。

业务流程与知识化业务流程，以及业务流程与 Petri 网模型的对应关系如图 3-4 所示。

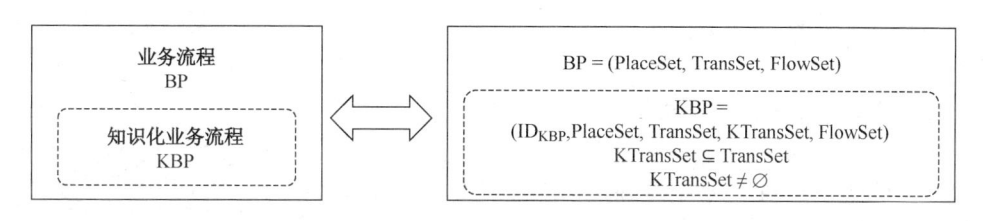

图 3-4　业务流程与 Petri 网模型的对应关系

以简化的滞销配件管控流程为例，给出其流程的 Petri 网表示。企业首先找出

滞销配件，接着填写转让信息，再找出最有可能接受该配件的企业，最后将信息推送给企业，如图 3-5 所示。其中，找出滞销配件这一步骤是通过分析配件库存数据并构建配件分类模型完成的。在实际业务中，滞销配件的处理有转让售卖和退货两种方式，为简便起见，不考虑对滞销配件的直接退货，以及转让售卖失败后退货的流程。

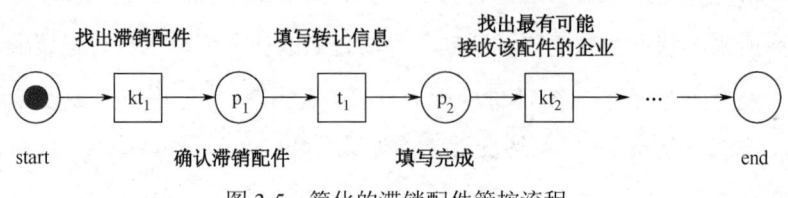

图 3-5 简化的滞销配件管控流程

图 3-5 所示的滞销配件管控流程中，存在 2 个需要提取知识要素的变迁，即找出滞销配件 $kt_1$ 和找出最有可能接受该配件的企业 $kt_2$。图 3-5 所示的 Petri 网可表述为：库所集合 PlaceSet=$\{start,p_1,p_2,\cdots,end\}$，知识变迁集合 KTransSet=$\{kt_1,kt_2\}$，变迁集合 TransSet=KTransSet$\cup\{t_1,\cdots,\}$，以及流关系集合 FlowSet=$\{(start,kt_1),(kt_1,p_1),(p_1,t_1),(t_1,p_2),(p_2,kt_2),\cdots\}$。

### 3.2.2 资源模型建模

可重用是业务科技资源的一个重要特征，不仅意味着可由单个个体反复使用，也意味着其具一定的适用性，适用于多个个体。从业务场景的角度来看，可重用意味着资源模型标准的设计需要适用于多家企业。本节首先对业务数据模型进行描述，然后对强调标准化的资源模型进行建模。

**1. 面向对象的业务数据模型**

面向对象方法是一种主流的建模方法，广泛应用于企业的信息系统设计。本节采用类模型对业务数据进行描述。为便于理解，以外出服务申请业务流程抽象出的类模型为例进行说明。

类是任何面向对象系统中最重要的构造块，是对一组具有相同属性、操作、关系和语义的对象的描述。类作为业务数据域一部分的抽象，表达了业务数据域中的词汇。假定 V 为原子值的无限集。其中，原子值表示整数值、字符值、布尔值等原始类型（primitive type）的取值，与数组、结构等复合类型（composite type）的取值相对。记 $2^X$ 为集合的幂集。相关文献对类模型的表述方式，是根据需要进行适当简化，给出类模型的表述。

类模型为元组 $CM = (ClassSet, AttrSet, RelSet, val, key, attr, rel)$，满足以下条件：ClassSet 为对象类的集合；AttrSet 为属性的集合；RelSet 为类关系的集合（$ClassSet \cap RelSet = \varnothing$）；$key: ClassSet \to 2^{AttrSet}$ 为将每个类映射到一组键属性的函数；$attr: ClassSet \to 2^{AttrSet}$ 为将每个类映射到一组非键属性的函数（对于任意类 $c \in ClassSet$，满足 $key(c) \cap attr(c) = \varnothing$）；$val: AttrSet \to 2^V$ 为将每个属性映射到一组值的函数，将 $val(a)$ 简记为 $V_a$，表示属性 $a \in AttrSet$ 所有可能取值的集合；$rel: R \to (ClassSet \times ClassSet)$ 为描述关系的函数，对于关系 $r \in RelSet$，假设 $rel(r) = (c_1, c_2)$，简记 $rel_1(r) = c_1, rel_2(r) = c_2$，表示该关系涉及的类。

CM 的对象模型组 $OM = \{Obj_c, Rel_r \mid c \in ClassSet^{CM} \wedge r \in RelSet^{CM}\}$。其中，$Obj_c$ 为 CM 的类 c 的实例集合，$Rel_r$ 为 CM 的关系 r 的实例集合。此外，记 $obj_c \in Obj_c$ 为类 c 的一个实例，记 $rel_r \in Rel_r$ 为关系 r 的一个实例。

为便于理解，以外出服务申请业务流程抽象出的类模型为例进行说明。如图 3-6 所示，可从外出服务申请业务流程抽象出 3 个类，分别用 $c_1, c_2, c_3$ 表示：

1）外出服务申请类，包含外出申请 id、服务站 id、车辆 id、表单状态、重填次数、救援原因、审核时间、审核意见等属性；

2）车辆类，包含车辆信息 id、底盘号、发动机号、车辆类型、车主姓名等属性；

3）服务站类，包含服务站 id、服务站名称、服务站类型、所属片区等属性。

图 3-6 所示为类模型示例，类 $ClassSet = \{c_1, c_2, c_3\}$，关系 $RelSet = \{r_1, r_2\}$。在本例中，每个类都有单一键，如 $key(c_1) = \{apply\_outservice\_id\}$，以及非键属性，如 $attr(c_1) = \{station\_id, carinfo\_id, formstate \cdots\}$。

**2. 资源模型建模**

业务科技资源从标准化的资源模型中访问数据，对资源模型进行建模。标准化的资源模型也可以使用类模型进行建模。业务科技资源强调可重用，从业务场景的角度来看，可重用意味着资源模型标准的设计需要适用于多家企业。对于相同的类 c，除了共同字段，各家企业还拥有自己的扩展字段，因此可以提取各家企业的共同字段，形成标准类 sc，过程如图 3-7 所示。

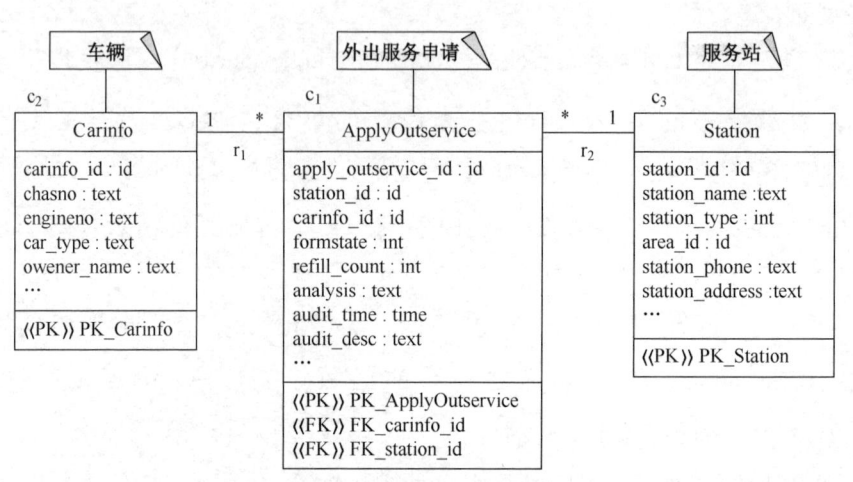

图 3-6  业务数据类模型示例

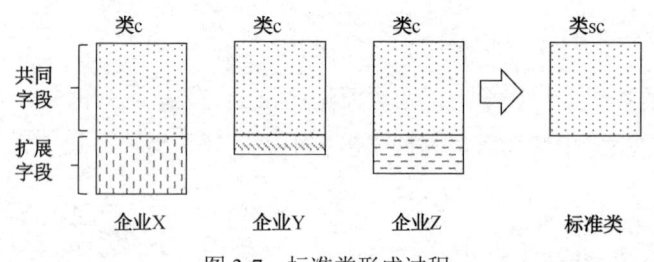

图 3-7  标准类形成过程

在对资源模型进行建模时，需要考虑资源模型是面向特定服务的资源建模，故资源常常以打包的形式提供给对应的知识化业务流程。假定某知识化业务流程 $KBP_i$ 需要类 $c_1,\cdots,c_m,c_{m+1},\cdots,c_n\,(m\leq n)$，其中，类 $c_1,\cdots c_m$ 需要进行标准化，而 $c_{m+1},\cdots,c_n$ 不需要进行标准化，则对应的资源模型及标准的形成过程如图 3-8 所示。

与业务数据模型相比，资源模型更加强调标准化。在以面向对象概念对业务数据建模描述的基础上，对资源模型进行建模。

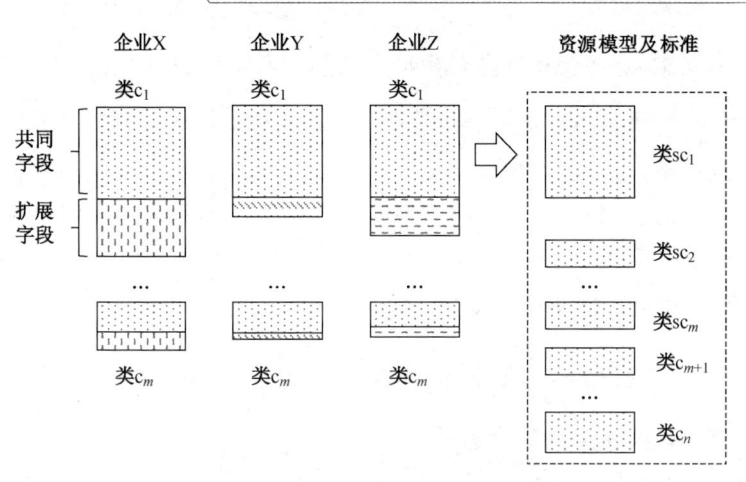

图 3-8　资源模型及标准形成过程

定义 3-2：资源模型为元组 $RM = (ID_{KBP}, ClassSet, AttrSet, RelSet, val, key, attr, rel)$，满足以下条件：$ID_{KBP}$ 是知识化业务流程的标识，具有唯一性；ClassSet 为面向特定服务的资源建模，是标识为 $ID_{KBP}$ 的知识化业务流程所需的对象类的集合，包括一般性的类对象和标准类对象；AttrSet 为属性的集合；RelSet 为类关系的集合（$ClassSet \cap RelSet = \varnothing$）；$key: ClassSet \to 2^{AttrSet}$ 为将每个类映射到一组键属性的函数；$attr: ClassSet \to 2^{AttrSet}$ 为将每个类映射到一组非键属性的函数（对于任意类 $c \in ClassSet$，满足 $key(c) \cap attr(c) = \varnothing$）；$val: AttrSet \to 2^V$ 为将每个属性映射到一组值的函数；$rel: R \to (ClassSet \times ClassSet)$ 为描述关系的函数。

类模型与资源模型之间的关系如图 3-9 所示。

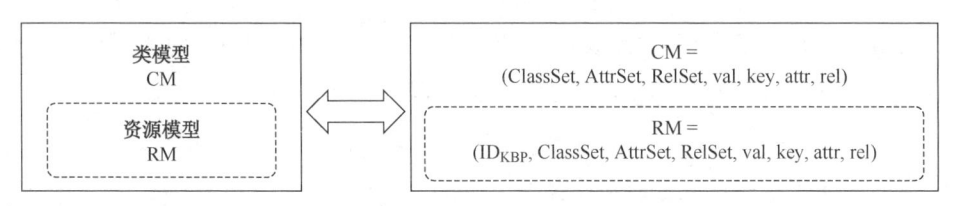

图 3-9　类模型和资源模型的关系

## 3.2.3　知识化业务流程与资源模型的映射关系建模

当业务科技资源提供服务时，知识化业务流程访问资源模型，描述两者之间的映射关系。为简单起见，首先描述业务流程和业务数据之间的映射关系。业务数据反映了流程的当前状态，业务流程和业务数据之间的关系可以通过 UML 中的动作（action）和活动（activity）的概念来刻画。动作是一个可执行的原子计算，它引起对象模型状态的改变；活动是一系列动作的组合。相关文献对事件模型的表述方式，是采用动作和活动的概念对业务流程与业务数据之间的映射关系进行描述。

### 1. 业务流程与业务数据的映射关系

假定类模型 CM=(ClassSet,AttrSet,RelSet,val,key,attr,rel)。记 Action(CM) 为动作的集合，由以下两两不交的集合组成：

$Action_{add,obj}(CM)=\{+,obj_c\}$；

$Action_{add,rel}(CM)=\{+,rel_r\}$；

$Action_{del,obj}(CM)=\{\times,obj_c\}$；

$Action_{del,rel}(CM)=\{\times,rel_r\}$；

$Action_{upd,obj}(CM)=\{\sim,obj_c\}$；

$Action_{read,obj}(CM)=\{-,obj_c\}$。

$Action(CM)=Action_{add,obj}(CM) \cup Action_{add,rel}(CM) \cup Action_{del,obj}(CM) \cup Action_{del,rel}(CM) \cup Action_{upd,obj}(CM) \cup Action_{read,obj}(CM)$。

$Activity(CM)=2^{Action} \setminus \{\varnothing\}$ 是 CM 所有可能的活动的集合。记 $L=ao_1,ao_2,\cdots,ao_n$ 为事件发生序列，其中，$ao=(a,ts), a \in Activity(CM), ts \in TS$，TS 代表全局时间戳，对于 $1 \leq i < j \leq n$，满足 $ts_i \leq ts_j$。

Petri 网中的变迁与活动相对应，指定控制流中的活动如何影响对象模型。图 3-10 展示了外出服务审批的业务流程和业务数据之间的关系，变迁 $t_1$ 申请录入与活动 $a_1$ 对应，活动包含 3 个动作，$a_1=\{(+,c_1),(+,r_1),(+,r_2)\}$ 创建了一个外出服务申请对象，并与相应的车辆对象和服务站对象相连接。变迁 $t_2$ 申请审核和变迁 $t_3$ 申请重填与活动 $a_2$ 对应，$a_2=\{(\sim,c_1)\}$ 表示更新外出服务申请对象。

活动序列与 Petri 网建模的业务流程相对应，假设上述申请流程经制造企业第一次审核不通过，服务商重填一次方可通过，如图 3-10 所示，则该流程实例对应的变迁序列为 $start,t_1,t_2,t_3,t_2,end$，事件序列为 $L=ao_1,ao_2,ao_3,ao_4, ao_1=(a_1,ts_1), ao_2=(a_2,ts_2), ao_3=(a_2,ts_3), ao_4=(a_2,ts_4)$。

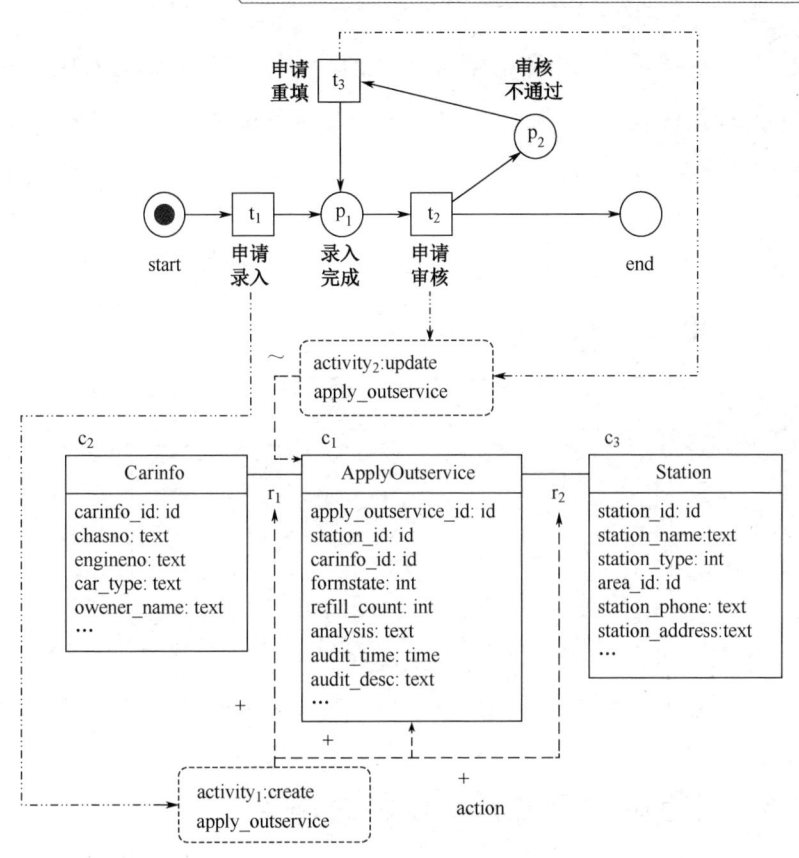

图 3-10　价值链协同业务流程与业务数据之间的映射关系

### 2. 知识化业务流程与资源模型的映射关系

在上述业务流程和业务数据的映射关系中，Petri 网中的变迁与活动相对应。指定控制流中的活动如何影响对象实例，而在知识化业务流程中，知识变迁从对象实例集合中提取知识要素，与活动相似，定义活动事件与知识变迁相对应。

**定义 3-3**：给定资源模型 $RM = (ID_{KBP}, ClassSet, AttrSet, RelSet, val, key, attr, rel)$，$KAction(RM) = \{A, Obj\}$ 为知识动作的集合，其中，A 表示任何提取知识的数据智能算法，Obj 为 ClassSet 中类的实例的集合。$KActivity(RM) = 2^{KAction} \setminus \{\varnothing\}$ 是 RM 所有可能的知识活动的集合。

与知识变迁与变迁的关系类似，知识活动也属于活动，满足 $KActivity(RM) \subseteq Activity(RM)$。知识化业务流程中的知识变迁与知识活动相对应，指定提取知识要素的活动需要属于哪些标准类的对象实例，图 3-11 展示了滞销配件管控流程中知识变迁和标准类之间的关系。找出滞销配件的变迁 $kt_1$ 与知识活动 $ka_1$ 相对应，$ka_1$ 需要的标准类为 $\{sc_i, sc_{i+1}, sc_{i+2}, \ldots\}$。变迁 $kt_2$ 找出滞销配件与复合知识事件 $ka_2$ 相对应，$ka_2$ 需要的标准类为 $\{sc_j, sc_{j+1}, sc_{j+2}, \ldots\}$。

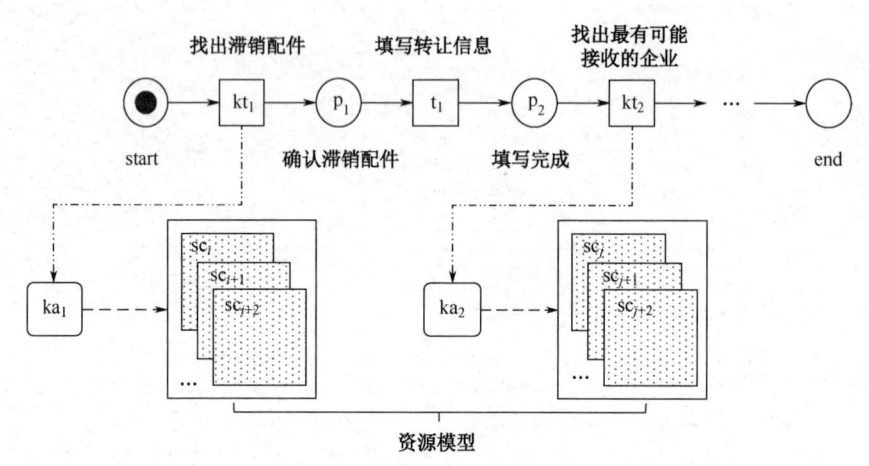

图 3-11 滞销配件管控流程中知识变迁和标准类之间的关系

## 3.2.4 价值链协同业务科技资源建模

价值链协同业务科技资源（简称业务科技资源）属于综合科技服务范畴，是将科技资源的内涵拓展到综合科技服务范畴的一类科技资源。业务科技资源由标准化的知识化业务流程和资源模型构成。在知识化业务流程和资源模型的基础上，对业务科技资源进行建模。

从定性的角度来看，业务科技资源具备以下三个重要特征：① 能完整地表达一个或多个特定功能，解决特定问题，每个业务科技资源都是可以完整地表达一个或多个特定功能、解决特定具体问题的流程和软件构件；② 特定价值活动知识的载体，业务科技资源封装了解决特定问题的流程、逻辑、数据、业务流程、经验、算法等；③ 标准化封装，可重用、可组合。业务科技资源符合特定的标准规范，不同的业务科技资源可以通过一定的逻辑与交互进行组合，以解决更复杂的问题。业务科技资源的定义如下：

定义 3-4：业务科技资源（Business Scientific and Technological Resource, BSTR）为三元组 BSTR=(KBP,RM,Mapping)，其中，KBP=$(ID_{KBP}$,PlaceSet,TransSet,KTransSet,FlowSet) 为知识化业务流程模型，并且提取知识要素的变迁集合 KTransSet $\subseteq$ TransSet 满足 KTransSet $\neq \varnothing$；

RM=$(ID_{KBP}$,ClassSet,AttrSet,RelSet,val,key,attr,rel) 为面向特定知识化业务流程的资源模型；

Mapping = $\{(t,a) \in TOA \mid TOA \subseteq TransSet \times Activity(RM)\}$ 为知识化业务流程和资源模型之间的映射关系，并且知识活动集合 KActivity(RM) $\subseteq$ Activity(RM) 满足 KActivity(RM) $\neq \varnothing$。

## 3.3 价值链协同业务科技资源体系

第三方产业价值链协同平台为整机制造企业与其上下游协作企业搭建了业务协作的桥梁，在长期运行过程中，平台积累了大量价值链协同业务数据，并且与多家整机制造企业的内部系统相集成，如图 3-12 所示，相同流程的数据字段基本相同，存在映射转换方案。以物流协同中的单量份配送（Set Parts Supply，SPS）模式为例，整机制造企业内部系统提供的数据接口均包括物料信息、供应商信息、供应关系信息、供应商结算信息、车辆上线信息和配套发料信息等信息。

在各主流供应商提供的业务流程解决方案存在共性的基础上，通过数据智能的手段，向产业集群提供知识化业务流程服务。第三方产业价值链协同平台积累的业务数据大多来源于汽车行业，由于汽车行业是一种典型的离散型制造行业，具有产业链条长、关联度高且复杂的特点，因此本章的研究实践同样适用于离散制造行业。

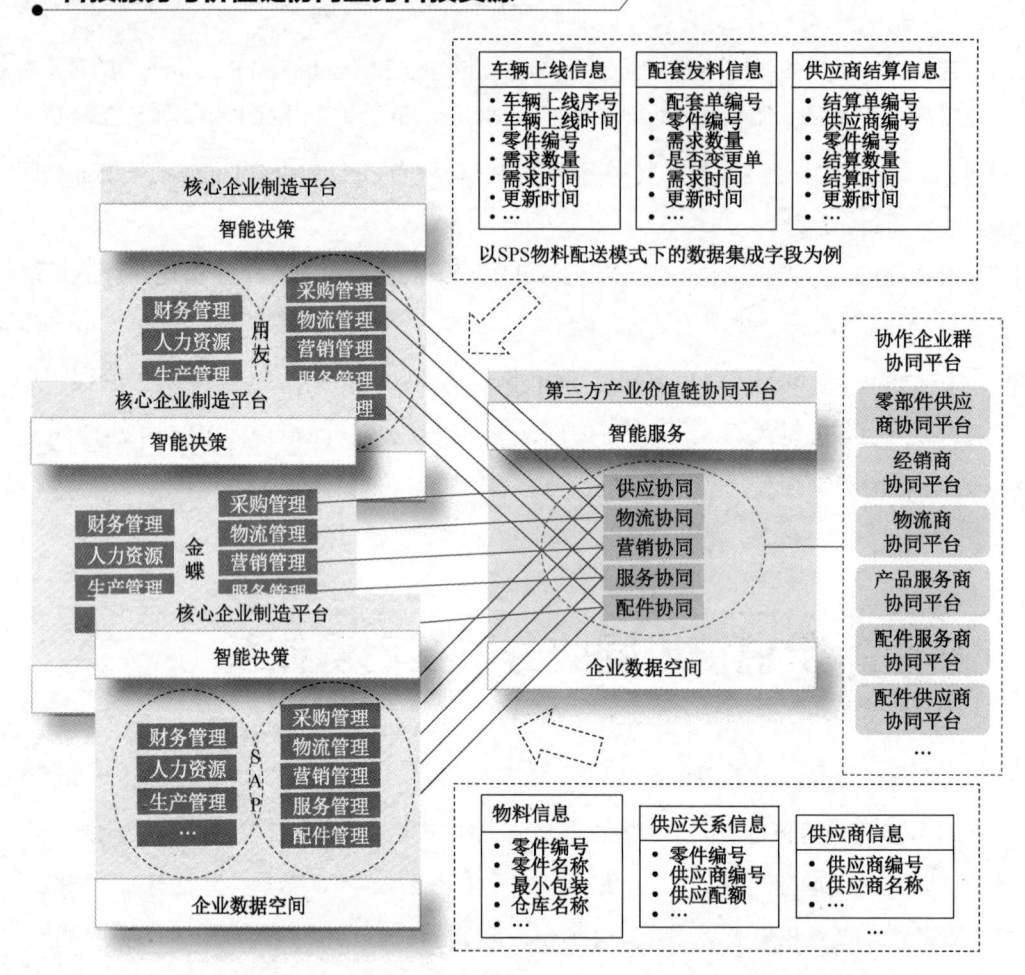

图 3-12 第三方产业价值链协同平台与业务流程主流供应商集成

### 3.3.1 产业集群价值链协同活动与业务科技资源需求分析

产业集群的产业协同涵盖了企业供应、营销、服务、物流等多个环节，在支持产业集群开展业务协同的同时，第三方产业价值链协同平台积累了大量的、具有一定共性特征的业务流程与业务数据。在此基础上，通过对业务流程与业务数据进行知识化与资源化，形成业务科技资源。本节首先对产业集群的价值链协同活动展开分析，这些价值链协同活动对应的价值链协同业务流程，以及由此产生的业务数据，是构建业务科技资源的基础；接着分析产业集群对领域知识的需求，从而确定产业集群中不同类型的企业需要从外部获取的知识要素；最后为设计针对性较强的业务科技资源提供方向。

## 1. 产业集群价值链协同活动分析

从产业链上相对独立且成体系的价值活动，以及第三方产业价值链协同平台的流程和数据积累的角度出发，价值链协同可划分为供应链协同、营销链协同、服务链协同和配件链协同四大领域。

产业集群价值链是由相互之间有业务关联关系的企业所组成的价值创造链条。企业价值链从企业层面出发，关注企业内部各项经营活动及这些活动之间的联系，通过提升单项经营活动的价值、最优化和协调不同活动之间的联系，为企业带来竞争优势。产业集群价值链从产业集群层面出发，关注集群内部各项企业业务协同活动及这些协同活动之间的联系，通过提升业务协同活动的价值、最优化和协调不同协同活动之间的联系，为产业集群带来整体竞争优势。每一个企业的企业价值链都镶嵌在整个企业集群价值链中。

处于产业集群价值链不同价值环节的企业，拥有不同的基本价值链。从产业集群中相对独立且成体系的价值活动的角度出发，可以将产业集群的价值链分解为供应链、营销链、服务链和配件链。不同类型的价值链条上包含特有的业务流程，典型的产业集群价值链协同活动如图 3-13 所示。

典型的产业集群的价值链分解为供应链、营销链、服务链和配件链。相应的，价值链协同活动可以分为供应链协同活动、营销链协同活动、服务链协同活动和配件链协同活动。

供应价值链协同活动由多级供应商、产品制造商等组成。以产品制造为核心的一系列供应协同活动，包括采购计划交互、采购订单发运、零部件交互、零部件入库、急缺配件供应交互、零部件领用、零部件代管库存、费用结算、不合格品回收退货等协同业务。

营销价值链协同活动由产品制造商、多级经销商、工厂直营店、电商旗舰店、用户等组成。以用户需求为导向，将产品传递到用户手中的一系列协同活动，包括销售计划交互、销售订单交互、合格证申请与审批、产品发运、片区产品销售库存交互、产品调拨交互、应付款回收交互、产品客户档案管理、销售档案管理等协同业务。

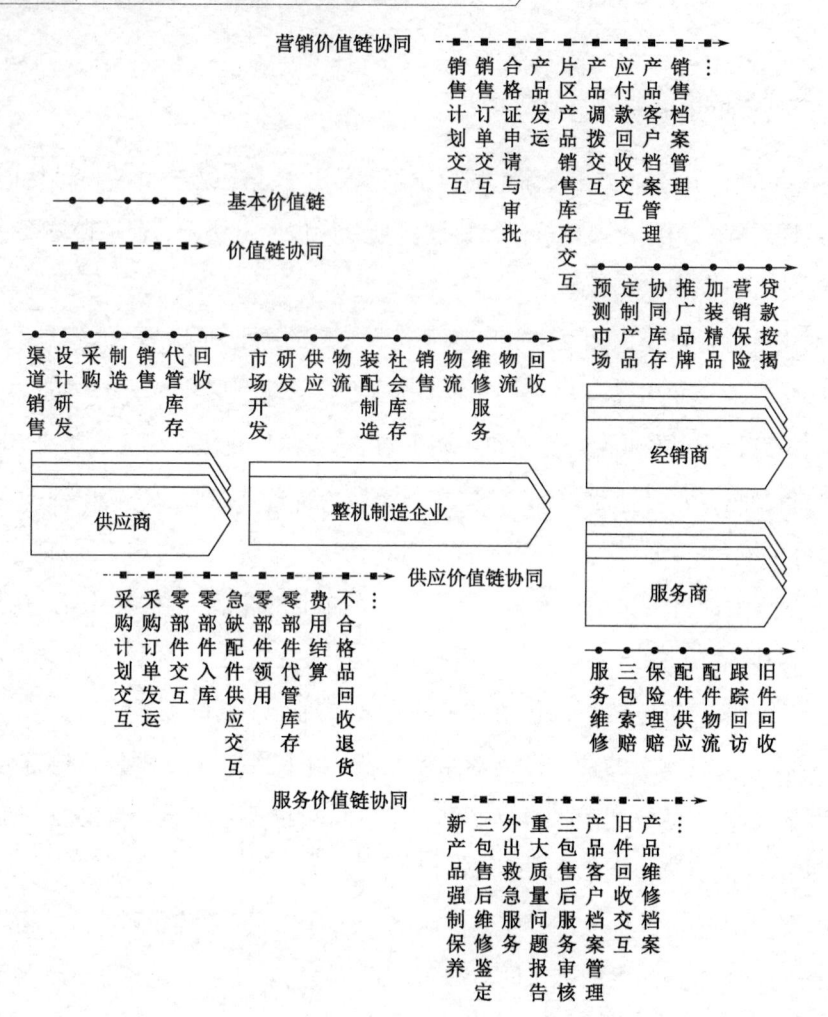

图 3-13 典型的产业集群价值链协同活动

服务价值链协同活动由产品制造商、配件营销商、特约售后服务商及用户等组成，围绕产品售出后的服务展开的一系列协同活动，包括新产品强制保养、三包售后维修鉴定、外出救急服务、重大质量问题报告、三包售后服务审核、产品客户档案管理、旧件回收交互、产品维修档案等协同业务。

配件价值链协同活动由配件供应商、整机制造企业、配件中心库或地区配件库、经销商、服务商、物流服务商等组成，围绕售后配件服务展开的一系列协同活动，包括配件需求计划、配件采购、旧件管理、配件退货处理、配件调拨等协同业务。

### 2. 业务科技资源需求分析

产业集群中的企业类型多样、数量众多，这些企业的创新能力普遍不高，并且面临着各种各样的问题。准确定位产业集群中企业对综合科技服务的需求，是构建针对性强且具有可操作性的综合科技服务体系的重点。

产业集群中不同的企业根据自身所处的价值节点不同，可以通过挖掘产生的大量业务数据，以获取不同的知识，这些知识可分为 Know-what（知道是什么）、Know-why（知道为什么）、Know-how（知道如何做）和 Know-who（知道谁能做）四种类型。这些潜在的知识蕴含了企业协同管理的经验，不同类型的价值链上涉及的知识要素不同，如图 3-14 所示。

**知识要素**

- 当前供应链可靠性如何？
- 合理的供应商评价体系包括哪些指标？
- 如何优化供应商？
- 如何进行合理的客户细分？
- 如何增加潜客转化率？
- 向用户推荐哪款车合适？
- 从用户购车行为中能发现什么？

**知识要素**

- 产品故障的原因是什么？
- 用户在何处维修最合适？
- 服务网点布局是否合理？
- 如何进行主动服务？
- 如何实现差异化服务？
- 如何管控滞销件？
- 合理的备货策略是什么？
- 如何制定合理的配件分销任务？

（供应链协同、营销链协同 → 价值链协同 → 服务链协同）

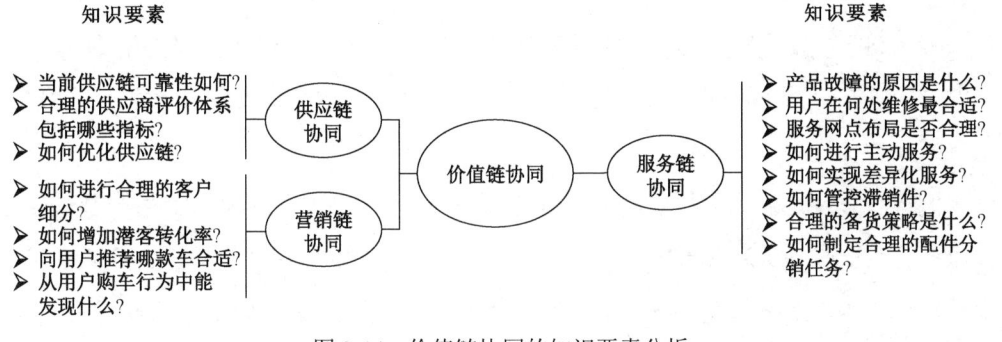

图 3-14　价值链协同的知识要素分析

例如，针对服务链协同中的滞销件管控问题，Know-what 意味着知道哪些配件是滞销配件，Know-why 意味着知道造成滞销配件的原因，Know-how 意味着知道应采取何种策略如何处理滞销配件，Know-who 则意味着知道将滞销配件转让给谁（服务商）最合适。

## 3.3.2　价值链协同业务科技资源体系

围绕多核价值链协同，其支撑的是多价值链协同云平台，实际上这是一种典型的工业互联网平台，价值链协同的业务数据和业务流程源于工业互联网平台，如图 3-15 所示为构建的价值链协同业务科技资源体系，其中：

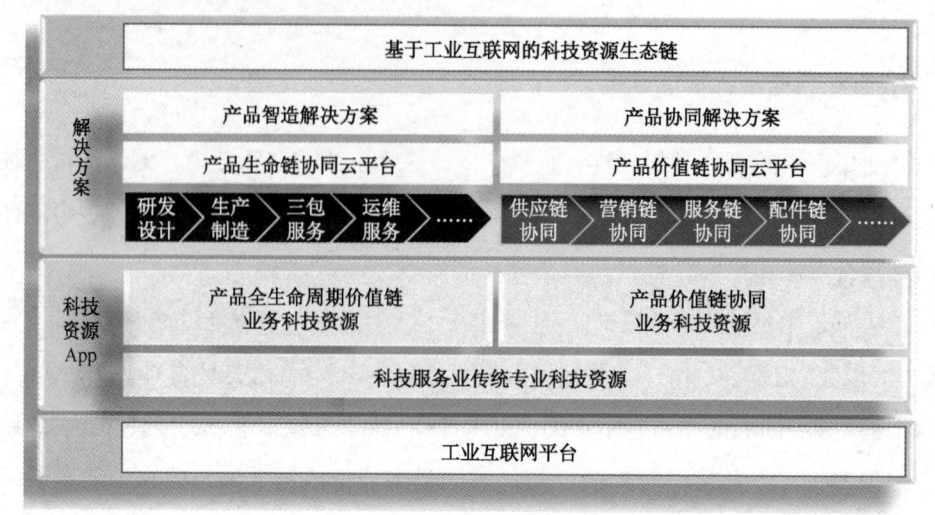

图 3-15　价值链协同业务科技资源体系图

业务科技资源系统构架于工业互联网平台之上。基于平台构架，为支持价值链协同的业务科技资源服务解决方案提供资源支撑，主要包含元数据、主数据、领域库/主题库和软件程序等。

解决方案层是业务科技资源系统价值的最终体现，面向产品研发、生产制造、三包服务、运维服务等产品全生命周期，面向供应链协同、营销链协同、服务链协同和配件链协同等产业价值链协同，支持价值链协同的业务科技资源服务解决方案，基于数据智能的价值链协同业务科技资源服务模式。

建立价值链业务科技资源的直接目的是获得业务活动所需的各种知识，贯通数据智能技术和数据应用之间的桥梁，支撑企业生产、经营、研发、服务等各项活动的精细化，促进企业转型升级，最终形成基于工业互联网平台的科技资源生态链。

# 参考文献

[1] 陈于思. 价值链协同业务科技资源体系构建技术研究[D]. 成都：西南交通大学，2021.

[2] 苏朝晖. 科技服务研究[M]. 北京：社会科学文献出版社，2016.

[3] 经济合作与发展组织. 创新与知识密集型服务活动[M]. 科学技术文献出版社, 2007.

[4] 游静, 魏祥健. 产业公共科技服务平台的投资、盈利与激励模式探讨——以成渝城市群汽车制造业、物联网产业以及集成电路产业为例[J]. 中国科技资源导刊, 2019, 51（05）: 34-39.

[5] 荀妍妍, 姜云龙. 浅析搭建哈长城市群综合科技服务平台的可行性及实现方法[J]. 商业经济, 2018, （03）: 45-46.

[6] 国家标准化管理委员会. GB/T31779—2015 科技服务产品数据描述规范[S]. 2015.

[7] 杨雪. 科技资源商务转化机制及其效率评价研究[D]. 吉林大学, 2012.

[8] 张贵红. 我国科技创新体系中科技资源服务平台建设研究[D]. 上海: 复旦大学, 2013.

[9] 赵伟, 赵奎涛, 彭洁, 等. 科技资源的价值及其价值表现分析[J]. 科学学研究, 2008, （03）: 461-465.

[10] 刘玲利. 基于系统视角的科技资源配置行为分析[J]. 科技进步与对策, 2009, 26（14）: 26-28.

[11] 唐泳, 赵光洲. 科技资源市场化配置中的风险分析[J]. 科技进步与对策, 2011, 28（08）: 129-132.

[12] 周琼琼, 华青松. 政府及市场行为对科技资源配置与技术创新能力影响的实证研究[J]. 科技进步与对策, 2015, 32（15）: 14-19.

[13] 中国-欧盟科技合作促进办公室. 欧盟"地平线 2020"计划[R]. 2014.

[14] 王建伟. 工业赋能: 深度剖析工业互联网时代的机遇和挑战[M]. 北京: 人民邮电出版社, 2018.

[15] 彭俊松. 智慧企业工业互联网平台开发与创新[M]. 北京: 机械工业出版社, 2019.

[16] 华创证券. SaaS 鼻祖 Salesforce 的千亿帝国——"云"时代系列研究之一[R]. 2019.

[17] 陈禹六, 李清, 张锋. 经营过程重构（BPR）与系统集成:[M]. 北京: 清华大学出版社, 2001.

[18] Van der Aalst W M. The application of Petri nets to workflow management[J]. Journal of circuits, systems, and computers, 1998, 8(01): 21-66.

[19] Van der Aalst W. Data science in action[M]. Process mining. Springer, 2016: 3-23.

[20] 雷朝敏. 基于 BPaaS 的汽车协同售后服务系统研究[D]. 成都：西南交通大学，2016.

[21] Booch G. The unified modeling language user guide[M]. 邵维忠，麻志毅，马浩海，译. 北京：人民邮电出版社，2013.

[22] Van der Aalst W M. Extracting event data from databases to unleash process mining[M]. BPM-Driving innovation in a digital world. Springer, 2015: 105-128.

# 第4章

# 基于第三方云平台的供应价值链协同业务科技资源

## 4.1 面向供应商的配件社会库存管控业务科技资源

### 4.1.1 面向供应商的配件社会库存管控需求分析

面向供应商的配件社会库存管控的目标是站在配件供应商的角度,依托工业互联网平台——第三方产业价值链协同平台,为其提供平台共享配件库存数据、配件库存数据分析与预警、库存跨链调拨与库存监控可视化展示等功能,完善供应商社会多级库存管控,具体需求分析如下。

1. 配件社会多级库存监控需求分析

由于供应商缺乏稳定且真实的下游渠道配件信息来源,基于产业价值链协同平台的数据共享特性,可以对联盟内供应商 LD 自身渠道下的整车制造厂、配件中转库、配件经销商与服务站的库存信息进行集成,并为其建立一种实时的可视化监控体系,使其可以动态地得知各级社会库存的分布情况、出入库情况和销售情况等。由于供应商LD的销售渠道分布于全国各地，因此需要以地图的方式来直观地展示其社会库存分布，同时也可为其添加展示条件，使其更加人性化。

**2. 积压、滞销与急缺配件的分类、管控和预警需求分析**

对于供应商而言，区域性配件的库存积压、滞销等问题处理不当会导致社会库存的不平衡，也会给制造厂和经销商带来库存压力。长期积压或滞留的库存会造成库存成本增加与资金积压，影响周转效率，配件本身也会跌价损失，有些配件甚至因失去时效性变为废料；而长期急缺的配件得不到及时补充和调整，也会影响供应商的品牌形象，降低客户满意度。

通过对供应商LD及其下游合作企业制造厂TJ等十几家企业的实地调研，调研范围涉及配件供应商、整车制造厂、经销商与服务站等。调研显示，每家企业几乎都有一套属于自己的积压配件、滞销配件与急缺配件的分类判定标准，每套标准都是根据自有产品的实际规格属性结合销售情况、库存情况制定的，且大多以人工经验进行判定。经过对调研结果的整理分析后，梳理出适用于平台内多数企业的分类指标体系。

（1）配件积压判定要素，包括配件的社会保有量、该配件近期的销售量、配件的实时在库库存量和极限库存量及配件的在库时间。

（2）配件滞销判定要素，包括配件的出厂日期、配件的质保期限、配件的在库时间及配件近期的销售量。

（3）配件急缺判定要素，包括是否有索赔申请单或者订单类型为加急订单、供应商的送货时长（买家从下单到收货）及发货速度。

通过对汽车产业价值链平台上供应商LD渠道下社会库存数据进行梳理，结合以上分类指标，采用随机森林配件分类模型对样本参数进行随机抽取，形成决策树模型，当决策树数量符合要求时，便可生成针对急缺、滞销和积压配件的不同随机森林模型。

**3. 优化配件社会库存检索与匹配需求分析**

产业价值链协同平台能够为社会库存跨链匹配与调拨提供条件。当前平台内的社会库存检索机制是建立在关系数据库模型基础上的全文检索机制，但随着跨链业务协同企业的不断增加，检索数据规模的不断扩大，逐渐出现以下问题：第一，普通检索方式耗时越来越长，已经表现出其局限性，数据库急需更加良好的索引技术以提升整体的匹配效率；第二，原有的搜索方式仅能通过配件编码进行单一条件的检索，无法良好地进行不同含义的多关键词分词检索，极大地限制了配件的检索效率与匹配精度。因此，构建一个高性能的全文检索搜索引擎框架对供应商社会库存的跨链检索与匹配是非常重要的。Apache Lucene.NET 具有可扩展的高性能索引能力和精确高效的检索算法，框架轻量级并且支持跨平台应用，有助于解决上述问题，提高检索能力。

**4. 历史数据统计与可视化需求分析**

对于汽车产业价值链协同平台积累的大量原始库存数据，虽然平台上有着较为规范的业务功能，可实现库存数据的查询、录入和删除等功能。但数据资源本身所具备的隐藏知识仍需要进一步加以统计与分析，需要对重复、错误等数据进行清洗，并按用户需求加以可视化展示，为供应商库存管控提供决策支持。

## 4.1.2 面向供应商的配件社会库存管控业务流程

**1. 社会库存预警与管控的业务流程**

根据上述需求分析，配件供应商登录汽车产业价值链协同平台可以查看下游渠道中所销配件的社会库存分布情况，结合分类算法和实际判定标准，分析得出下游合作企业的配件积压、滞销和急缺信息。社会库存预警与管控业务流程如图 4-1 所示。

Step1：配件供应商登录平台系统查询近期内所销配件的实时社会库存分布信息，该信息是平台通过实时数据交互功能从各协作企业获得的。

Step2：配件供应商可以选择查看企业库存的详细信息，也可以查询区域库存信息。在查看区域库存信息时，可以获得该区域配件总体的急缺、积压和滞销情况，并生成预警报告。

Step3：制造厂和经销商可以登录平台查看预警报告，并组织内部协调调拨。

## 社会库存预警与管控业务流程

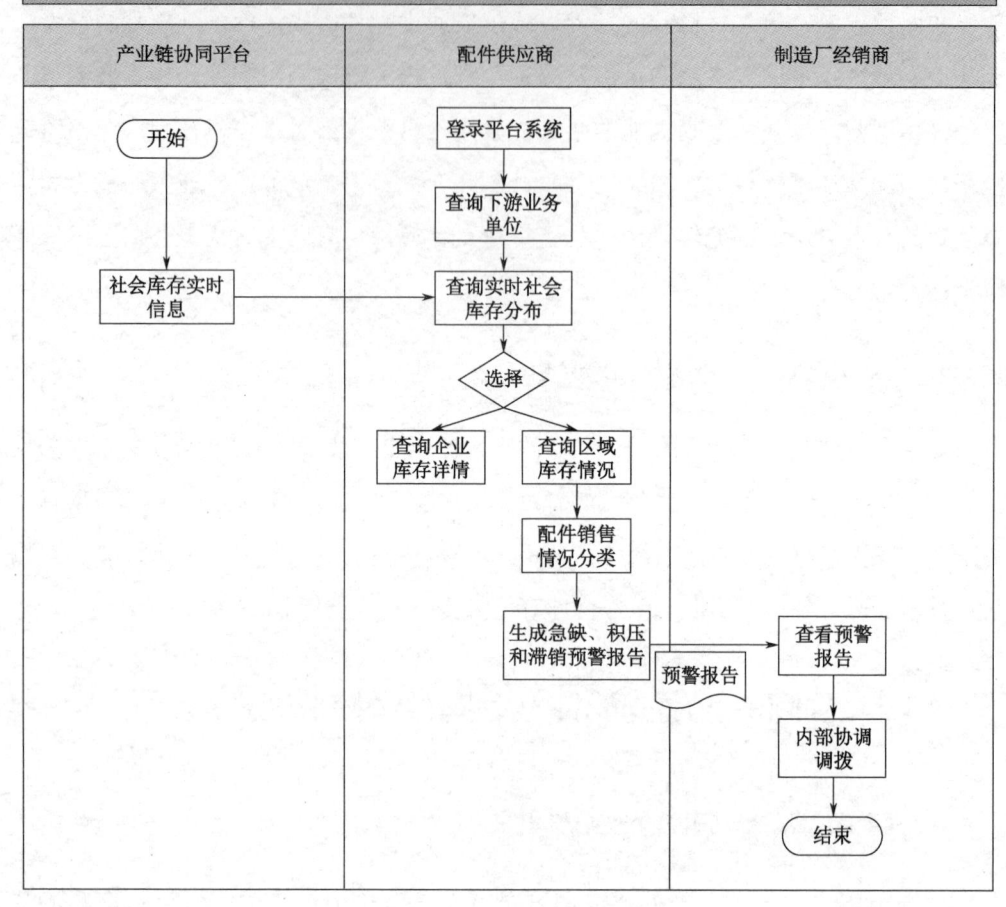

| 产业链协同平台 | 配件供应商 | 制造厂经销商 |
|---|---|---|

图 4-1　社会库存预警与管控业务流程图

### 2. 配件库存精准管控与调拨的业务流程

配件供应商 LD 通过配件分类分析各企业的积压配件、滞销配件和急缺配件，再分别进行处理，以达到平衡社会库存和提高库存周转的目的。支持库存管控的配件调拨业务流程图如图 4-2 所示。

Step1：配件供应商登录平台可查询社会库存中积压配件、滞销配件和急缺配件。

Step2：当查询急缺配件时，可查看急缺详情和厂内发货信息，也可进行配件跨链匹配业务，当检索匹配到可跨链配件且地域临近的配件时，可通过平台发起配件跨链调拨申请业务，填写调拨申请单，若无匹配信息，则转入 Step1。

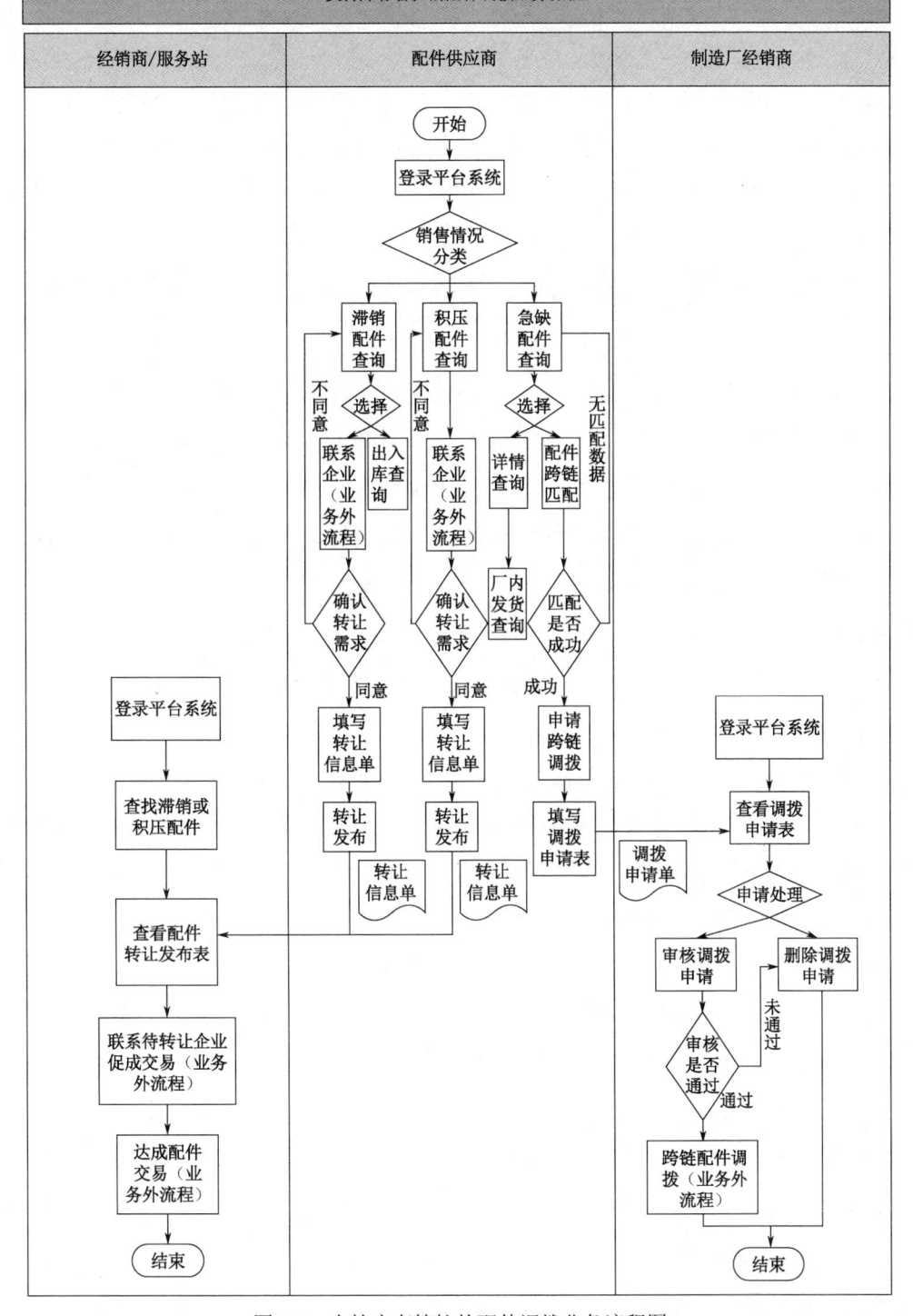

图 4-2　支持库存管控的配件调拨业务流程图

Step3：当查询滞销或积压配件时，可查询滞销或积压配件的出入库信息，若有发布需求，则可通过系统提供的联系方式联系该企业以征求转让许可。若企业同意，则可填写转让申请单，在平台发布转让信息。若企业不同意，则转入 Step1。

Step4：由制造厂、经销商和服务站等各自登录平台系统审核经销商所发起的调拨业务申请和查看发布的转让信息。

### 4.1.3 面向供应商的配件社会库存管控业务科技资源构建

面向供应商的配件社会库存管控业务科技资源基于汽车产业价值链协同平台进行扩展开发、业务集成、综合部署和后期维护。为达到利于程序的开发、扩展和维护的目的，实现应用程序具有功能可扩展性、资源可重用性、程序实用性和开放性等设计目标，可采用 B/S 模式设计，通过 C#中的经典三层架构进行软构件设计，由于三层架构之间为"高内聚、低耦合"关系，独立层的更新不会对另外两层产生较大的影响，故该构件也有较高的健壮性和数据安全性。三层架构包含数据访问层（DAL）、业务逻辑层（BLL）和用户表示层（UIL），该架构中封装有业务模块和设计模式接口。架构如下。

（1）数据访问层（DAL）：位于三层架构中的最底层，即持久层。该层通过基础类 SqlHelper 执行对业务数据的访问和返回，其封装了大量数据库访问接口，与业务逻辑层进行数据交互，通过接口传参获取业务所需的返回值。其执行过程为连接数据库→执行存储过程→返回数据值。本系统使用 ADO.NET 对数据库进行操作并使用存储过程进行访问，一方面由于存储过程可以重复使用，从而减少相应的工作量；另一方面当对数据库进行复杂操作时，如对多张表进行增删改等操作，可以将这些简单事务组合的复杂操作用存储过程进行封装，与数据库提供的事务处理结合后一起使用。

（2）业务逻辑层（BLL）：位于三层架构中的中间层，即组件层，是架构中的核心部分。该层主要负责设计业务逻辑、制定业务规则和实现业务流程等。其主要作用是封装好各模块的具体业务实体，如 Echarts 封装包，接收表示层传输的数据并执行相应的业务封装类。在执行时会对数据访问层进行嵌套使用，在执行完毕后，业务逻辑层会将返回值绑定在用户表示层。

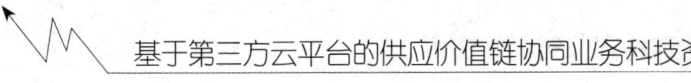

（3）用户表示层（UIL）：位于三层架构的最顶层，即用户交互层。它的作用是接收用户输入的数据或命令并且将执行结果进行反馈展示，是用户与程序进行交互式操作的界面。用户表示层负责处理用户对系统最直观的使用过程，系统在 Web 基础上使用 Echarts 工具来给用户提供可视化操作。该层作为项目的"外壳"，除了对用户的输入数据和下层返回的输出数据进行验证和展示，不包含任何逻辑处理过程。

综上，给出了面向供应商的配件社会库存管控业务科技资源体系架构图，如图 4-3 所示。

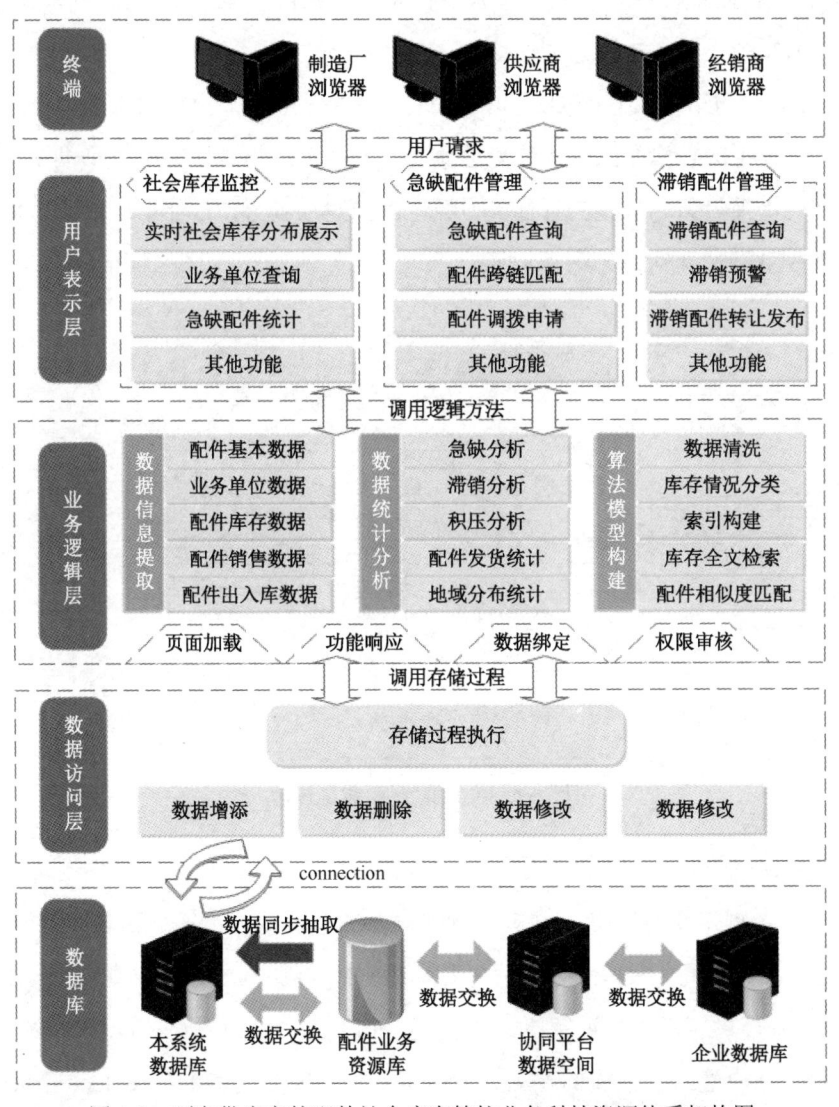

图 4-3　面向供应商的配件社会库存管控业务科技资源体系架构图

### 4.1.4 支持库存管控业务科技资源的跨链检索与匹配模型

**1. 配件库存索引库构建与检索**

lucene.net 的 API 接口设计比较通用化，其 I/O 结构类似于传统数据库的"表==>记录==>字段"式结构，因此很多数据库与应用文档都可以十分便捷地映射到 lucene.net 的存储结构中。但由于其只能存储文本数据，故需要定义接口，从数据库中获取数据文档之后，再存入索引中。

lucene.net 的结构具有面向对象的特征。它首先定义了一个独立于平台的索引文件格式，接着将核心程序部分设计为抽象类，平台实现部分作为抽象类的实现，其文件存储方式也被封装为独立的存储类，经过面向对象处理，最终形成低耦合度、高适应性的检索引擎。其结构如图 4-4 所示。

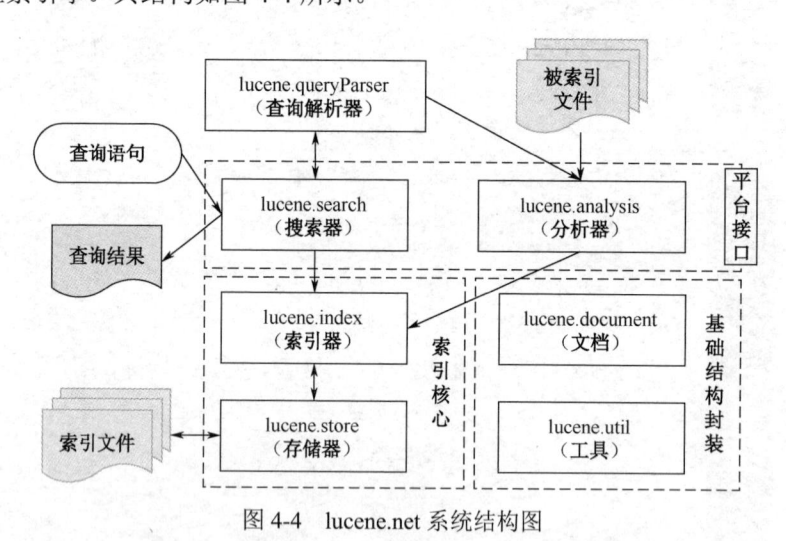

图 4-4 lucene.net 系统结构图

索引数据库的具体构建和数据检索流程如下。

Step1：数据采集与存储。索引库构建需要的数据表主要有供应商配件库存表、整车制造厂及经销商配件库存表、销售表等。其中，检索过程常用的数据有配件名称、配件型号、生产供应商等数据字段。构建索引库之前，需要对所有字段进行数据清洗。

Step2：索引建立。索引的建立分为两步，首先需要构造 lucene.document 的文档对象.txt，将清洗后的数据字段存储为文本数据，建立索引。由于数据字段多、体积小，有较高的被检率，故可以直接存入索引库中。具体的方法是：用平台内的数据库访问组件 ADO.NET 中的 GetDtByProc()方法查询数据库内容得到 datatable，再用 File 类的 WriteAllLine()方法写入.txt 文件中。索引创建代码图如图 4-5 所示，关键词检索代码图如图 4-6 所示。

```
/// 创建索引
private void CreateIndexByData() {
    string indexPath = Context.Server.MapPath("F:/lucene/Index");//索引文档保存位置
    FSDirectory directory = FSDirectory.Open(new DirectoryInfo(indexPath), new NativeFSLockFactory());
    //对索引库进行读取的类
    bool isExist = IndexReader.IndexExists(directory); //是否存在索引库文件夹及索引库特征文件
    if(isExist) {
        //如果索引目录被锁定则解锁
        if(IndexWriter.IsLocked(directory)) {
            IndexWriter.Unlock(directory);
        }
    }
    //创建向索引库写操作对象
    IndexWriter writer = new IndexWriter(directory, new PanGuAnalyzer(), !isExist, IndexWriter.MaxFieldLength.UNLIMITED);
    BooksManager bookManager = new BooksManager();
    List<PZYM.Shop.Model.Books> bookList = bookManager.GetModelList("");
    foreach(var book in bookList) {
        Document document = new Document();
        //向文档中添加字段
        //--所有字段的值都将以字符串类型保存,因为索引库只存储字符串类型数据
        document.Add(new Field("id", book.Id.ToString(), Field.Store.YES, Field.Index.NOT_ANALYZED));
        document.Add(new Field("title", book.Title, Field.Store.YES, Field.Index.ANALYZED, Field.TermVector.WITH_POSITIONS_OFFSETS));
        document.Add(new Field("content", book.ContentDescription, Field.Store.YES, Field.Index.ANALYZED, Field.TermVector.WITH_POSITIONS_OFFSETS));
        writer.AddDocument(document); //将文档写入索引库
    }
    writer.Close();
    directory.Close();
}
```

图 4-5　索引创建代码图

```
/// 检索关键字
private void SearchFromIndexData() {
    string indexPath = Context.Server.MapPath("F:/lucene/Index");
    FSDirectory directory = FSDirectory.Open(new DirectoryInfo(indexPath), new NoLockFactory());
    IndexReader reader = IndexReader.Open(directory, true);
    IndexSearcher searcher = new IndexSearcher(reader);
    //搜索条件
    PhraseQuery query = new PhraseQuery();
    //把用户输入的关键字进行分词
    query.SetSlop(100); //指定关键词相隔最大距离
    TopScoreDocCollector collector = TopScoreDocCollector.create(1000, true);
    searcher.Search(query, null, collector);//根据query查询条件进行查询,查询结果放入collector容器
    ScoreDoc[] docs = collector.TopDocs(0, collector.GetTotalHits()).scoreDocs;
    //展示数据实体对象集合
    List<PZYM.Shop.Model.Books> bookResult = new List<PZYM.Shop.Model.Books>();
    for(int i = 0; i < docs.Length; i++) {
        int docId = docs[i].doc;//得到查询结果文档的id
        Document doc = searcher.Doc(docId);//根据文档id来获得文档对象Document
        PZYM.Shop.Model.Books book = new PZYM.Shop.Model.Books();
        book.Title = doc.Get("title");
        book.Id = Convert.ToInt32(doc.Get("id"));
        bookResult.Add(book);
    }
    Repeater1.DataSource = bookResult;
    Repeater1.DataBind();
}
```

图 4-6　关键词检索代码图

Step3：数据分级检索。lucene.net 的检索功能包括限制检索、渐进检索（检索结果集中的二次检索）及全面检索；匹配方式有精确匹配和模糊匹配。由于 lucene.net 是按域查询的，因此在检索时需要提供域名和查询值。

检索出的结果将按照框架本身的评分机制进行评分和排序，检索到的内容是一个结果集，为得到最精确的配件匹配结果，需要进行相似度筛选与判定。

**2. 指标体系构建**

将 word2vec 词嵌入模型及基于该模型的词移距离算法应用到配件库存跨链相似匹配中，构建基于词嵌入模型的配件库存相似匹配模型。建立覆盖 9 个字段的配件库存跨链匹配指标体系，该指标体系经厂商确认，是能对标识唯一的配件起到重要影响的字段集，通过对这些指标进行综合判断，决定能否进行跨链调拨。

配件名称：配件的行业标准命名，配件名称字段需要采用统一标准，以排除写法干扰。该字段在指标体系中有最高的影响权重。

配件型号：配件的唯一字段，描述配件的性能、规格、大小和出厂顺序等特征。该字段在指标体系中有较高的影响权重。

配件供应商：配件的生产、加工与供应企业，每一种配件都只有唯一的供应商。

适用部件类型：配件可用于组装成的部件大类，描述配件在大型部件装配中的所属关系。

备注：配件的备注信息，描述配件的部分重要特性，如颜色、左右、长度等。

三包期：配件的包修、包换和包退年限，配件按照其分类有不同的三包期限。

采购价：配件的采购单价，这里的配件价格是指批量采购价格。

零售价：配件的销售价格，一般零售价格会比采购价格要高。

以汽车行业为例，配件库存跨链匹配指标体系内各项指标均由汽车产业价值链协同平台配件数据仓库内的业务数据提取而来，保证各项指标数据提取的真实性，见表 4-1。其中，配件名称、型号、规格、适用部件类型、适用车型等由配件库存数据仓库提取；采购单价、零售价等由配件销售数据仓库提取；三包期由配件服务数据仓库提取；配件的生产供应商由配件销售数据仓库内的订单表层级倒推得出。

表 4-1　汽车行业配件库存跨链匹配指标体系表

| 配件跨链匹配指标体系 | 匹配指标 | 符号 | 指标说明 |
|---|---|---|---|
| | 名称 | Z0 | 定性指标 |
| | 型号 | Z1 | 定性指标 |
| | 供应商 | Z2 | 定性指标 |
| | 适用部件类型 | Z3 | 定性指标 |
| | 适用车型 | Z4 | 定性指标 |
| | 备注（特性描述） | Z5 | 定性指标 |
| | 三包期 | Z6 | 定量指标 |
| | 采购价 | Z7 | 定量指标 |
| | 零售价 | Z8 | 定量指标 |

### 3．词嵌入模型训练

word2vec 词嵌入模型的具体的训练过程如下。

Step1：数据预处理。通过数据清洗的方式对数据进行预处理，包括检查数据字段及定义域的一致性、筛选出无效或部分缺失数据、统一数据命名规则等。同时，对于单一字段包含多种内容的情况，利用 Analyzer 分词器对数据字段进行分词。最后抽取部分数据（包含完整配件信息）作为训练数据，并将其保存在.txt 文件中充作语料库。

Step2：权值矩阵初始化。扫描语料库，统计词频，并依据每个词的词频生成哈弗曼树。设定隐藏层神经元节点个数为 100 个，由于匹配指标有 Z0 至 Z8 九个指标，需要设置输入层的 9 个神经元，输出层有词汇表大小数目的神经元。将 $W_I$ 和 $W_O$ 进行初始化。

Step3：重要参数设定。模型采用梯度下降法进行训练，参数设定直接会影响训练结果的准确性，需要设定的重要参数有：① 学习率（learning rate），权值调整系数。设置过小会使模型陷入局部最小值，使训练时间过长，整体收敛速度过慢；设置过大会使误差在最小值左右震荡，收敛失败。② 动量（momentum），梯度下降法中的一种加速技术。③ 批尺寸（batch size），一次训练的样本数目，设置过小会导致训练速度过慢，增大时有助于训练的整体收敛速度加快，但要迭代次数（epoch）同时增加才会达到良好的效果，而迭代次数增加会降低速率。④ 迭代次数（epoch），指使用训练集中的全部样本训练一次，一次迭代为所有训练样本的一个正向传递和一个反向传递。参数设置表见表 4-2。

表 4-2 参数设置表

| 参数名称 | 设置值 |
|---|---|
| learning rate | $1.0\times^{-3}$ |
| momentum | 10 |
| batch size | 256 |
| epoch | 40 |

Step4：数据样本抽取。输入的样本数据为由数据仓库中提取的制造厂和经销商数据，数据样本容量为 26 855 条，选取其中 22 500 条为训练数据，4 355 条为测试数据。对输入层数据采用 one-hot 归一化编码。表 4-3 为提取的部分训练数据（30 组）。

表 4-3 部分训练数据表

| 编号 | 名称 | 型号 | 供应商 | 适用部件类型 | 适用车型 | … | 采购价 | 零售价 |
|---|---|---|---|---|---|---|---|---|
| 1 | 制动总泵 | 70003505 | OJA | 液压部分 | F99MT/F10MT | | 65.00 | 85.00 |
| 2 | 前轮挡泥板 | E14055 | OJA | 车身部分 | F99MT/F12MT | | 32.00 | 42.00 |
| 3 | 半轴总成 | 700027 | PSJ | 制动系统 | F10MT | | 140.00 | 185.00 |
| 4 | 组合仪表 | F12 | G5 | 电器部分 | F10CVT | | 290.00 | 452.00 |
| 5 | 水泵 | 138 | LD | 发动机部分 | F99/F12MT | | | |
| 6 | 散热器进水管 | T70-T01 | DY | 液压部分 | T1A1A/T1A2A | | 21.56 | 37.20 |
| 7 | 六角头螺栓 | 9989 | DF | 发动机部分 | F99 | | 2.00 | 3.00 |
| 8 | 半轴齿轮垫片 | 16T | DF | 制动系统 | F16MT | | 2.98 | 5.36 |
| 9 | 机油格 | WB178 | LD | 发动机部分 | F99 | | 23.76 | 46.60 |
| 10 | 水泵 | LL380 | LD | 发动机部分 | F99MT/F12MT | | | |
| 11 | 气缸垫片组件 | EC | YC | 发动机部分 | 16L | | 41.80 | 66.00 |
| 12 | 左前制动器 | ZZ708T | YC | 制动系统 | T1A1A | | 602.83 | 1 084.80 |
| 13 | 缸垫 | CN755R-08SC | 4DA | 车身部分 | F12MT/F12CVT | | 45.60 | 60.00 |
| 14 | 后桥总成 | 72420 | TY | 车身部分 | F12MT/F12CVT | | 684.00 | 850.00 |
| 15 | 起动机 | KM130ED-12004JP | KM | 发动机部分 | DG4L | | 1 024.00 | 1 735.00 |
| 16 | 制动片 | 104124 | DYUE | 制动系统 | F12CVT | | 15.00 | 20.00 |
| 17 | 制动总泵 | P103035 | PP | 制动系统 | F99 | | 80.00 | 96.00 |
| 18 | 缸垫 | LL480 | LD | 车身部分 | F12MT | | 36.30 | 54.50 |
| 19 | 前保险杠（白） | T7 | SLA | 车身部分 | F12MT | | 436.00 | 600.00 |
| 20 | 氮氧传感器 | 493-Q823 | 50L | 车身部分 | F12CVT | | 1 218.00 | 1 480.00 |
| 21 | 后轮毂 | ABS10472 | DY | 车身部分 | F99MT/F10MT | | 106.00 | 150.00 |
| 22 | 压缩机皮带张紧轮总成 | 6450 | YT | 发动机部分 | F99 | | 30.76 | 45.60 |
| 23 | 交流编码器 | 48V/64V | VTL | 电气部分 | F99MT | | 160.00 | 205.00 |
| 24 | 天窗总成 | E14057 | OJA | 内饰部分 | F99MT/F10MT | | 65.00 | 98.50 |
| 25 | 二轴总成 | MT85S-ZB | MW | 离合器/变速箱部分 | L16 | | 400.00 | 440.00 |
| 26 | 喷油泵进油管 | 4100ZLQ | CC | 发动机部分 | 小拖 | | 17.00 | 21.00 |
| 27 | 主箱顶盖总成 | WLY10H35-439-40 | WLY | 离合器/变速箱部分 | DG4L | | 78.00 | 95.00 |

续表

| 编号 | 名称 | 型号 | 供应商 | 适用部件类型 | 适用车型 | … | 采购价 | 零售价 |
|---|---|---|---|---|---|---|---|---|
| 28 | 柴油滤芯 | L375-10501 | LD | 发动机部分 | DG3L | | 30.00 | 36.00 |
| 29 | 燃油管总成 | 1047 | DYUE | 发动机部分 | F12MT/F12CVT | | 24.80 | 35.00 |
| 30 | 曲轴 | LD480 | LD | 发动机部分 | DL3G | | 348.00 | 357.00 |

Step5：word2vec 词嵌入模型训练。采用 CBOW 模型对指标体系下的连续词汇进行训练。设定 window size = 9。对于窗口中的 9 个词汇，将生成 source-target 数据对，将第 5 个单词作为 target，与另外 8 个单词为一组作为 source。接着窗口向后移动一个单词，一共循环 256 次，获得 256 个 source-target 对，作为一个 batch 的训练数据。最后将词汇 source-target 分别进行 one-hot 归一化处理并将其作为输入和输出。这样便可完成对一个数据对的训练，得到每个词到隐含层每个维度的权重，就是该词的词向量。

Step6：对所有的样本数据训练该神经元网络。收敛之后，将从输入层到隐藏层的权重作为每一个词汇表中的词的向量。例如，第一个词的向量是 $(w_1, w_2, \cdots, w_m)$，$m$ 是表示向量的维度。该权重矩阵可以反映所有词向量的值。

词嵌入模型的训练流程图如图 4-7 所示。

## 4.1.5 面向供应商的库存管控业务科技资源应用案例

**1. 社会库存分布管控**

社会库存分布管控功能模块为登录平台的供应商提供企业查询、实时库存分布、区域库存总体情况的查询与展示。可查询的企业类型包括供应商、整车制造厂、经销商、配件商和服务商，查询结果为该企业及其下游所有企业的供应商所销配件的社会库存情况。

**2. 配件库存分类管控**

该功能模块可分别对企业在某省份内的急缺、积压和滞销配件进行统计，并生成预警信息发送给平台上的配件调拨与发布管控模块。例如，单击地图中的省份"山东"，可查看该地区制造厂 TJ 下游 LD 系配件的滞销、积压和急缺统计情况，并给出它在一段时间内的滞销等级。

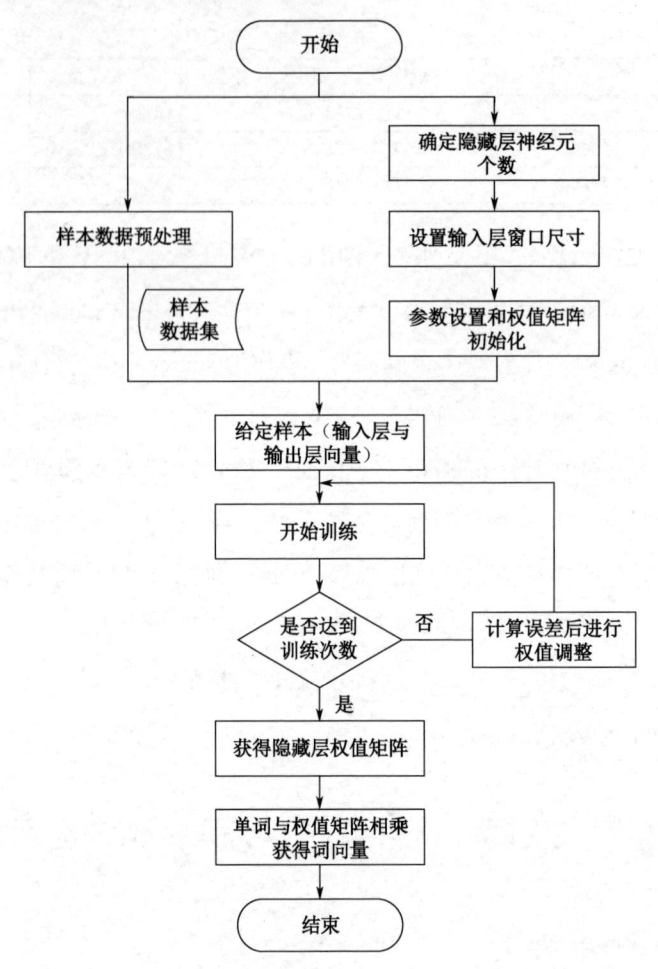

图 4-7　词嵌入模型的训练流程图

滞销率可利用后台算法计算得出，滞销率在 0.5 以下为轻度滞销，在 0.5~0.9 为中度滞销，在 0.9 以上为严重滞销。将鼠标悬停于柱状图上可查看滞销天数、滞销率及所在库等明细。图 4-8 所示为供应链内不同企业的滞销配件统计及排行。

**3. 配件跨链匹配**

配件跨链匹配功能模块通过单击表内操作栏的相似匹配，系统会自动在同一供应商渠道内跨链全文检索该配件的同类配件（在编号、规格、适用车型等参数上符合可替换标准），并将该配件的可调拨数量等具体信息、所属商家及分布情况以地图的形式展示出来。当无匹配结果时，显示未匹配到相关配件。

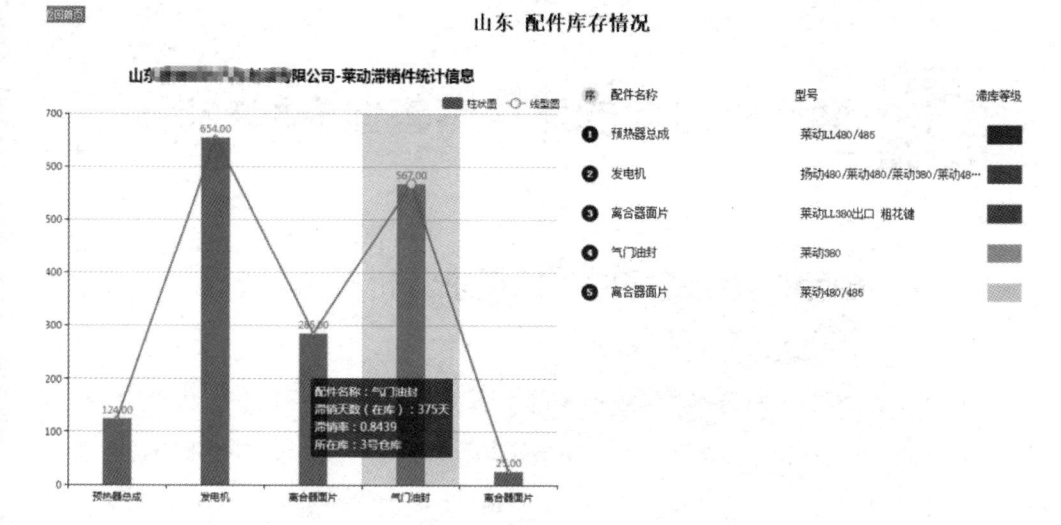

图 4-8　滞销配件统计及排行

当检索到匹配的配件时，结合地域等实际条件，供应商可向平台发起配件的跨链调拨申请。单击表格内的调拨申请，填写调拨申请单，在申请单中根据可调拨的单位进行选择，选择完成后系统会在调拨单上自动绑定调拨配件信息。其中，调拨申请时间、有效期截止时间为必填项。调拨申请单填写如图 4-9 所示。

图 4-9　调拨申请单填写

## 4.2 面向供应商的配件销售业务科技资源

### 4.2.1 面向供应商的配件销售需求分析

随着信息技术的不断迭代和科学技术的不断发展，汽车市场也在不断变换。售后服务市场的竞争变得越来越激烈，为了不被市场淘汰，配件供应商需要不断提升自身竞争力，以应对市场出现的各种新需求。具体来说，供应商在配件销售过程中的需求体现在以下几个方面。

**1. 制订合适的配件生产备货计划**

随着售后服务市场的竞争力度不断加大，配件供应商想要保持或是扩大市场份额，需要不断提高自身服务质量及客户满意度。目前大多数企业的生产方式为订单驱动式生产，售后服务市场根据这种方式来安排生产会影响配件的交货时间。

为了能够及时交付客户的配件订单，供应商应提前对下月的配件销售量进行预测，从而提前制订配件的生产计划，进而提高自己的服务质量。

**2. 综合分析企业销售数据，提升销售业务水平**

平台中的配件供应商可以同时为多家制造厂提供配件服务，但是由于平台权限等各种问题，这些供应商只能在各个制造厂的业务系统中分别进行各自的业务分析，难以对不同业务系统中的销售情况进行综合对比分析，从而无法获取更全面的销售数据分析结果。

配件供应商希望能够打破不同业务系统之间的信息壁垒，从而对各个系统中的配件销售信息、退货信息、配件关联整车保有量等进行综合性的分析，进而指导自己的配件销售业务，提高业务能力。

### 3. 减少库存急缺、滞销现象，提高企业服务质量

配件供应商在社会库存中存放着大量配件，但是配件供应商在链上的地位决定了他们难以及时了解到下游的实时库存信息，包括实时库存结构信息、配件的急缺信息以及配件的滞销信息等。这就导致配件供应商难以及时地对社会库存中的急缺配件及滞销配件进行处理，配件急缺会影响客户对企业服务质量的态度，配件滞销反过来也会影响企业。

配件供应商可以通过及时地了解社会库存的实时信息，包括库存的实时结构、急缺配件信息及滞销配件信息，对这些信息进行综合分析，从而对下次的配件销售提供指导，尽量避免社会库存中的急缺和滞销现象，进而提高客户的满意度和企业的服务质量。

## 4.2.2 面向供应商的配件销售业务流程

多链配件销售数据分析主要是对配件供应商的配件销售数据及与销售有关的数据进行分析，通过对这些数据的分析，得到与销售有关的分析报告，进而指导配件供应商的配件销售。

首先是销售分析报告，若是对一条链上的配件销售信息进行分析，得到的销售分析报告是链内数据属于链内服务；若是对配件多链销售数据进行分析，得到的销售分析报告则属于多链协同服务。目前存在两种销售分析方式：一是总体分析，即对截止到当前查询时间的配件供应商所有销售信息进行总体分析；二是具体分析，按照时间段对配件销售信息进行分析。这两种配件销售数据分析方法都会生成对应的数据分析报告，从而为配件供应商的销售提供指导意见。大型且重要的配件供应商的多链配件销售数据服务流程如图 4-10 所示，小型配件供应商的流程与其大致一致，不同之处是后者由平台上的系统提供服务。整个操作流程都在汽车产业链协同平台上进行，其数据来源于平台的专业库。

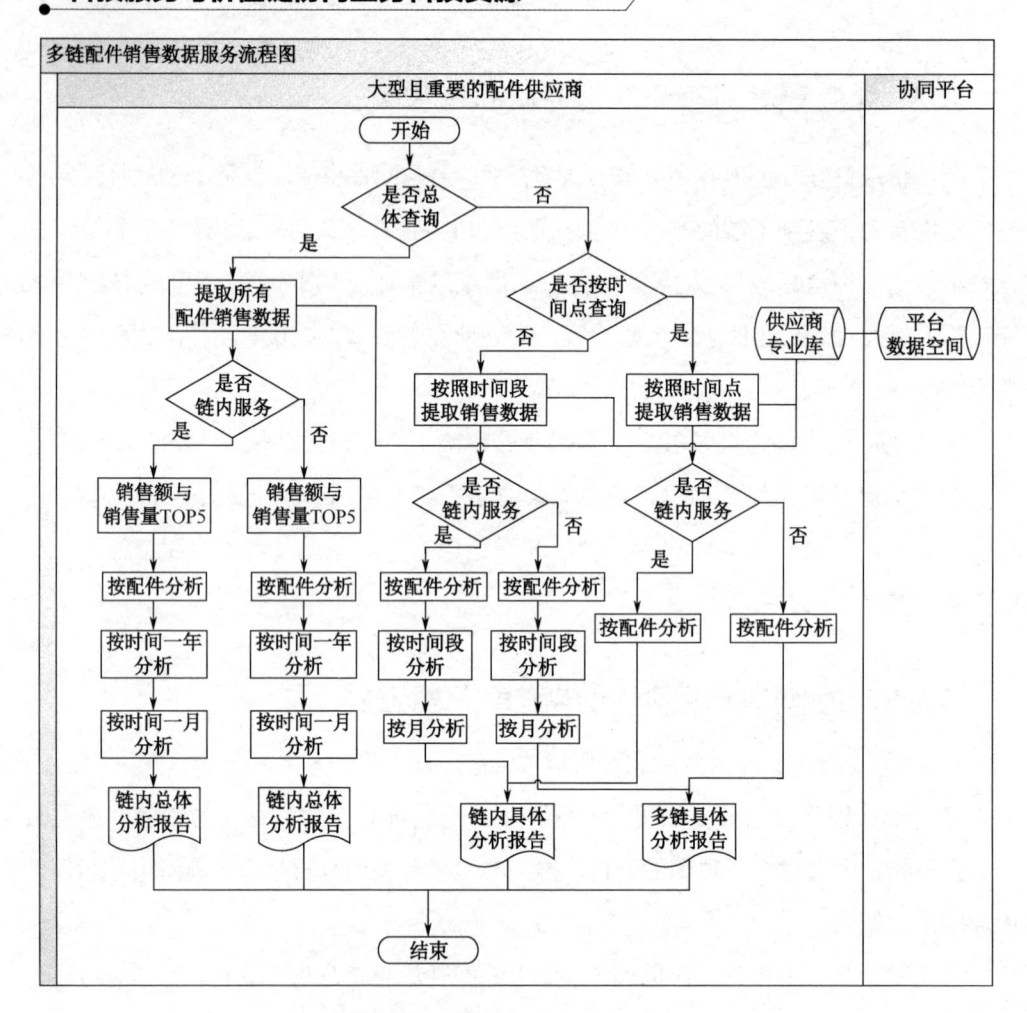

图 4-10　多链配件销售数据服务流程图

### 4.2.3　面向供应商的配件销售业务科技资源构建

  系统基于产业价值链协同平台进行扩展开发，并且所有功能均部署在协同平台中。多链销售数据均来源于平台中的真实多链销售数据，并通过数据智能的手段将数据转化为知识或者服务，从而为配件供应商提供决策支持。

  面向配件多链销售的数据服务系统采用 B/S 模式，也采用了 NET 中的三层架构进行系统开发。三层架构分别为数据访问层（DAL）、业务逻辑层（BLL）和用户表示层（UIL），由于三层架构在设计时基于"高内聚、低耦合"的设计理念，因此系统具有十分优秀的稳定性和健壮性。整体架构的相关描述如下。

（1）数据访问层（DAL）：数据访问层位于三层架构的底层，主要通过数据库操作组件 SqlHelper 类对专业库中的数据进行访问。SqlHelper 类中已经封装好了大量的数据访问接口，数据访问层只需调用这些接口就可以对数据空间中功相关数据进行访问。数据访问层既不关心数据的正确性，也不负责实际业务逻辑，只为应用服务层提供数据及更新服务。

（2）业务逻辑层（BLL）：业务逻辑层位于三层架构的中间层，是三层架构中十分重要的部分。业务逻辑层主要是进行业务逻辑的完成，对数据访问层返回的数据按照所设计的功能进行操作，从而实现功能。业务逻辑层的操作过程一般是接收底层即数据访问层传输过来的数据，并对这些数据进行处理，同时根据汽车产业链协同平台的相关标准进行封装，再将返回值绑定到界面上。相关算法的实现部分也是在该层进行的。

（3）用户表示层（UIL）：用户表示层位于三层架构的最顶层，用来将功能展示给用户，用户表示层的主要作用是和用户进行交互。该层使用了一些前端技术，对后台返回来的数据进行可视化展示。用户表示层的作用就是接受用户输入的数据或者命令并将这些数据或者命令传给后台进行处理；将后台返回的、已经处理好的数据进行展示，是用户和程序进行交互操作的界面。

综上所述，面向供应商的配件销售业务科技资源的体系架构如图 4-11 所示。

## 4.2.4 支持配件销售业务科技资源的销量预测模型

经典的 LSTM 模型可用于销售预测，为了进一步提高预测模型的准确度，采用 PSO 对 LSTM 算法中的参数进行优化，构建 PSO-LSTM 组合预测模型对配件供应商的多链销售进行预测。采用 python 的 Keras 库来对 PSO-LSTM 组合算法模型进行构建。

在 PSO 算法中，惯性因子 $\omega$ 与两个学习因子 $c_1$ 和 $c_2$ 这三个参数对算法的结果有很大的影响。因此，一般会给这三个参数赋予一个固定值，但是在该模型中，对这三个参数进行动态赋值。惯性因子 $\omega$ 和学习因子 $c_1$ 和 $c_2$ 的赋值函数可表示为

$$\omega = \omega_{\max} - (\omega_{\max} - \omega_{\min}) \times \left(\frac{k}{T_{\max}}\right)^2 \quad (4\text{-}1)$$

$$c_1 = c_{1\text{beg}} - (c_{1\text{beg}} - c_{1\text{end}}) \times \left(\frac{k}{T_{\max}}\right) \quad (4\text{-}2)$$

$$c_2 = c_{2\text{beg}} + (c_{2\text{end}} - c_{2\text{beg}}) \times \left(\frac{k}{T_{\max}}\right) \quad (4\text{-}3)$$

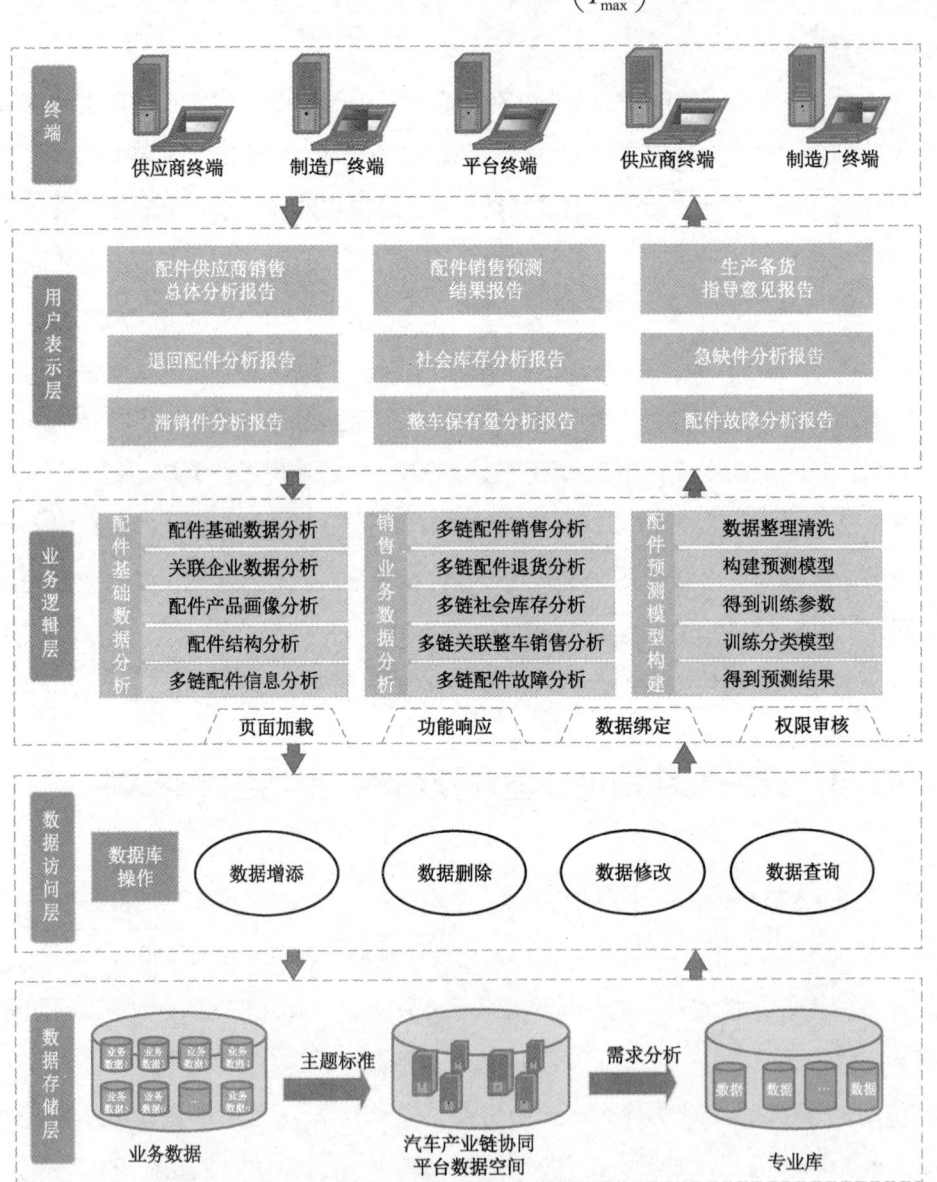

图 4-11 面向供应商的配件销售业务科技资源体系架构

其中，$\omega$、$\omega_{max}$、$\omega_{min}$ 分别是惯性权重及惯性权重最大值和最小值，$c_1$、$c_{1beg}$、$c_{1end}$ 和 $c_2$、$c_{2beg}$、$c_{2end}$ 则是表示学习因子 $c_1$ 和 $c_2$ 及两个学习因子的初始值和最终值，$k$ 是当前的迭代次数，$T_{max}$ 是粒子的最大迭代次数。将粒子群优化算法中的最大迭代次数 $T_{max}$ 设置为 100，种群数量 pop 设置为 30，惯性权重的最大值和最小值分别设置为 0.9 和 0.4，学习因子 $c_1$ 的初始值和最终值分别设置为 2 和 0.5，学习因子 $c_2$ 的初始值和最终值分别设置为 0.5 和 2。

在 LSTM 中，使用 Keras 库中的 Dense、LSTM 和 Dropout 等模块及 sklearn 中的 MinMaxScaler 等模块，设置网络节点的舍去率 Dropout 为 0.2，设置输出层 Dense 的神经元个数为 1。为防止产生过拟合现象，迭代次数设置为 256。将 LSTM 算法模型中学习率 lr 设置为 0.001。根据经验，将神经元的初始个数设置为 3，通过不断增加一定区间内神经元的个数来调节模型的预测效果。LSTM 的激活函数设置为 tanh 函数，并使用 Adam 优化器对 LSTM 的内部参数进行优化。LSTM 中激活函数 activation 为 ReLU。

因此，PSO-LSTM 组合预测算法模型如图 4-12 所示。

Step1：设置 PSO-LSTM 组合模型相关参数，如 LSTM 算法中的神经元的个数 $m$ 和学习率 lr 的取值范围、粒子优化算法中的粒子最大的迭代次数 $T_{max}$、粒子种群数量 pop 等。

Step2：根据神经元个数 $m$ 和学习率 lr 的值构建 LSTM 模型，并将处理过的测试集部分输入到建好的 LSTM 模型中进行训练，同时将预测结果的平均绝对误差作为各个粒子的适应度值。

Step3：根据上面的粒子初始适用度值确定当前的个体极值 $p_{best}$ 和最佳位置 $g_{best}$，同时更新粒子群的惯性因子 $\omega$ 和学习因子 $c_1$ 和 $c_2$，并且计算粒子的适应度值，以提高预测的准确度。

Step4：判断粒子是否满足终止条件（终止条件是粒子的进化次数达到了程序的最大迭代次数或者是找到了最佳位置 $g_{best}$），若满足粒子的终止条件，则获取最优的 $m$ 和 lr，否则返 Step2 继续执行。

Step5：根据粒子群优化算法获取最优的 $m$ 和 lr，构建 PSO-LSTM 组合预测模型，并根据组合预测算法模型来预测配件供应商的配件销售。最后则是根据平均绝对误差

MAE、根均方误差 RMSE 和决定系数 $R^2$ 这三个评价指标对组合预测算法模型的准确率进行分析。

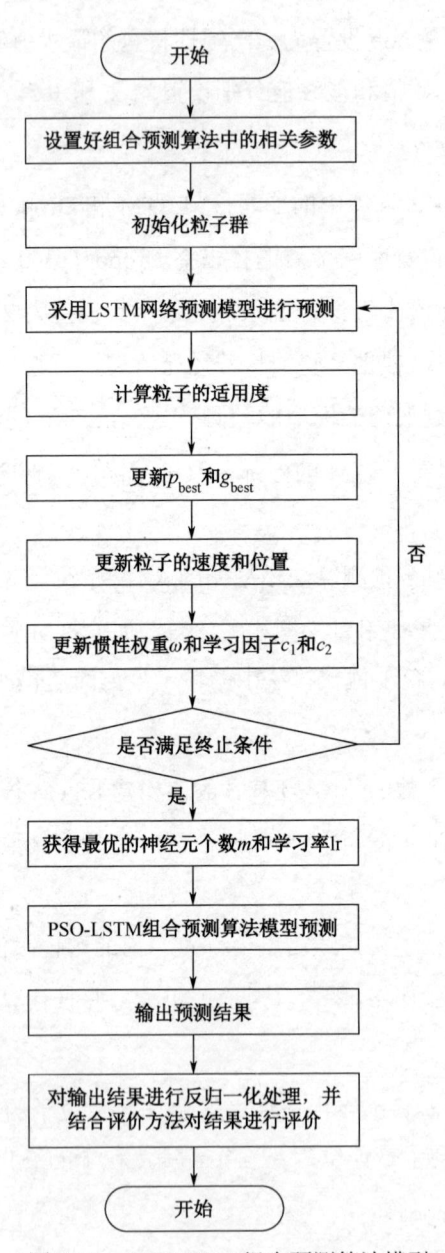

图 4-12　PSO-LSTM 组合预测算法模型

## 4.2.5 面向供应商的库存管控业务科技资源应用案例

配件供应商销售分析功能模块主要是对配件供应商的销售及其与销售相关的数据进行总体分析，可以让配件供应商直接通过该页面了解自己配件的销售及库存等方面的信息。在销售分析首页中有配件供应商的销售版图、当前月的销售分析、配件销售总体分析、急缺配件分析、滞销配件分析、社会库存分析、关联整车车型分析及部分配件销售预测和生产备货指导。综合配件多链销售数据、社会库存数据、车型信息等进行分析，充分挖掘其中的价值，从而更好地为配件供应商提供服务。图 4-13 为配件供应商销售分析首页展示图。

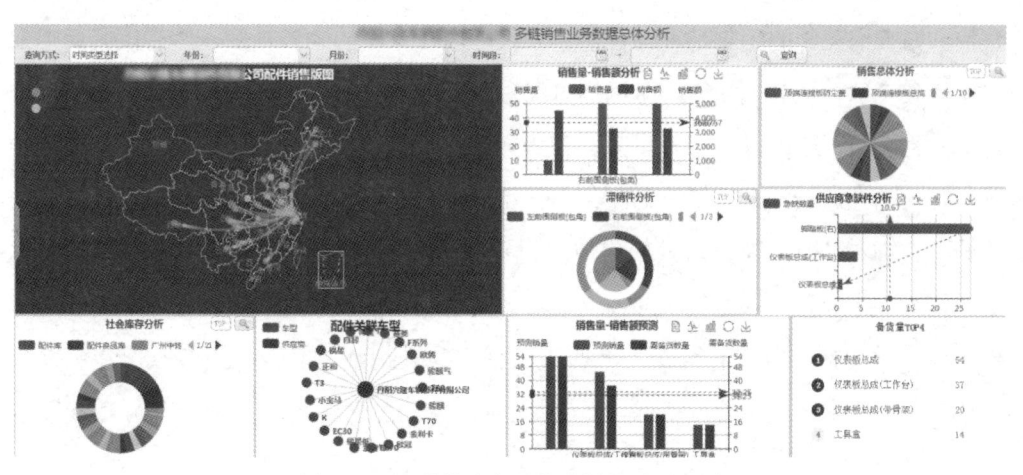

图 4-13　配件供应商销售分析首页展示图

供应商的配件销售总体分析是时间节点截止到当前时间的总体分析，包含对配件供应商在不同联盟的销售总体分析、配件供应商的配件在多链上的销售额和销售量的 TOP 排行、供应商在各年各月的配件销售统计分析、供应商的配件销售价和零售价的对比分析等信息。通过配件销售的总体分析可以对配件供应商全部的销售信息进行分析并得到相关报告。图 4-14 所示为某配件供应商的销售总体分析部分功能展示图。

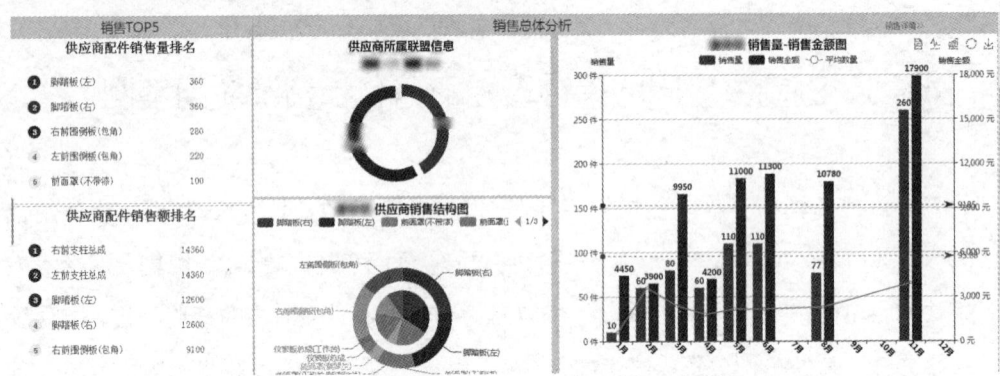

图 4-14　某配件供应商的销售总体分析部分功能展示图

配件供应商进行详细的多链销售分析，可以按照不同的时间段要求来进行相应的查询。如查询某年的销售情况，首先建立供应商在该年的销售档案，然后供应商查询该年的各个联盟的销售情况，可以通过配件进行相关分析，也可以通过对某年的各个月份进行分析，还可以具体查询某一种具体配件的销售情况，显示该配件在查询年的各个月份的销售情况，以及该种配件不同型号的销售价和零售价信息。可以查询该供应商在查询年的某一个月份的销售情况的具体分析；还可以直接查询某年某月的具体销售信息，此时会显示配件供应商在该年该月的销售信息。最后还可通过时间段对配件供应商的销售情况进行分析，此时大致情况与查询某年的情况类似，但是可以显示该时间段内各个月份的销售信息。对某时间段的配件销售详细分析部分功能展示图如图 4-15 所示。

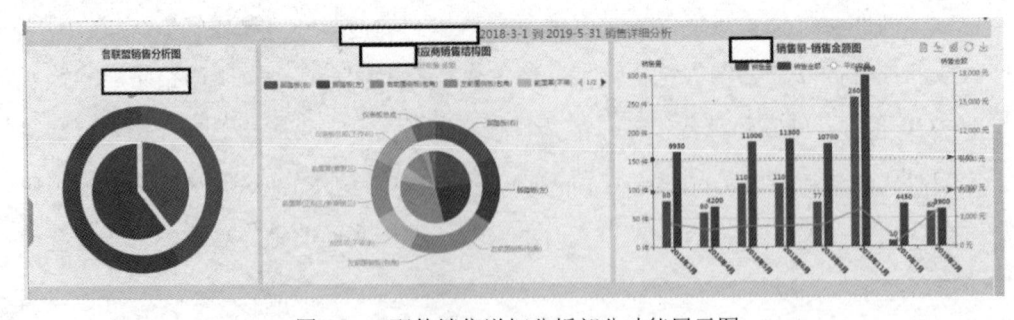

图 4-15　配件销售详细分析部分功能展示图

## 4.3 面向供应商的配件故障分析业务科技资源

### 4.3.1 面向供应商的配件故障需求分析

作为汽车上游供应商专注配件生产，BY 企业由于缺失及时的配件研究报告和配件损坏量预测结果，不能及时制定相应对策，这成了企业前进的绊脚石。而产业价值链协同平台作为打通汽车产业链上下游信息孤岛的第三方平台，稳定服务于各中小型汽车企业，但平台上对于损坏配件的研究及预测仍未完善。BY 企业已向协同云平台提出了真实需求，基于 BY 企业现状，对数据驱动的配件故障数据增值服务需求分析如下。

**1. 配件故障分析的需求**

运转里程、配件损坏情况的区别，导致不同地域配件损坏率存在差异，配件使用时长和配件损坏时间点也表现出不同特点，这些干扰因子与配件的关系对供应商深入研究配件质量问题具有十分重要的作用，是供应商全面掌握配件故障规律的关键。供应商迫切需要全面的配件故障分析，清晰掌握配件损坏状况，对引起配件损坏率高发的因素进行针对性优化，提高配件质量。

**2. 配件分析报告的需求**

全面的配件故障分析过于复杂，不利于辅佐企业领导制定决策，因此需要为企业提供配件综合分析报告。配件分析报告可为企业提供里程、地区、月龄、月份及配件种类等多角度的故障易发程度综合报告，让企业在总体上掌握配件故障规律，为控制配件故障因素及提高企业竞争力提供了条件。基于综合研究报告，企业能避免售后的盲目性与被动性，在提高企业利润的同时达到故障数据增值的目的。

### 3. 配件损坏量预测的需求

基于配件损坏量的预测结果，供应商可根据对应库存制定准确的配件储备及投放计划，及时解决配件维修问题，提高售后服务质量，避免售后的盲目性与被动性。配件损坏量的准确预测对供应商而言十分重要，过量的配件储备对成本控制和库存管理带来障碍，缺乏足够的配件又不能及时解决汽车售后维修问题，无法有效提高企业声誉。配件损坏量的准确预测也为供应商掌握配件生产的主动性与有效性提供了契机，在一定程度能降低配件缺件情况，为优化服务创造了条件。

### 4. 故障件精确搜索的需求

企业员工在配件追溯、全链条搜索及精准化配件管控等方面，都需对配件的历史数据进行频繁查询。企业累积了大量数据，员工要从海量信息中搜索出详细的数据十分麻烦。因此为方便企业员工在不同筛选条件下，如配件运转里程、运转年龄、所在地域、配件损坏描述及维修建议等条件下，及时准确搜索出配件的详细信息，需要设计故障件精确搜索功能模块。

## 4.3.2 面向供应商的配件故障分析业务流程

根据上述需求分析，系统设计配件故障分析功能模块、配件分析报告功能模块、故障件精确搜索功能模块。基于云平台的配件故障分析业务流程如图 4-16 所示，具体如下所述。

Step1：服务站接收维修申请，将维修信息填入售后申请单。根据汽车唯一标识码与汽车综合信息表进行联合并转入 Step2，若联合失败则转入 Step3。

Step2：在比对的汽车综合信息表中检验汽车是否有历史损坏信息，如果有则记录配件历史损坏信息并转入 Step3，否则同样转入 Step3。

Step3：服务站根据配件检查状况进行维修，同时填写售后赔偿申请单，并在部门内部进行初步审核，若初审通过则转入 Step4，若不通过则进行修改并转回本步骤。

Step4：制造厂监督部门对服务站递交的申请单进行复核，如果没有问题则进入 Step5，否则将理赔申请单返回服务站进行修改，等待其修改完成后转入 Step3。

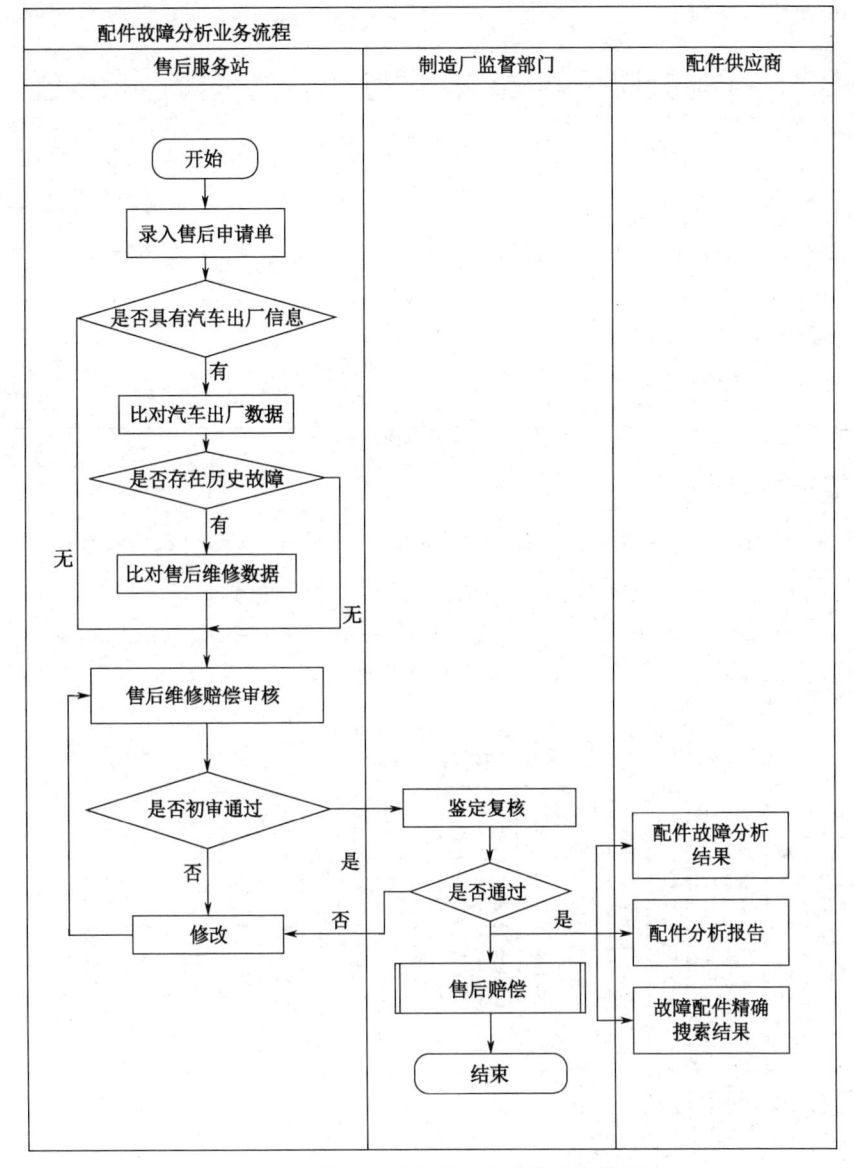

图 4-16　基于云平台的配件故障分析流程

Step5：制造厂对配件进行售后赔偿，统计企业损坏配件金额，结束步骤，转入 Step6。

Step6：产业价值链协同云平台为供应商提供配件故障分析、配件综合报告及故障件精确搜索功能，结束流程。

服务商根据申请录入赔偿鉴定单及修改赔偿鉴定单，制造厂监督部门复核单据并查看配件综合报告，供应商查看配件故障分析结果、配件分析报告及精确搜索配件资料。

### 4.3.3 面向供应商的配件故障分析业务科技资源构建

配件故障分析业务科技资源是面向供应商的应用系统，该系统功能模块丰富，数据驱动的配件故障数据增值服务系统架构如图 4-17 所示。

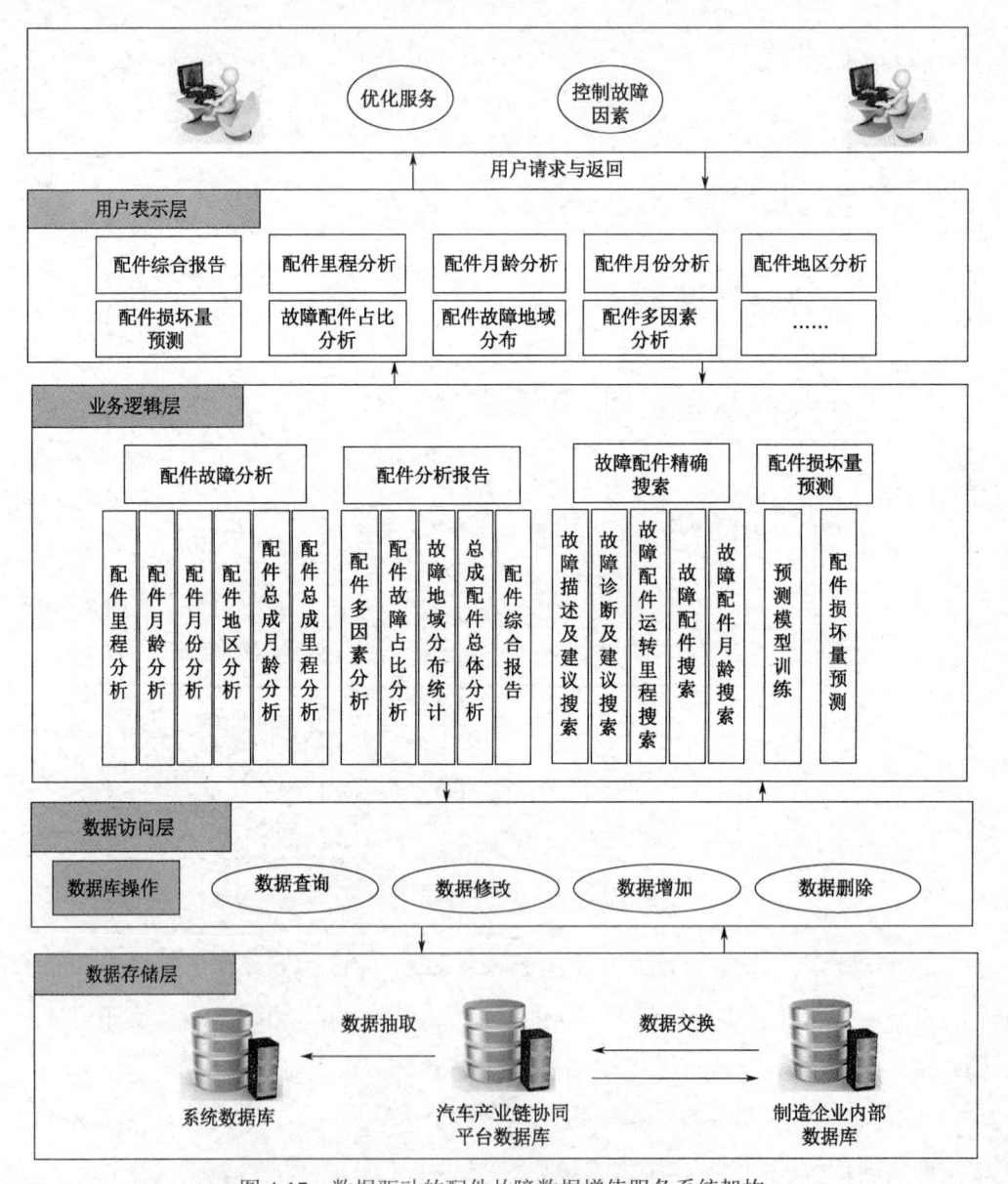

图 4-17 数据驱动的配件故障数据增值服务系统架构

最底层数据存储层包括系统数据库、汽车产业链协同平台数据库、制造企业内部数据库。中间三层为用户表示层（UIL）、业务逻辑层（BLL）和数据访问层（DAL）。这三层在结构及内容上高度解耦，任何一层结构及内容的改变不会引起其他层的变动，这样的模式能保证在系统功能不断完善及数据增加的情况下，系统依然能保持稳定工作，以下对系统架构中 UIL、BLL、DAL 三层进行详细介绍。

（1）UIL 与用户直接交互，其工作方式是首先获取来自前台的输入，然后将接收到的数据送入后台进行数据变换，最后将变换后的数据送回前端呈现给用户，或者无须接收信息输入直接以网页形式将展示内容返回给用户。

（2）BLL 基于对数据的检验和数据变换，将来自 UIL 的信息进行整合，根据信息请求，选择对数据的操作方法，并交由 DAL 搜索所需数据，最后将结果返回给前端。

（3）DAL 负责与数据表交互，按照 BLL 对数据表的指定，DAL 对系统所需数据进行搜索，对于数据表的操作由 SQL 语句或数据库存储过程完成。

## 4.3.4 支持配件故障分析业务科技资源的损坏量预测模型

通过单一 LSTM 网络或者单一 SVR 模型虽然都能对配件的损坏量进行预测，但为进一步提高预测精度，提出一种 LSTM-SVR 混合预测模型：LSTM 网络在对非线性时间序列进行预测时能取得良好效果，同时线性 SVR 模型对线性问题能进行很好预测，因此将 LSTM 网络与线性 SVR 模型进行结合，使模型能同时处理序列中的线性部分与非线性部分，以得到预测精度更高的模型。

LSTM-SVR 混合模型总体分为两个数据流向，第一个数据流向为样本输入 Input，经过 LSTM 网络得到 LSTM 层的输出，并将 LSTM 层的结果输入 Dense，并计算预测值与真实值的损失 $L_a$，

$$L_a = \frac{1}{n}\sum_{i=1}^{n}|y_i - \hat{y}_i| \tag{4-4}$$

式中，$y_i$ 为真实值，$\hat{y}_i$ 为预测值。

第二个数据流向为样本输入 Input，经过 LSTM 网络得到 LSTM 层的输出。由于

LSTM 网络对原始数据进行了特征提取，即经过 LSTM 网络得到的数据比原始状态有更丰富的数据特征，因此将 LSTM 层的输出作为 SVR 模型的输入，通过支持向量回归模型计算损失 $L_b$，

$$L_b = \frac{1}{n}\sum_{i=1}^{n}|y_i - \hat{y}_i|$$

（4-5）

其中，$y_i$ 为真实值，$\hat{y}_i$ 为预测值。根据损失 $L_a$ 与损失 $L_b$，得到模型的总损失 $L$。

$$L = \frac{1}{2}L_a + \frac{1}{2}L_b$$

（4-6）

根据总损失 $L$ 训练 LSTM 模型和 SVR 模型，调整模型参数，得到最优模型。

通过以上两个数据流向训练了模型，得到最优模型参数。在应用模型进行预测时：流程一，经过 Input、LSTM 网络、Dense 全连接层得到预测值 $\hat{y}_a$；流程二，经过 Input、LSTM 网络、SVR 模型得到预测值 $\hat{y}_b$，最后将两个预测值加权平均得到 LSTM-SVR 模型的最终预测结果 $\hat{y}$，

$$\hat{y} = \frac{1}{2}\hat{y}_a + \frac{1}{2}\hat{y}_b$$

（4-7）

LSTM-SVR 混合预测模型结构图如图 4-18 所示。

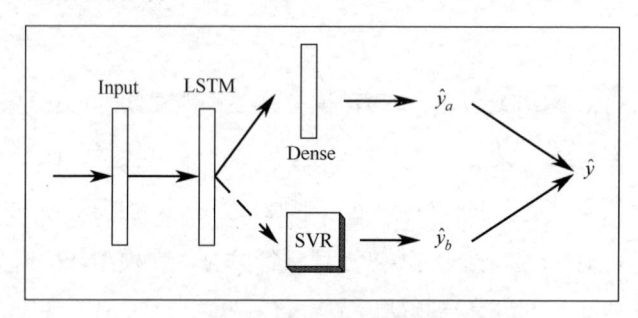

图 4-18　LSTM-SVR 混合预测模型结构图

从图 4-18 中可看到以上阐述的数据流向，实线箭头表示通过神经网络连接，虚线箭头表示将 LSTM 层的输出作为 SVR 模型的输入。以下对 LSTM-SVR 混合模型预测流程进行详细介绍，其预测模型流程图如图 4-19 所示。

Step1：对样本数据进行预处理，规范数据格式让其满足模型要求，在格式上对数据进行规范。但是数据值域范围可能超出了模型要求，因此需要将数据进行归一化处理。

基于第三方云平台的供应价值链协同业务科技资源 **第4章**

```
开始
  ↓
数据预处理
  ↓
将序列转化为监督学习数据
  ↓
划分训练集和测试集
  ↓
转化为LSTM所需格式
  ↓
加载LSTM模型并初始化
  ↓                    ↘
加载Dense层            加载并定义SVR模型
  ↓                      ↓
                       将LSTM层输出作为SVR模型的输入
  ↓                      ↓
计算损失 $L_a$          计算损失 $L_b$
         ↘           ↙
         计算总损失 $L$
         ↙           ↘
训练LSTM模型         训练SVR模型
  ↓                    ↓
通过训练好的模型根据    通过训练好的模型根据
原流程计算预测值 $\hat{y}_a$   原流程计算预测值 $\hat{y}_b$
         ↘           ↙
       计算最终预测值 $\hat{y}$
              ↓
           计算误差
              ↓
             结束
```

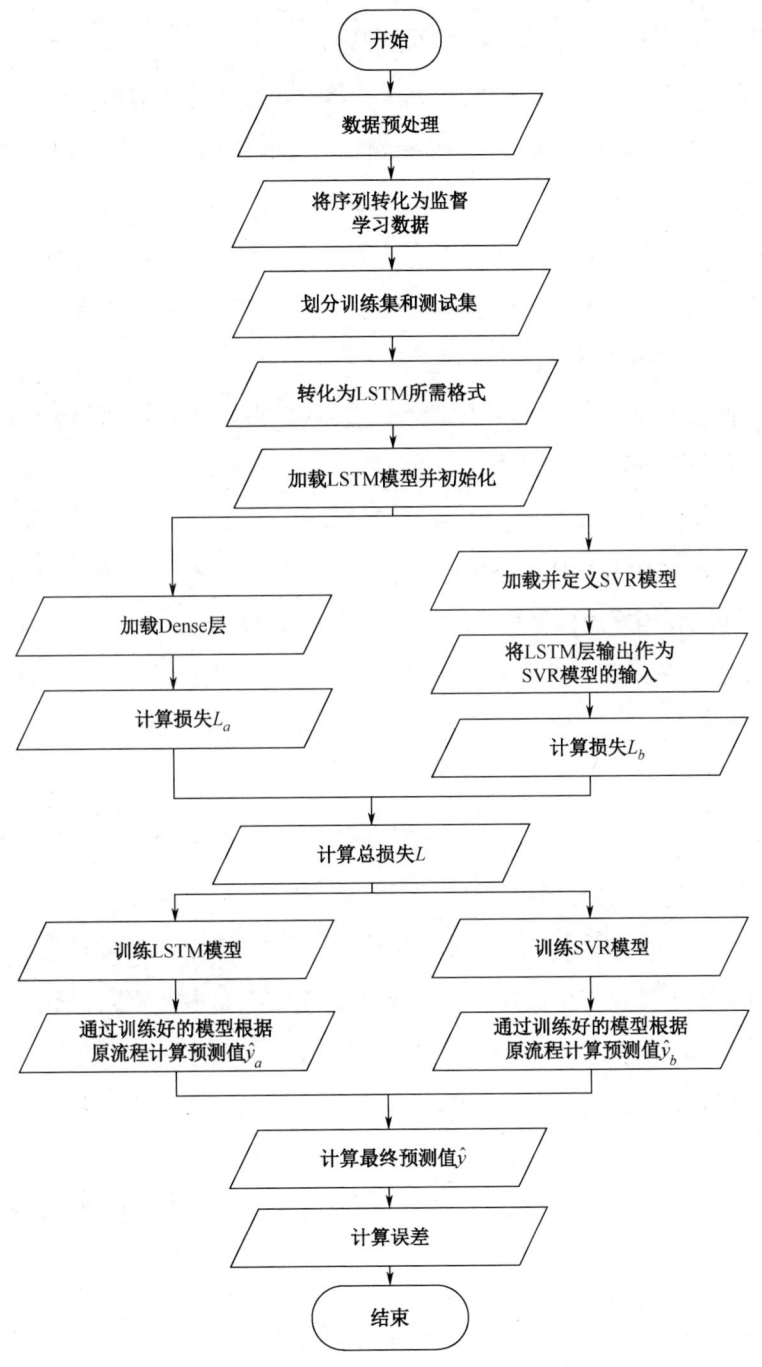

图 4-19 LSTM-SVR 预测模型流程图

Step2：归一化后，原始数据落在了满足条件的值域区间，这时需要将序列数据转化为监督学习数据，同时删除缺失数据的行。

Step3：对数据进行分类，分为训练集和测试集。训练集对模型进行训练以确定模型参数，测试集对模型效果进行验证以测试模型预测精度并进一步规范数据格式，让数据变为 LSTM 要求的输入格式，即 3D 格式［样本，时间步长，特征］。

Step4：加载 LSTM 模型并定义网络结构，设置 LSTM 网络超参数，将规范好的 3D 格式数据［样本，时间步长，特征］经过 Input，输入 LSTM 网络。

Step5：加载 Dense 层，并计算损失 $L_a$。

Step6：同时加载并定义 SVR 模型，设置 SVR 模型超参数，并将 LSTM 层的输出作为 SVR 模型的输入，计算损失 $L_b$。

Step7：根据损失 $L_a$ 和损失 $L_b$，计算模型总损失 $L$。

Step8：根据总损失 $L$ 训练 LSTM 模型，同时根据总损失 $L$ 训练 SVR 模型。

Step9：通过训练好的模型根据流程一，即 Input、LSTM、Dense，计算预测值 $\hat{y}_a$。

Step10：通过训练好的模型根据流程二，即 Input、LSTM、SVR，计算预测值 $\hat{y}_b$。

Step11：将两流程获得的预测值 $\hat{y}_a$ 与 $\hat{y}_b$ 进行加权平均，得到 LSTM-SVR 混合模型最终预测结果 $\hat{y}$。

Step12：通过预测结果 $\hat{y}$ 与真实值进行对比，计算 MAE、MAPE 误差，结束流程。

LSTM-SVR 预测模型将 LSTM 网络对于非线性序列的良好预测性能，与线性 SVR 模型对序列中线性部分的稳定处理相结合，使模型能同时处理线性问题与非线性问题，同时将两个弱学习器结合，能得到预测精度更高的模型。在理论上，LSTM-SVR 模型的预测精度高于 LSTM 模型和 SVR 模型。

### 4.3.5　面向供应商的配件故障分析业务科技资源应用案例

**1. 配件里程分析**

汽车配件运转不同千米后将呈现不同程度的故障走势，而不同配件在同一运转千米区间也会呈现不同的损坏量，因此通过对损坏件里程的详细分析能够掌握运转千米数对配件损坏的影响。本系统基于 10 种高频损坏的配件进行分析，为了更精确地统计损坏情况，以每 300 千米作为划分单元，如图 4-20 所示。

图 4-20　配件运转千米分析图

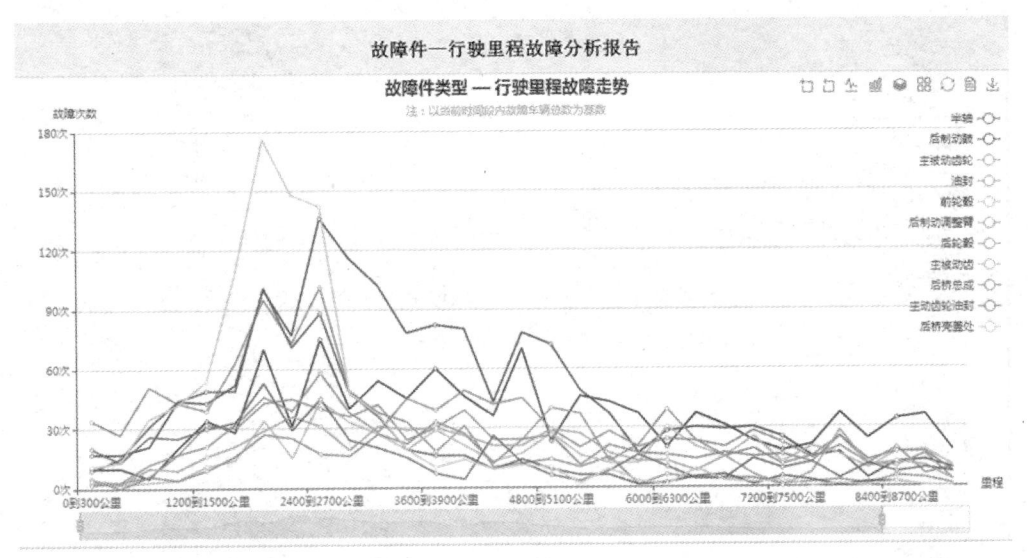

从图 4-20 配件运转千米分析图中可看到半轴、后制动鼓、主被动齿轮、油封等 11 种配件在每 300 千米单元段内的故障走势情况。这 11 种损坏高发配件在运转 1 200～3 600 千米时出现较大的损坏量，而后桥壳盖处与半轴的损坏量在整体上相对较多，鼠标悬停在运转千米区间点时，系统将会显示相应里程单元相应配件的故障数。

单击图 4-20 中 2 400～2 700 千米区间点，系统将分析展示 3 种研究结果。图 4-21（a）展现了油封运转 2 400～2 700 千米时的损坏地域分布，可以看到油封的损坏量在湖南最高，为 34 次，新疆的损坏量最少，为 1 次，所有地域平均损坏量是 6.63，同时从饼状图可看到各配件的损坏量占比统计。图 4-21（b）展示行驶 2 400～2 700 千米时各配件的损坏次数，能够看到各配件的损坏次数详细统计、所有配件平均损坏次数及各配件损坏次数占比。从图 4-21（c）可看到行驶 2 400～2 700 千米时损坏情况的地域分布，四川损坏量最多为 447 次，新疆损坏次数最少为 1 次，所有地域平均故障 126.38 次。

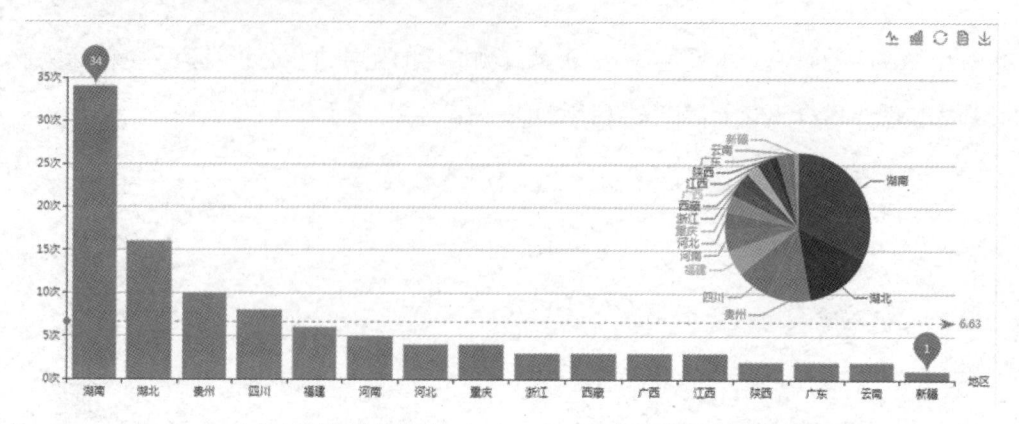

（a）油封行驶里程为 2 400～2 700 千米时故障地区统计

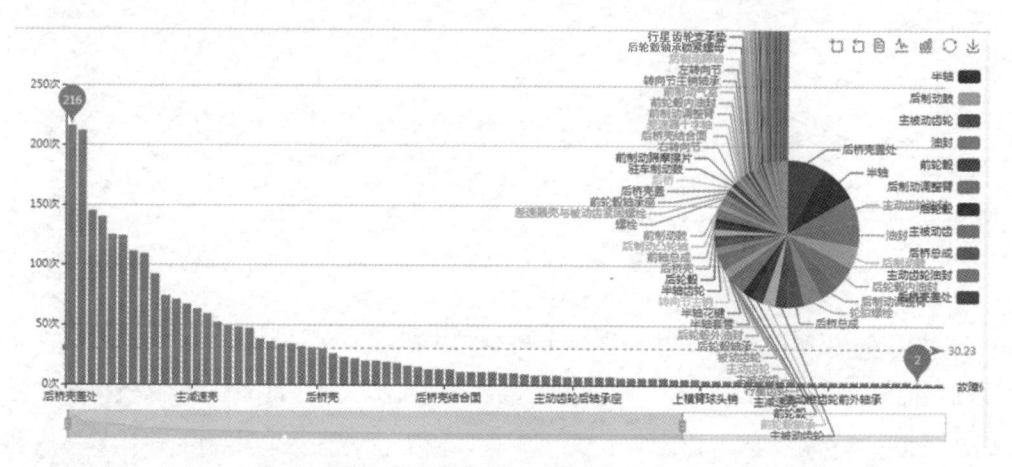

（b）行驶里程为 2 400～2 700 千米时故障件故障次数统计

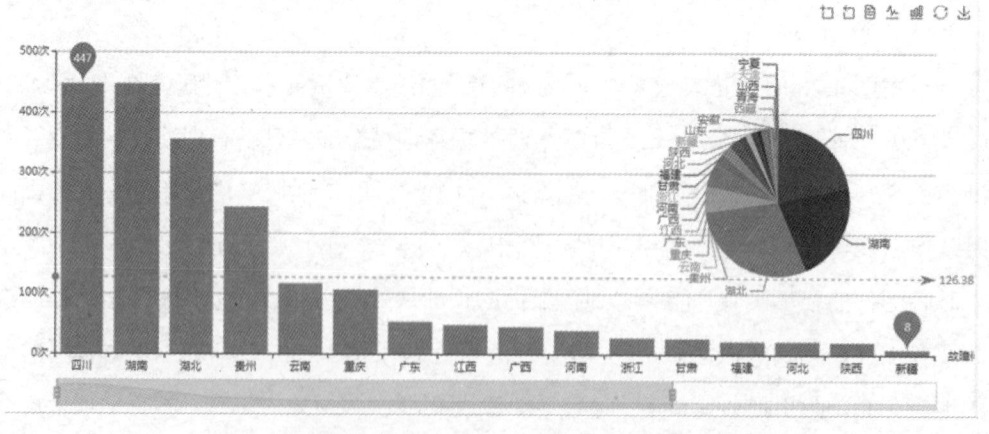

（c）行驶里程为 2 400～2 700 千米时故障地区分布统计

图 4-21　损坏件运转里程展示图

综合以上分析可知，1 200~3 600 千米是损坏情况高发里程区间，后桥壳盖处损坏量最多，四川和湖南是配件损坏高发地域。BY 企业应进行针对性改进，控制配件故障因素并指导售后维修备件。

**2．配件月龄分析**

在运转不同月龄后，配件也会出现不同程度的损坏；而在同一月龄下，不同种类配件损坏情况也不同，因此系统通过本模块，可以挖掘月龄对配件的影响。系统以 1 个月为分析单元段，研究 12 个月内 11 种损坏高发配件的损坏走势，如图 4-22 所示。

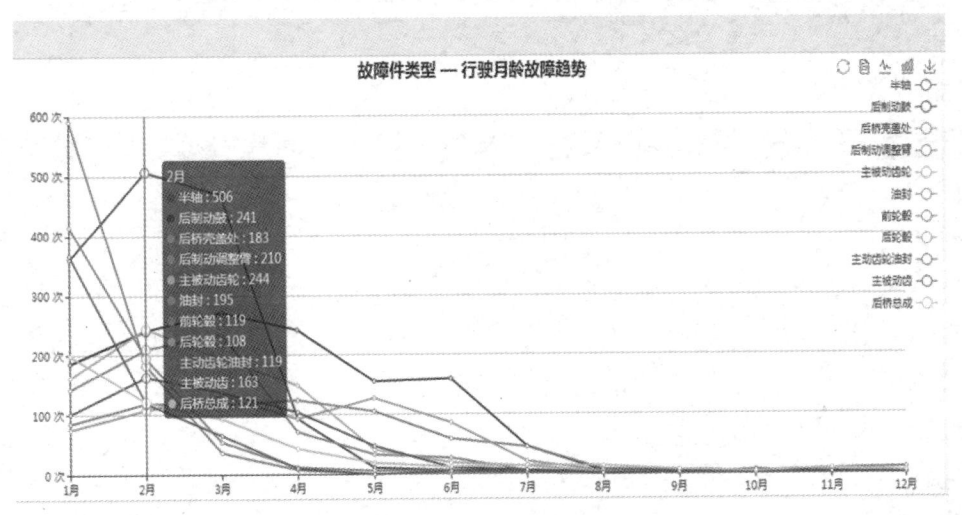

(a) 故障配件类型—行驶月龄故障分析报告

| 类别 | 1月 | 2月 | 3月 | 4月 | 5月 | 6月 | 7月 | 8月 | 9月 | 10月 | 11月 | 12月 |
|---|---|---|---|---|---|---|---|---|---|---|---|---|
| 半轴 | 360 | 506 | 480 | 93 | 11 |  | 6 |  | 1 |  | 1 | 1 |
| 后制动鼓 | 186 | 241 | 271 | 242 | 155 | 159 | 45 | 4 | 2 | 1 |  | 1 |
| 后桥壳盖处 | 590 | 183 | 36 | 8 | 1 | 1 | 0 | 1 | 0 | 0 | 0 | 0 |
| 后制动调整臂 | 142 | 210 | 235 | 71 | 33 | 27 | 0 | 5 | 0 | 0 | 0 | 0 |
| 主被动齿轮 | 162 | 244 | 194 | 149 | 6 | 19 | 0 | 3 | 0 | 0 | 0 | 0 |
| 油封 | 414 | 195 | 54 | 12 | 6 | 3 | 1 | 2 | 0 | 0 | 0 | 9 |
| 前轮毂 | 85 | 119 | 116 | 124 | 105 | 59 | 45 | 17 | 6 | 3 | 0 | 9 |
| 后轮毂 | 75 | 108 | 132 | 93 | 127 | 86 | 21 | 5 | 0 | 0 | 0 | 0 |
| 主动齿轮油封 | 366 | 119 | 85 | 10 | 6 | 3 | 0 | 0 | 0 | 0 | 0 | 0 |
| 主被动齿 | 101 | 163 | 137 | 104 | 47 | 11 | 9 | 0 | 0 | 0 | 0 | 0 |
| 后桥总成 | 199 | 121 | 93 | 43 | 19 | 12 | 14 | 7 | 3 | 0 | 0 | 0 |

(b) 故障配件类型随行驶月龄故障量变化的情况

图 4-22　配件月龄研究图

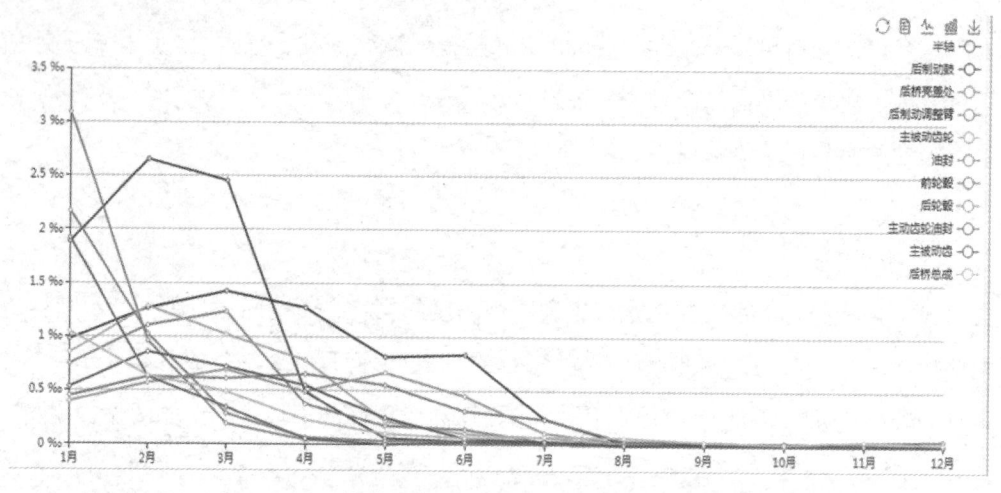

(c) 故障配件类型—行驶月龄故障千分率

| 类别 | 1月 | 2月 | 3月 | 4月 | 5月 | 6月 | 7月 | 8月 | 9月 | 10月 | 11月 | 12月 |
|---|---|---|---|---|---|---|---|---|---|---|---|---|
| 半轴 | 1.8859 | 2.6507 | 2.4516 | 0.4872 | 0.0578 | 0.0314 | 0.0314 | 0.0105 | 0.0052 | 0.0000 | 0.0052 | 0.0052 |
| 后制动鼓 | 0.9744 | 1.2625 | 1.4197 | 1.2677 | 0.8120 | 0.8329 | 0.2410 | 0.0210 | 0.0210 | 0.0105 | 0.0052 | 0.0052 |
| 后桥壳盖处 | 3.0908 | 0.9587 | 0.1886 | 0.0419 | 0.0052 | 0.0052 | 0.0052 | 0.0000 | 0.0052 | 0.0000 | 0.0000 | 0.0000 |
| 后制动调整臂 | 0.7439 | 1.1001 | 1.2311 | 0.3719 | 0.1729 | 0.1414 | 0.0262 | 0.0000 | 0.0105 | 0.0000 | 0.0000 | 0.0000 |
| 主被动齿轮 | 0.8486 | 1.2782 | 1.0163 | 0.7805 | 0.2148 | 0.0995 | 0.0681 | 0.0105 | 0.0000 | 0.0000 | 0.0000 | 0.0000 |
| 油封 | 2.1686 | 1.0215 | 0.2829 | 0.0629 | 0.0314 | 0.0314 | 0.0052 | 0.0000 | 0.0000 | 0.0000 | 0.0000 | 0.0000 |
| 前轮毂 | 0.4453 | 0.6234 | 0.6077 | 0.8496 | 0.5500 | 0.3091 | 0.2357 | 0.0367 | 0.0314 | 0.0157 | 0.0367 | 0.0471 |
| 后轮毂 | 0.3929 | 0.5658 | 0.6915 | 0.4872 | 0.6653 | 0.4505 | 0.1100 | 0.0210 | 0.0000 | 0.0105 | 0.0157 | 0.0000 |
| 主动齿轮油封 | 1.9173 | 0.6234 | 0.3405 | 0.0524 | 0.0000 | 0.0262 | 0.0157 | 0.0000 | 0.0000 | 0.0000 | 0.0000 | 0.0000 |
| 主被动齿 | 0.5291 | 0.8539 | 0.7177 | 0.5448 | 0.2482 | 0.0576 | 0.0314 | 0.0000 | 0.0052 | 0.0262 | 0.0052 | 0.0000 |
| 后桥总成 | 1.0425 | 0.6339 | 0.4872 | 0.2253 | 0.0995 | 0.0629 | 0.0733 | 0.0681 | 0.0314 | 0.0157 | 0.0419 | 0.0157 |

(d) 故障配件类型随行驶月龄故障千分率变化的情况（‰）

图 4-22　配件月龄研究图（续）

由图4-22中看到，2个月时半轴损坏506次、后制动鼓损坏241次等不同配件在同一月龄下损坏情况，也可以看到半轴、后桥壳盖处等11种配件在12个月内的损坏走势及详细数据统计，同样可看到配件在不同月龄下的损坏率及其详细统计。单击图4-22（c）3月龄半轴，系统展示如图4-23所示。

由图4-23分析可知，3月龄的半轴在湖南损坏量最多，为54次，陕西损坏次数最少1次，3月龄半轴在各地域平均损坏13.12次。通过配件月龄研究可看到BY企业生产配件中半轴损坏量较多，在月龄方面来看，2月龄和3月龄是损坏量较多的月龄，即配件从刚投入使用2个月到3个月时间内最容易产生损坏。

## 基于第三方云平台的供应价值链协同业务科技资源 第4章

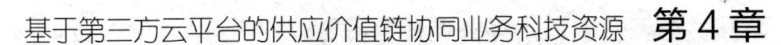

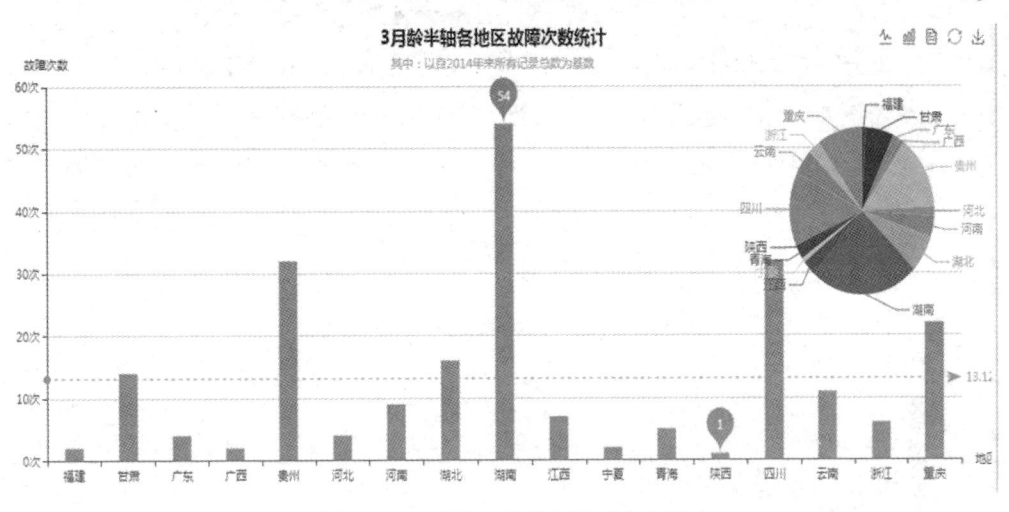

图 4-23  3月龄半轴损坏地域分布图

不同总成在同一省份损坏情况不同，同一省份城市下不同总成也呈现出不同的损坏情况，以及同一总成下不同配件的损坏地域分布也不同，因此本系统通过总成地域分布情况统计，掌握地域与总成的关系。系统分析了后桥总成、前桥总成、前轴总成等 11 类总成在各省份的损坏情况，如图 4-24 所示。

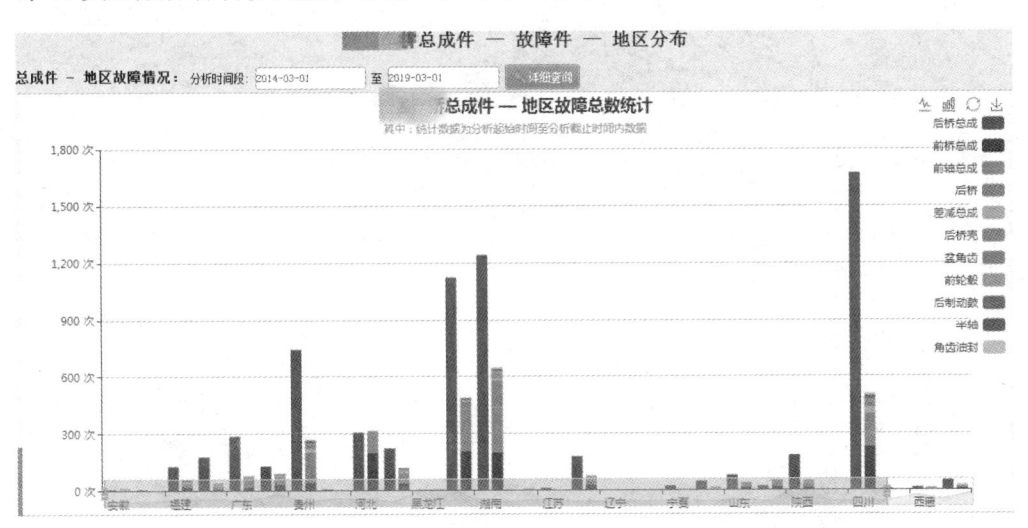

图 4-24  总成损坏配件地区分析图

图 4-24 所选取分析时间段为 2014-03-01 到 2019-03-01，可以看到后桥总成、前桥总成、后桥等 11 种总成在不同省份地域的损坏统计，单击湖北地域的柱状图，显示详情如图 4-25 所示。从该图中可以看到湖北地域后桥总成 TOP30 损坏配件的详情

分析，其中后制动鼓损坏量最多，为 93 次，后桥总成下所有损坏件平均损坏次数为 27 次。单击图 4-25 中所示后轮毂，能得到后桥总成下后轮毂在各地域的损坏率详情，其中江西损坏率最低为 1‰，湖北损坏率最高为 32‰，平均损坏率为 12.5‰。通过以上分析可知，总成损坏配件地域分布为湖南、四川是配件损坏高发的省，后桥总成损坏是损坏情况高发总成。

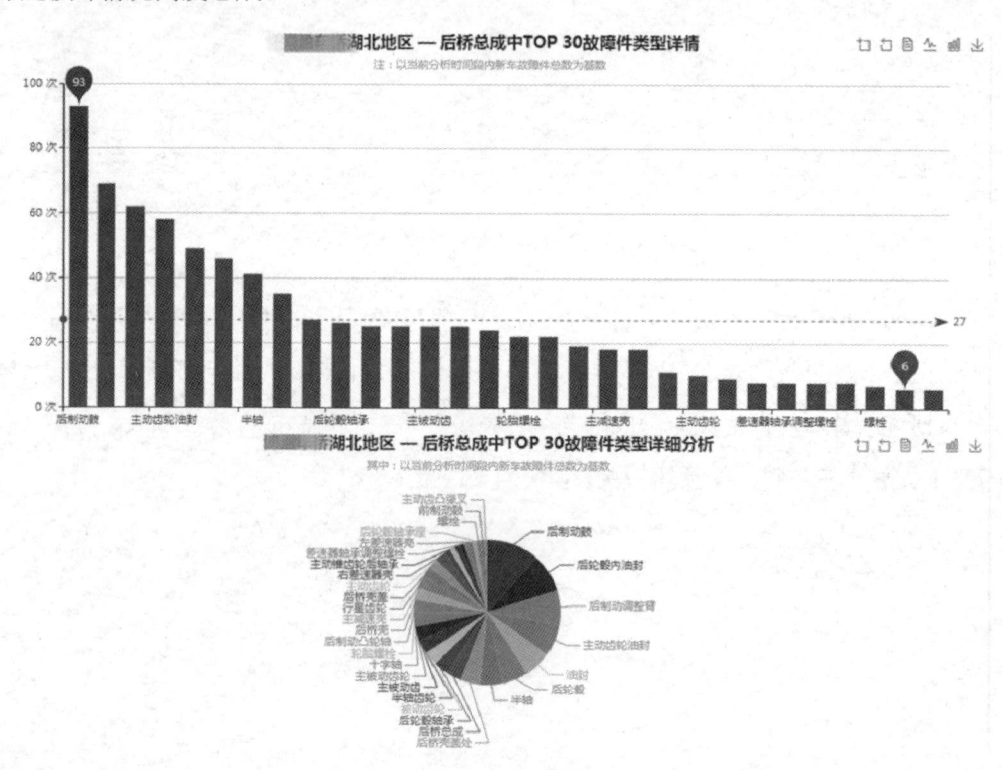

图 4-25 湖北地区损坏配件分析图

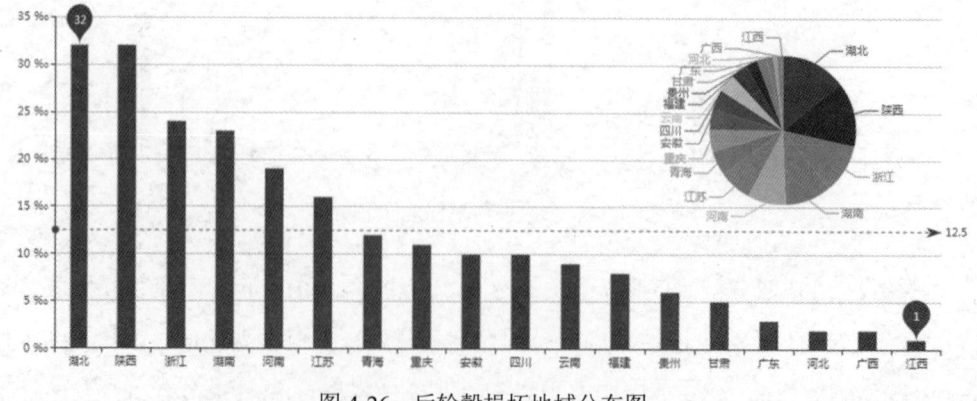

图 4-26 后轮毂损坏地域分布图

# 参考文献

[1] 罗宗鑫. 数据驱动的配件供应商社会库存管控技术研究[D]. 成都：西南交通大学，2019.

[2] 江伟炜. 面向供应商的配件销售数据服务技术研究与系统实现[D]. 成都：西南交通大学，2020.

[3] 冯子麟. 面向供应商的零部件故障数据服务技术研究[D]. 成都：西南交通大学，2020.

# 第 5 章
# 基于第三方云平台的营销价值链协同业务科技资源

## 5.1 面向经销商的整车营销业务科技资源

### 5.1.1 面向经销商的整车营销需求分析

产业链协同平台的整车销售企业有 WZ、CQ、ZB 等，整车销售系统以汽车经销商与制造厂为核心，由汽车经销商下订单，制造厂生产车辆并完成整个交易流程。一个完整的整车销售流程通常包含售前、售中和售后三个阶段。这三个阶段被称为一个完整的汽车服务生命周期。其中售后阶段扮演了非常重要的角色，汽车后市场所占的利润要远大于前市场，因此更多的企业愿意把他们的业务和服务延伸到后市场。售前阶段和售中阶段也同样重要。售前阶段包括市场营销和销售策略，它们可以帮助汽车经销商更好地了解客户的需求。传统的整车销售模式如图 5-1 所示。

面向经销商的整车营销业务科技资源基于规划控制下多平台协同平台，该平台已经为多家不同的汽车企业联盟提供服务。以制造企业为核心，联盟企业的下游盟员企业在该平台上实现了协同销售、协同售后、协同采购、协同物流等多个关键的业务功能单元。为了赋予汽车经销商与制造厂不同的角色，平台提供灵活的管理员权限设定功能。汽车制造企业与经销商可以被分配不同的功能和权限来进行业务的协作。

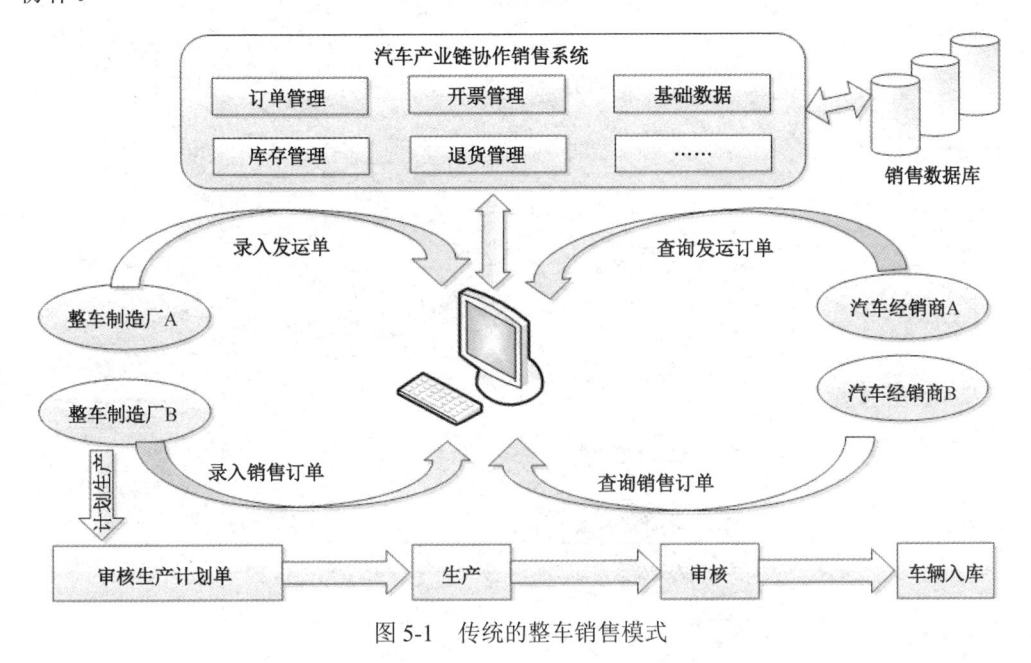

图 5-1 传统的整车销售模式

产业链协同平台为汽车制造厂和经销商提供一个协同工作方式。该平台实现了制造厂与经销商所需的整车销售的所有环节（包括销售订单管理、开票管理等）。此外，该平台采用快捷方便的数据交换接口，确保了不同的制造厂与经销商可以进行数据共享。例如，汽车经销商可以查看制造厂车辆的一些基本信息，查询车辆生产的进度、出库与销售的信息；汽车制造厂可以了解不同经销商的销售情况和财务状况，方便进行企业管理。

## 5.1.2 面向经销商的整车营销业务流程

针对当前制造厂和经销商获取潜客线索的渠道有限，且获取的潜客并不适合自身产品，导致制造厂分发给经销商的潜客线索价值过低的问题，经销商通过多种方式来获取潜客线索，同时也面临着收集到大量无用线索的困境，造成销售顾问在花费大量时间和经济成本后依然造成客户的流失的后果。

## 科技服务与价值链协同业务科技资源

制造厂需要更多的渠道来获取有价值的潜客线索分发给自己的经销商，同时经销商本身也需要更多的有价值的渠道获取高质量的潜客线索，即制造厂和经销商均需要寻找适合自己的产品或是偏好于自己产品的客户，以提高客户转化率，节省客源开发的时间和经济成本。潜客线索流程图如图 5-2 所示。

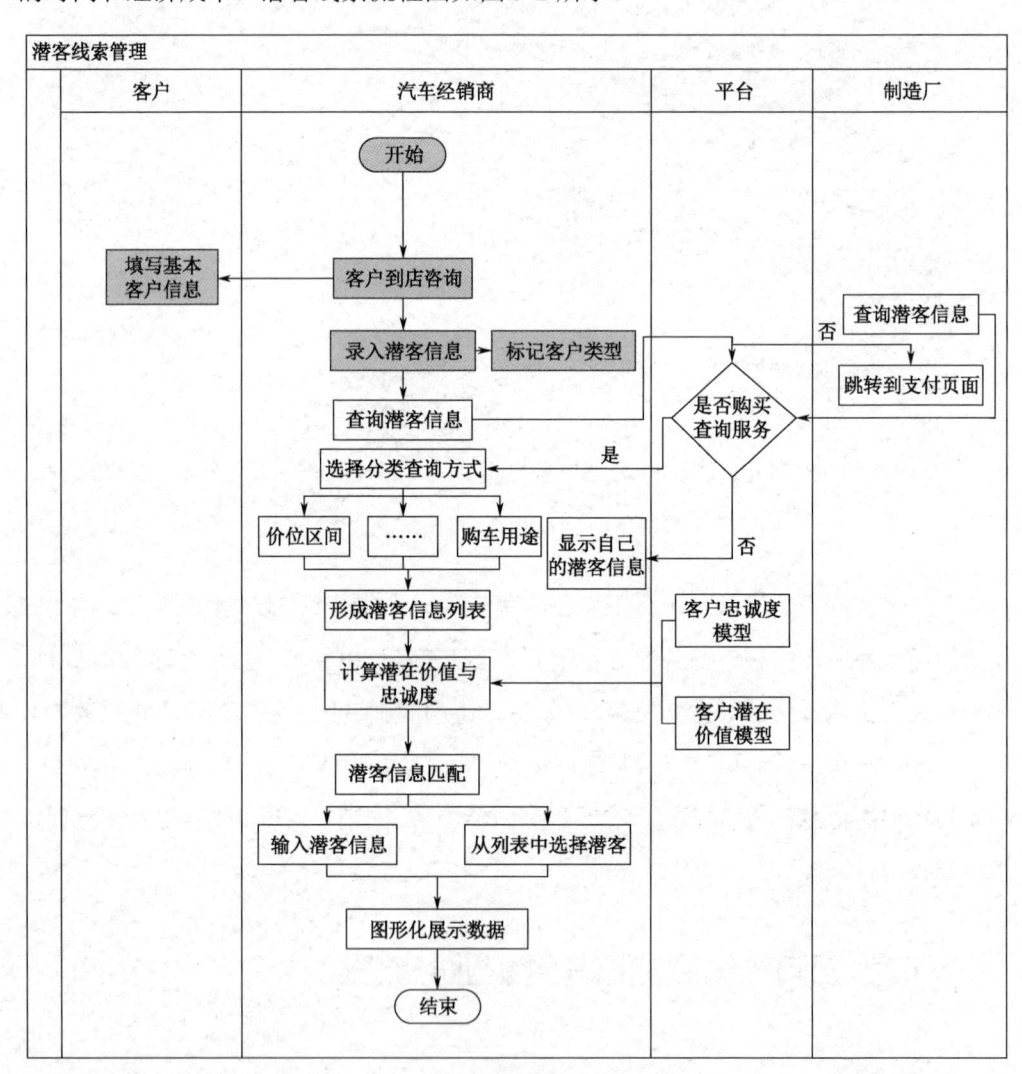

图 5-2　潜客线索流程图

Step1：客户在汽车经销商处填写基本客户信息。由工作人员录入作为潜客信息并标记潜客类别。

Step2：查询潜客信息，系统会检测该经销商是否购买了查询服务。如果没有购买则跳转到支付界面。

Step3：汽车经销商可以选择按分类查询潜在客户，如购车价位区间、年龄区间、性别等。

Step4：平台会调用后台已经训练好的客户潜在价值模型为每个潜客进行打分，汽车经销商可以选择排序查看。

Step5：通过模型计算客户潜在价值与忠诚度。

Step6：汽车经销商可以使用潜客信息匹配功能，方便查看相似客户的购车记录。

## 5.1.3 面向经销商的整车营销业务科技资源构建

规划控制下的二阶段设计理论用于求解复杂的工程设计问题，该理论可以被推广以解决更宽广的复杂问题。尤其是当面对多平台协同问题时，如在汽车产业链协同平台上，每个制造厂、汽车经销商、供应商的生产、推广和销售模式都不一样，因此会产生不一样的业务数据。而每个企业内部的业务系统可能会对销售订单数据表设计不一样的数据字段，从而使多平台数据融合遇到了困难。而规划控制下的二阶段设计理论可以将该问题分解为多个子问题，使多个平台数据融合变得简单。

在传统的系统解决方案中，设计者通常需要从头构建整个系统架构，包括数据库设计、平台构建及其他基础支撑。对于庞大的系统来说，这种设计理念将使工程非常耗时，而且不能够重复利用。目前流行的模式是基于 PaaS 的云平台的，它通过三层架构来打造完整的工业互联网生态链。开发者并不需要关注底层的数据来源及这些数据是如何收集的。该云平台提供大量的 API 接口供开发者调用，进行应用 App 的构建。

在现有的产业链协同平台上，整车制造厂与汽车经销商的一些基本业务流程是通过平台上的数据交换实现的，因此需要一些数据结构与数据集成技术来实现企业内外部数据同步，并提供数据支撑。通过对原有的销售与营销业务进行分析可知，原有系统功能不足，尤其是缺乏数据分析功能。对于产业链协同平台来说，客户档案与车辆信息都可以被视作一种资源或是知识，它们通常可以被用来分析和建模。然而对于工程设计来说，一个好的方法可以使得工程更加可靠和灵活。本系统采用规划控制下的二阶段设计理论,该理论采用面向对象设计方法将多平台协同模式分为两个阶段,从而避免了因系统庞大和数据复杂导致的设计困难。在第一阶段中,复杂的多平台协同模式可被分解为一个由简单父类和子类所构成的层次结构。如图 5-3 所示为人车模型解决方案示意图。

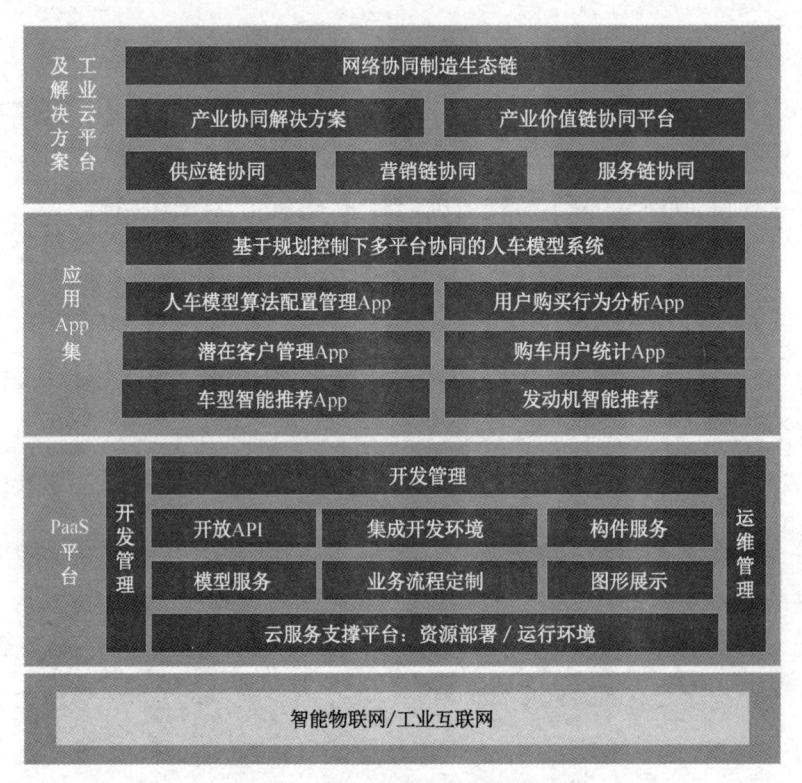

| 工业云平台及解决方案 | 网络协同制造生态链 | | |
| --- | --- | --- | --- |
| | 产业协同解决方案 | 产业价值链协同平台 | |
| | 供应链协同 | 营销链协同 | 服务链协同 |
| 应用App集 | 基于规划控制下多平台协同的人车模型系统 | | |
| | 人车模型算法配置管理App | 用户购买行为分析App | |
| | 潜在客户管理App | 购车用户统计App | |
| | 车型智能推荐App | 发动机智能推荐 | |
| PaaS平台 | 开发管理 | | 运维管理 |
| | 开放API / 集成开发环境 / 构件服务 | | |
| | 模型服务 / 业务流程定制 / 图形展示 | | |
| | 云服务支撑平台:资源部署/运行环境 | | |
| | 智能物联网/工业互联网 | | |

图 5-3 人车模型解决方案示意图

从图 5-3 中可以看到,人车模型是应用 App 的形式,并基于第三方产业链协同平台。系统的构建基于 PaaS 平台,PaaS 平台为开发者提供了基础数据,API 接口及各种基础资源,包括集成开发环境、开放 API 接口、图形展示插件和业务流程定制接口等功能。人车模型系统构建于该平台之上,以 App 的形式进行部署。这也意味该系统在运行时不需要考虑操作系统的限制,它可以运行在任意平台上。从整个云平台来看,这些应用 App 将打造一个完整网络协同制造生态链。

## 5.1.4 支持整车营销业务科技资源的人车模型

根据规划控制下二阶段设计理论，结合整车交易的瓶颈、系统开发、维护等因素，采用.NET 和 SQL Server 进行系统设计。整个系统可分为五个部分：数据处理层、业务逻辑处理层、用户表示层、人车模型的构建，以及最终的算法层。总体架构图如图 5-4 所示。

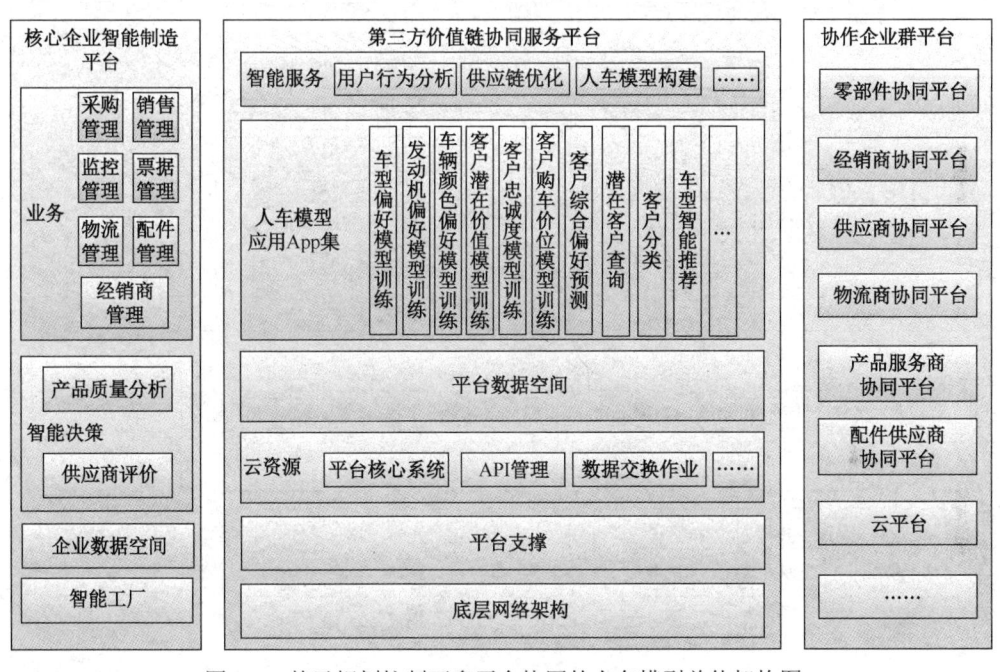

图 5-4　基于规划控制下多平台协同的人车模型总体架构图

从总体架构图来看，企业有内部的核心智能生产平台。同时协作企业群平台能够为不同的制造厂、经销商、供应商等提供业务支撑，所产生的数据将通过数据交换融合到第三方价值链协同平台。人车模型系统是建立在第三方协同平台基础上，由第三方平台提供基础的数据支持、API 接口及其他基础功能。如图 5-4 所示，左边的核心企业智能制造平台为企业提供大量的业务支持系统。同时这些业务支持系统也会产生大量的交易数据，这些数据存储在企业数据空间中。协作企业群平台主要为不同的制造厂、供应商、经销商提供跨链的业务协作。而人车模型系统在第三方平台中更像是一个应用 App 集合或是一个 API 接口模块集，可以为上层的业务模块提供数据分析、算法建模的功能。

人车模型系统内部架构图如图 5-5 所示，人车模型主要包括基础信息管理、人车模型算法配置、用户购车行为分析、购车用户分析及销售分析等多个模块。该系统侧重点在于人车模型的构建及用户行为分析的功能模块。

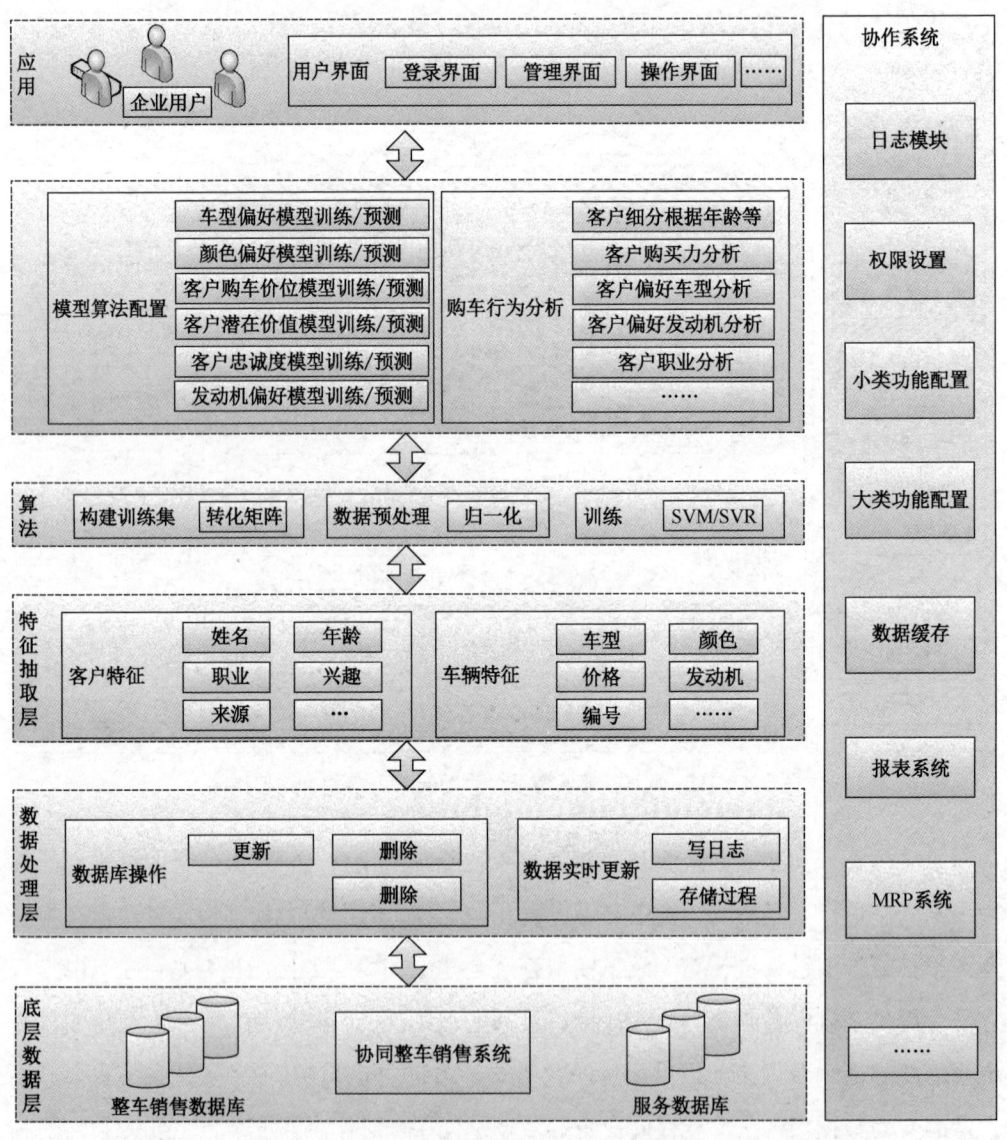

图 5-5　人车模型系统内部架构图

该系统使用了整车销售数据库和服务数据库。仅仅通过查询整车订单和车辆基本数据是不够的,通过分析服务数据可以获得更多因素来构建人车模型。特征抽取层实时读取最新的数据并将它们转化为特定数据格式以方便建模。例如,对于车辆来说,车辆的编号不适合作为特征,因为它并不是客户所关注的其中一个购买因素。数据处理层的主要功能是将所有特征转化为数字矩阵,因为大部分数据如客户数据(包括职业、性别和兴趣)都是字符类型。为了能使用机器学习去训练这些数据,本系统使用统一的编码方式将不同的职业、兴趣等都转化为不同的数字。此外归一化主要用来将矩阵所有的元素映射到 0~1 之间,以方便训练。算法层主要实现的是使用 SVM 和 SVR 进行人车模型的构建。此外,SVM 和 SVR 对特征及核函数很敏感,所以本系统使用提出的混合的优化算法来得到最优的模型,提高性能和准确率。

### 5.1.5 面向经销商的整车营销业务科技资源应用案例

**1. 车型偏好模型训练**

该功能实现了实时在线训练数据。数据主要来源于产业链协同平台。页面同样展示了数据集的分布,包括真实的客户信息(如姓名、年龄、购车时间、职业等)。此外,用户可以调整参数进行训练,不同的参数训练会得到不同性能的模型。图 5-6 所示为车型偏好模型的训练页面。

用户可以选择核函数进行训练,并设置相应的参数。同时用户也可以选择混合优化算法进行训练。

**2. 车辆颜色偏好模型训练与测试**

该功能实现了车辆颜色偏好模型的实时训练与测试,用户可以填写机器学习的参数并进行训练。在训练界面,用户输入年龄并选择客户信息,可以获取客户对车辆颜色的偏好。图 5-7 和图 5-8 分别展示了车辆颜色偏好模型的训练和测试界面。

科技服务与价值链协同业务科技资源

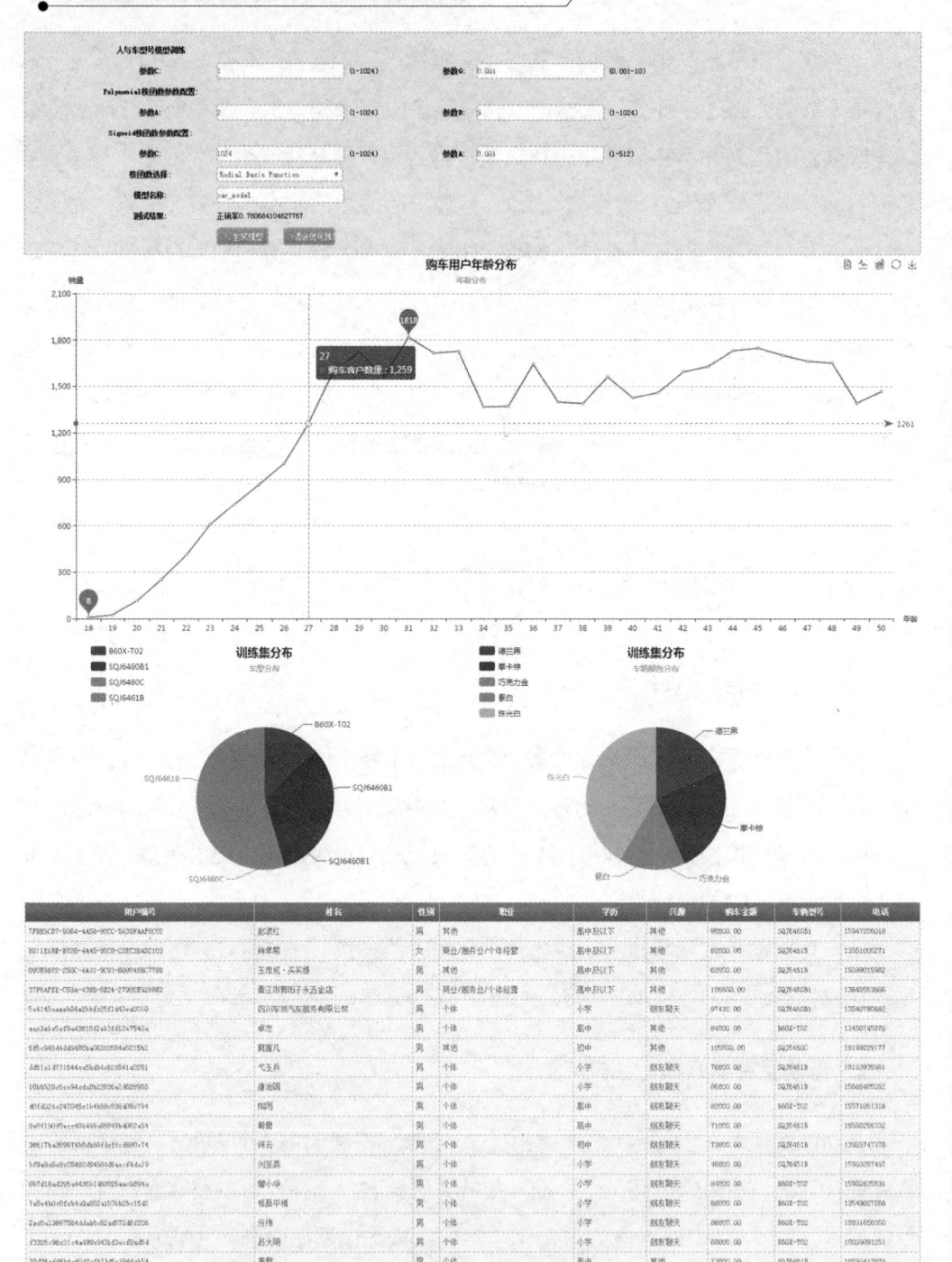

图 5-6 车型偏好模型的训练页面

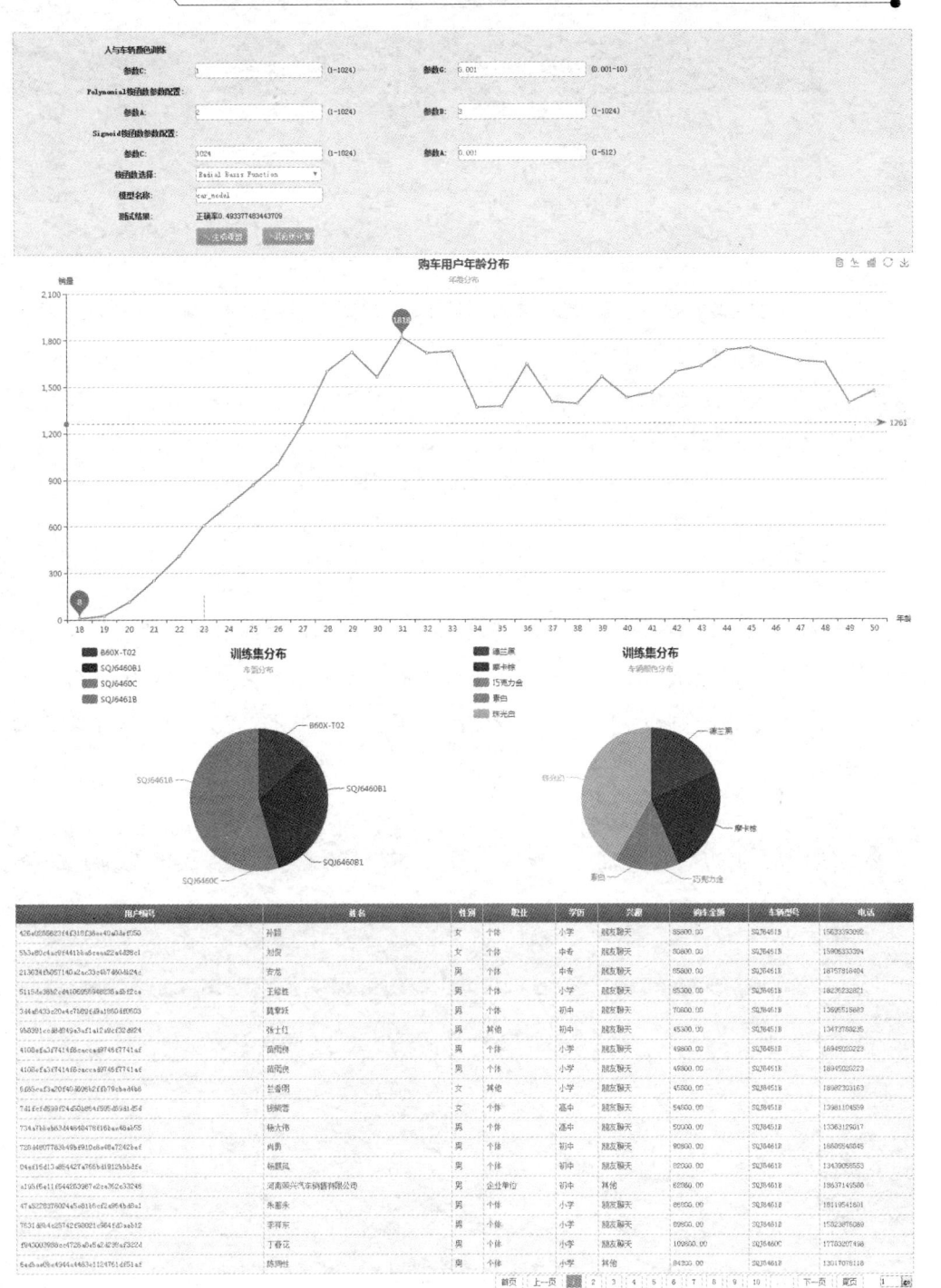

图 5-7 车辆颜色偏好模型的训练页面

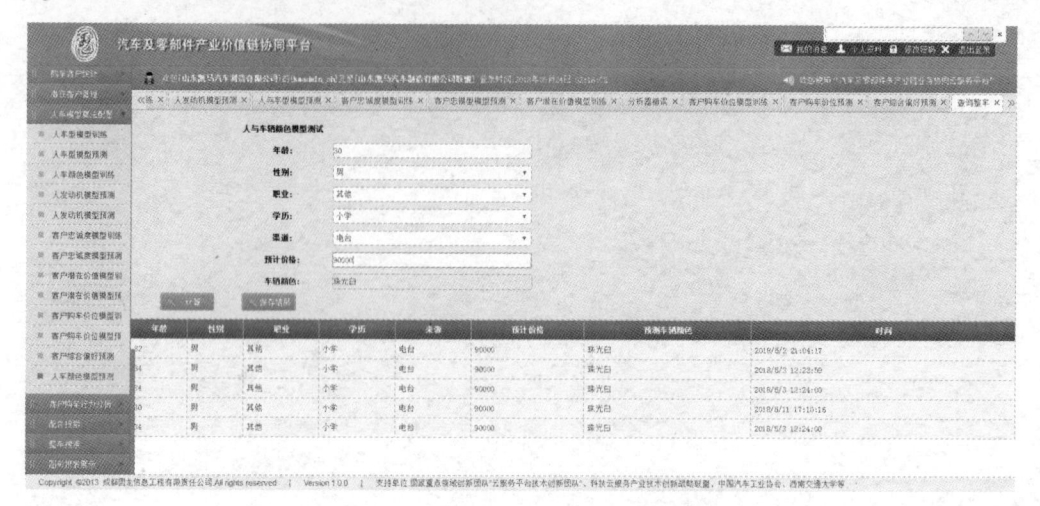

图 5-8　车辆颜色偏好模型的测试页面

### 3. 潜客搜索

该功能主要为汽车经销商提供潜客搜索。用户输入客户姓名、职业、客户来源等信息，系统会根据用户输入的关键字进行模糊匹配。此外用户还可以输入客户的年龄范围，系统将会自动将所有符合该年龄范围的客户显示出来。如图 5-9 所示为潜客搜索。

图 5-9　潜客搜索

客户列表主要显示了用户编号、客户姓名、联系方式等。用户还可以单击显示客户详情，页面将会显示弹窗，显示详细的客户信息。

## 5.2 面向经销商的整车订单库存匹配业务科技资源

### 5.2.1 面向经销商的整车库存管理需求分析

整车制造作为制造业中不可或缺的产业之一，需要顺应"互联网+"和工业互联网的发展趋势，将现有整车企业管理的价值链进行梳理和分析，发掘现有企业管理环节中存在的缺失和薄弱环节，并针对这些问题提出新的需求，并通过可行的 App 实践解决这些问题。以下是基于新形势下和现有制造企业的整车库存管理现状进行的需求分析。

**1. 整车多级库存监控需求分析**

目前汽车产业链协同平台对整车实时库存信息的获取仅限于通过相应的条件查询得出，无法整体直观地了解整车销售链上的库存信息，而且还忽视了对在途整车库存的监控，这样导致整车厂的库管员和决策者都不能清晰明确地掌握现有的即时库存，进而大大降低需求预测的准确性，更增添了需求预测的主观随意性。此外，对于即将进入滞销状态或滞销状态等级增加的库存车辆的预判性也大大降低，这又导致滞销车库存风险增加，如此就陷入一种恶性循环，导致整车企业的管理水平低下，不具备强劲的市场竞争力。

**2. 整车需求预测的需求分析**

目前 CQ 企业整车销售系统及汽车产业链系统平台与需求预测相关的业务，主要是围绕整车销售计划单的制订进行的。平台接收经销商提报的下个月 CQ 车辆一般订单，也就是销售计划单，制造厂管理员对 CQ 车辆一般订单进行信息是否填写有误等审核，并将这些基于经销商提报的销售计划数量加以汇总，汇总好这些需求计划后，计划员还会依据现有成品库库存情况、经销商库存情况、经销商历史实销等情况做出基于个人经验的预测并加以调整。而这样做无法满足整车按时间、区域等动态的需求变化，并且主观影响因素占据主体，势必会对整车需求结果产生不好的影响。

### 3. 订单库存匹配的需求分析

目前，CQ企业的厂内库存和经销商库存中有着数量不少的滞销车库存，并且随着时间的推移，这些仍未实现终端车辆销售的销售主体的库存压力将日益增大，除了经销商对滞销车辆采取退车、降价促销、整车厂拆解等手段，没有一种有效的策略能够尽量减少滞销车给整车厂和经销商带来的库存压力。如果将这些处于被动处理的滞销车库存通过一种供需匹配的策略进行销售，那么将有效缓解滞销车库存面临的困境。

### 4. 产业链协同平台业务运营积累的历史数据资源的统计与分析

目前为止，汽车产业链平台上积累了大量的基于销售业务的历史数据，这些数据对于企业来说是宝贵资源的历史数据，却没有引起相关方的高度重视。这些数据是许多经销商企业的销售业务过程及经销商与制造厂的数据交换过程中产生的。由于使用产业链协同销售平台的用户水平参差不齐，对操作的规范化意识不统一、数据交换出现异常，导致虽然有大量的历史数据，但是其中的错误数据、重复数据等频繁出现，也为制造厂利用这些数据进行相关营销决策的制定和企业的管理带来了困难，从而造成这些数据的搁置浪费。如何利用好这些数据中关于销售和库存的数据部分，并对其进行去重、比对、规范等数据整理操作，可以按不同的主题归类统计、分析并加以可视化的展示，为制造厂相关决策人员提供决策支持，尽最大的努力发挥出这些历史数据应有的价值，是需要认真考虑的问题，也是制造厂管理人员亟待解决的需求。

目前，从现有的产业链协同平台上积累的有关销售业务的历史数据中，可以提取出整车销售分析主题、整车产销对比分析主题、整车库存调车分析主题及整车库龄与销售关系主题等内容。

以上就是针对现有整车厂库存管理中存在的问题，基于"互联网+"和工业互联网发展趋势下对于整车库存资源管理和利用的补充和改进需求所做出的具体分析。

## 5.2.2 面向经销商的整车订单库存匹配业务流程

围绕整车销售订单和库存匹配的业务流程图如图 5-10 所示。

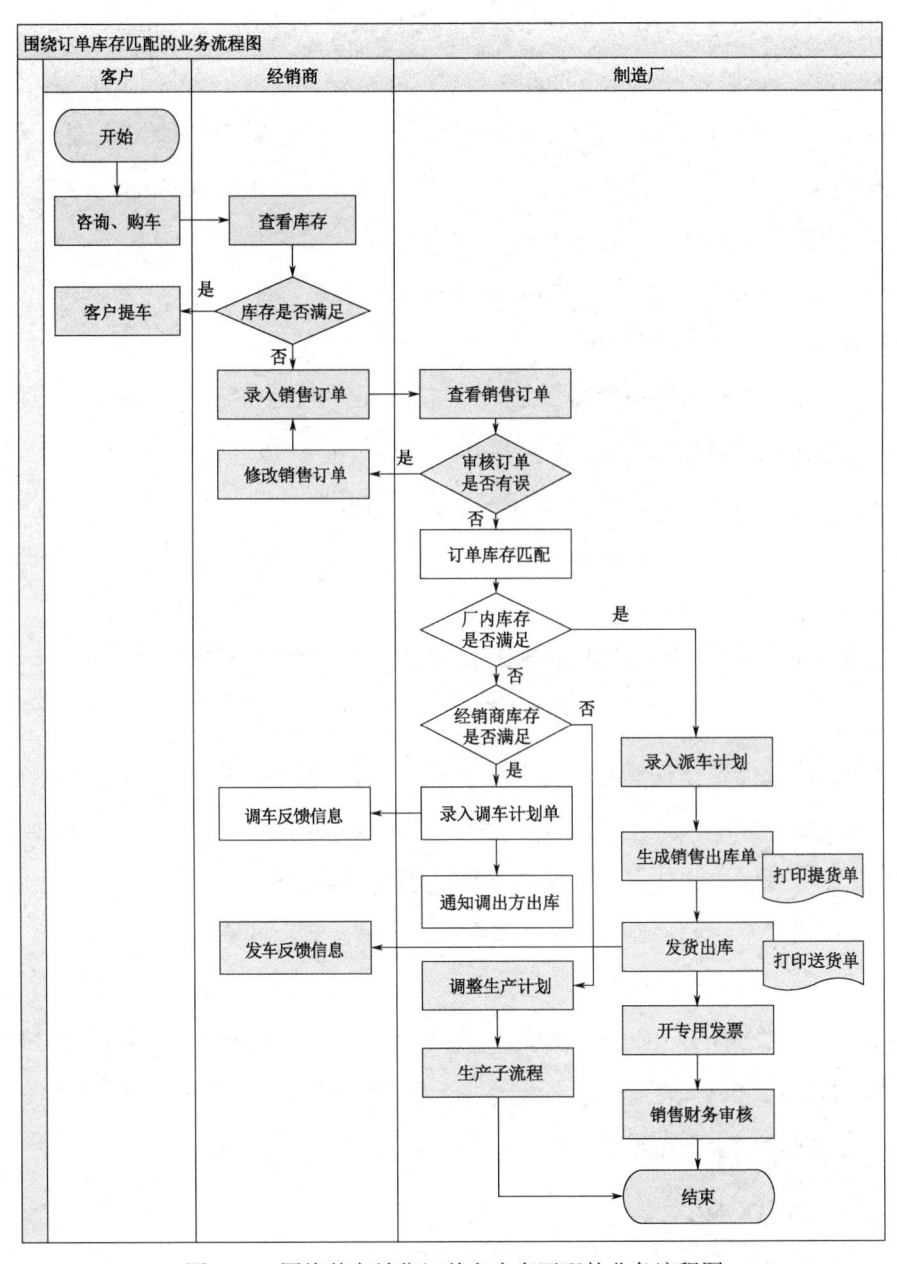

图 5-10　围绕整车销售订单和库存匹配的业务流程图

Step1：现有经销商通过产业链协同平台录入销售订单并提交，该信息经过平台的实时数据交换功能传入制造厂的企业管理平台系统中。

Step2：制造厂销售部人员查看销售订单并进行审核，主要审核经销商提交的销售订单信息是否全面或者是否有误的等情况，销售部人员对有问题的销售订单给出审核不通过的反馈，经销商可以通过平台获取反馈结果，经销商对订单进行修改，继续进入Step1；若审核无误则进入Step3。

Step3：对销售订单进行订单库存的匹配，带匹配的库存包括制造厂的厂内库存及经销商的滞销库存，若能与制造厂的厂内库存匹配上，则转入Step4；若能与经销商的滞销车库存匹配上，则转入Step5；若都匹配不上，则转入Step6。

Step4：对于能与制造厂的厂内库存匹配上的整车，进行录入派车计划等现有平台的业务流程，直到流程结束。

Step5：对于能与经销商滞销车库存匹配上的整车，制造厂录入调车计划单，并反馈给相应的调出方经销商和订单经销商，流程结束。

Step6：对于没有匹配成功的需求整车，则将其加入生产计划的调整当中进行后续的生产制造等流程，直到流程结束。

### 5.2.3 面向经销商的整车订单库存匹配业务科技资源构建

面向经销商的整车订单库存匹配业务科技资源隶属于企业级信息系统，系统的程序架构必须在平台上能方便地部署和无缝集成，综合系统开发、部署、后期维护等方面的因素，本系统程序基于B/S模式，即浏览器/服务器模式，采用.NET开发中的经典三层架构进行系统程序设计，整个系统程序由底层到上层依次为数据访问层（Data Access Layer，DAL）、业务逻辑层（Business Logic Layer，BLL）和用户表示层（User Interface Layer，UIL），该三层架构中，各层之间没有高度的耦合关系，能有效地提升系统的健壮性和数据安全性，除此之外，该架构还具有一定的可延展性、可重用性、开放性及性能上的可规模化和可扩展性。

### 1. 用户表示层（UIL）

位于三层架构的最上层，是直面用户的一层，它的作用是接收用户输入的数据或命令并且将执行结果进行反馈展示，是用户与程序进行交互式操作的界面。在本系统程序中，用户表示层表现为 Web 方式，具体为 aspx 页面。最关键的是，该层作为项目的"外壳"，除了对用户输入的数据和下层返回的数据进行验证和表现展示，不包含任何业务逻辑的处理过程。本系统中不同的用户根据不同的权限登录以后，所显示的内容也不一样，例如，整车厂的操作员可以进入所有模块，而经销商只有经销商库存预警、经销商库存结构展示等浏览界面。

### 2. 业务逻辑层（BLL）

位于三层架构的中间层，也叫组件层，是系统架构中体现核心价值的部分。它的关注点主要集中在业务规则的制定、业务流程的实现等与业务需求有关的系统设计。处于中间层的它起到了数据交换承上启下的作用，对于数据访问层而言，它是调用者；对于表示层而言，它是被调用者。在本系统中，该层主要负责整车多级库存监控、库存预测和订单库存匹配等的业务逻辑处理。

### 3. 数据访问层（DAL）

位于三层架构的最底层，也叫持久层，它的作用是负责对数据库的访问，还可以访问多种其他类型的文件或文档，如二进制文件、XML 文档等，在本系统中主要是对数据表进行查询（Select）、新增（Insert）、修改（Update）及删除（Delete）等操作。一方面由于存储过程可以重复使用，从而减少相应的工作量；另一方面当对数据库进行复杂操作时，如对多张表进行 Query、Update、Insert 或 Delete 等操作时，可以将这些简单事务组合的复杂操作用存储过程进行封装，并且与数据库提供的事务处理结合一起使用，因此，对数据库的所有操作均是通过创建存储过程并执行来进行实际的数据访问的。

本系统程序体系架构示意图，如图 5-11 所示。

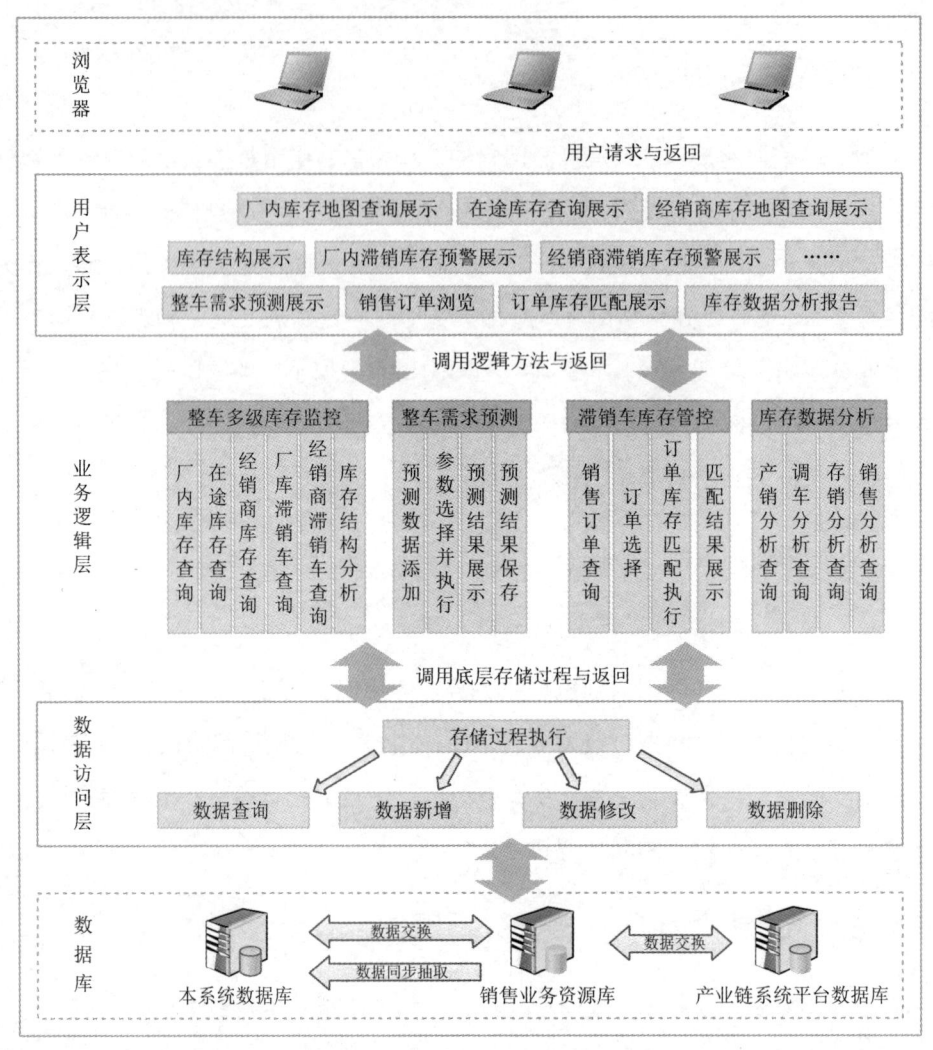

图 5-11 系统程序体系架构示意图

## 5.2.4 整车订单库存匹配业务科技资源模型

针对整车销售订单与库存问题的描述,下面给出建模过程中相关的参数、符号的定义与说明。

定义 5-1:整车销售订单所对应的需求整车的车型为 $OModel_i$,其中 $i$ 为整数且 $1 \leqslant i \leqslant n$,$n$ 表示车型种类的总数。

定义 5-2:整车销售订单所对应的需求整车的颜色为 $OColor_j$,其中 $j$ 为整数且

$1 \leqslant j \leqslant m$，$m$ 表示车辆颜色的总数。

**定义 5-3**：销售订单所对应的车型为 $OModel_i$，颜色为 $OColor_j$ 的需求车辆总数为 $Count_{ij}$，其中 $Count_{ij}$ 为整数且 $Count_{ij} \geqslant 0$。

**定义 5-4**：对在库整车的总数量为 total，其中 total 为整数且 total >0，这里不考虑订单经销商库存的数量，只考虑待为其匹配的整车库存数量，以下同理。

**定义 5-5**：由于在库整车均有唯一的车辆 ID 作为标识，为表示方便，每一台整车给予编号 $k$，其中 $k$ 为整数且 $1 \leqslant k \leqslant \text{total}$。

**定义 5-6**：对每一辆在库整车 $k$，其对应的车型为 $SModel_k$。

**定义 5-7**：对每一辆在库整车 $k$，其对应的车身颜色为 $SColor_k$。

**定义 5-8**：在库整车中，车型编号为 $OModel_i$，颜色为 $OColor_j$ 的库存数量为 $SCount_{ij} \geqslant 0$。

**定义 5-9**：对每一辆在库整车 $k$，其对应的入库日期为 $InTime_k$，当前库存日期为 NowTime。

**定义 5-10**：对于每一辆在库整车 $k$，其匹配的结果为 $Selected_k$，其中

$$Selected_k = \begin{cases} 1, & \text{匹配上} \\ 0, & \text{未匹配上} \end{cases}$$

**定义 5-11**：整车厂厂内库存和经销商企业库存一共有 $l$ 处，其中 $l$ 为整数且 $l \geqslant 1$。

**定义 5-12**：由于整车厂厂内库存和经销商企业库存均有相应的企业 ID 作为标识，为表示方便，对每一企业仓库给予编号 $h$，该经销商企业为 $Corp_h$，且 $h=1, 2, 3, \cdots, l$，当 $h=1$ 时，表示为厂内库存；当 $h>1$ 时，表示为经销商企业库存，此处的经销商企业不包含订单经销商。

**定义 5-13**：对于每一辆在库整车 $k$，均对应一个其所位于的企业仓库 $CCorp_k$，同时，每个 $CCorp_k$ 对应一个企业仓库编号 $h$。

**定义 5-14**：对于订单经销商来讲，其他经销商离自己的地理距离为 $CorpDist_h$。

**定义 5-15**：对匹配出的同时满足某一种车型及某一种颜色的整车数量记为 $Solution_{ij}$，$i$、$j$ 分别为定义 5-1 和定义 5-2 中的车型序号和颜色序号。

由以上定义可以分析出：

（1）整车库存匹配的结果数量为 TCount 可以表示为：

$$TCount = \sum_{k=1}^{total} Selected_k \tag{5-1}$$

（2）每一辆库存整车的在库时长可以表示为 $(NowTime - InTime_k)$，则所有整车库存匹配结果的在库时长之和 TTime 可以表示为：

$$TTime = \sum_{k=1}^{total} (NowTime - InTime_k) \times Selected_k \tag{5-2}$$

（3）每一辆库存整车到订单经销商的地理距离可以表示为 $P(Selected_k | CCorp_k = Corp_h) \times CorpDist_h$，则所有库存匹配后的整车到订单经销商的距离之和为：

$$TSDist = \sum_{k=1}^{total} P(Selected_k = 1) \times \left[ \sum_{h=1}^{l} P(Selected_k = 1 | CCorp_k = Corp_h) \times CorpDist_h \right] \tag{5-3}$$

则订单库存匹配问题的目标函数为：

$$\begin{cases} \max TCount, \\ \max TTime, \\ \min TSDist. \end{cases} \tag{5-4}$$

将式（5-4）多目标问题转化为单目标问题进行求解，即求解式为：

$$f = \frac{w_1}{TCount} + \frac{w_2}{TTime} + \frac{TSDist}{allDist} \times w_3 \tag{5-5}$$

其中，$w_1, w_2, w_3$ 分别为对应分目标函数的权重，且有 $w_1 + w_2 + w_3 = 1$。

该问题的约束条件为匹配出订单要求的车型及颜色的整车数量（$Solution_{ij}$）分别小于或者等于库存中该种车型及颜色的整车数量（$SCount_{ij}$）、订单需求的该种车型及颜色的整车数量（$Count_{ij}$），表达式为：

$$\begin{cases} SCount_{ij} \geqslant Solution_{ij}, \\ Count_{ij} \geqslant Solution_{ij}. \end{cases} \tag{5-6}$$

其中，$i$，$j$ 为整数且 $1 \leqslant i \leqslant n$，$1 \leqslant j \leqslant m$，$Solution_{ij}$ 的表示为：

$$Solution_{ij} = \sum_{k=1}^{total} P(Selected_k = 1 | OModel_i = SModel_k, OColor_j = SColor_k) \tag{5-7}$$

至此待求解问题的目标函数和约束条件均已确定。

### 5.2.5 面向经销商的整车订单库存匹配业务科技资源应用案例

本节主要为整车订单库存匹配业务科技资源的应用，将经销商企业的滞销车库存纳入待匹配的整车库存资源池中，以一定的策略使现有库存匹配上销售订单的需求车辆。

### 1. 销售订单浏览

经销商提交的整车销售订单页面，包含订单主表和订单子表等信息，为后续的库存匹配作铺垫。整车销售订单如图 5-12 所示。

图 5-12　整车销售订单（订单主表）

单击上述某一条订单主表记录，则会显示出如图 5-13 所示的订单子表信息。

图 5-13　整车销售订单（订单子表）

### 2. 销售订单选择并执行匹配

整车厂销售部人员选取一个销售订单，如图 5-14 所示，并单击执行匹配。

### 3. 匹配结果展示

订单库存匹配结果如图 5-15 所示。

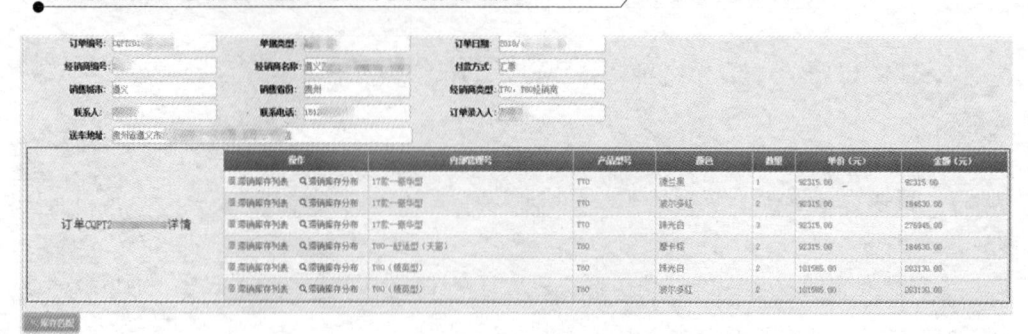

图 5-14　选择待匹配的整车销售订单

图 5-15　订单库存匹配结果

## 5.3　面向经销商的绩效评价业务科技资源

### 5.3.1　面向经销商的绩效评价需求分析

结合目前汽车整车销售市场需求，以及对产业链协同平台现有协同整车销售的业务流程的分析发现，以汽车制造厂为主导，以经销商为销售载体的整车销售协同平台尚存在以下问题。

**1. 制造厂对经销商管控力度不足，缺少经销商评价功能**

基于汽车产业链协同平台的整车销售系统是制造厂与经销商之间完成整车销售业务流程的系统，需要从整车销售业流程务实际出发，根据整车销售历史数据抽取经销商评价指标，构建可以动态选择指标的评价体系，根据实际需求对经销商所参与的整车销售业务流程的各个环节进行评价。经销商评价不仅可以应用于经销商的阶段性综合评价，而且可以将业务流程分解，将单个或者几个业务评价结果应用到其他业务的决策中，达到改进销售业务流程的目的。利用动态的评价体系与真实的销售历史数据，可以客观地把握经销商的销售业务能力、可持续发展能力及综合实力等，达到优化营销链经销商节点的目的。

### 2. 企业数据分散存储、数据资源浪费，未能满足企业决策分析的需求

汽车产业链协作是制造企业与其合作伙伴不断进行信息传递、数据交互并且实现价值增值的过程。汽车产业链协同平台为双方提供协作平台的同时也完整地记录了其销售业务产生的销售数据。这些单据不仅可以反映销售协同的过程，也可反映销售价值链中各个节点价值增值的过程。所以制造企业需要通过分析数据发现销售协作业务过程中的规律及价值链增值的规律。

该平台为制造企业及其合作伙伴提供了完善的业务协作平台，但在目前汽车市场竞争加大的环境下，制造企业不仅追求高效协作，而且需要对销售事实进行多维分析。例如，从销售区域的角度出发，制造企业需要了解各个销售区域销售趋势，了解该区域的畅销车型及该区域销售能力最强的经销商；制造厂不仅需要了解各个经销商的销售排行，而且需要了解造成经销商销售现状的原因，如经销商的总体销售趋势及各个车型在总体销量中的占比，经销商卖车效率及各个车型的平均库龄。

### 3. 数据资源未能在营销链内共享，关键业务处理缺少数据支撑

从业务流程角度划分，整车销售是由提车计划业务、整车发运业务、退车申请业务、经销商奖励、账务财务、客户档案录入等关键业务共同组成的；从整车的角度，记录了一台车从制造厂到最终客户的流转，实现了制造厂整车销售和经销商整车销售两次销售事实。对提车计划业务和经销商奖励这两个经销商利益产生的关键业务没有数据分析的支撑，且现阶段提车任务和经销商奖励均为人工操作，会产生提车任务分配不合理的问题，导致经销商提车任务完成率不稳定，从而导致经销商奖励分配不均。

### 5.3.2 面向经销商绩效评价的业务流程

经销商评价主要分为经销商评价数据抽取、评价体系构建、评价体系的权值设置、执行经销商评价几个部分。评价指标库是构建评价体系的基础工作，因此评价指标库管理和评价体系管理主要由经销商评价的发起者，即汽车制造厂商务部人员完成。系统运维人员根据评价体系说明抽取相对应时段的数据，为评价体系确定权重。系统从后台抽取评价对象对应的评价指标数据集，计算出经销商的评价结果。系统根据最终评价得分自动得出各经销商等级，评价结果可以图形化展示，并显示每一项的得分与满分的对比。

得到评价结果后，制造厂财务部人员根据评价结果对经销商进行奖励设置或者级别调整。经销商评价管理流程图如图 5-16 所示。

### 5.3.3 面向经销商绩效评价的业务科技资源构建

依据汽车产业链平台为企业提供给汽车制造厂和经销商的订单协同的功能，并对原有的销售业务流程进行分析，结合汽车协同销售系统的功能的不足，给出汽车营销链优化系统总体解决方案，如图 5-17 所示。

实现营销链优化具体方案，一方面通过拆解分析汽车产业链协同平台中销售业务流程，分析出其中产生价值增值的节点，并提取相关评价指标构建经销商评价体系，并根据个经销商销售业务产生的历史数据对经销商进行评价，帮助汽车制造厂了解经销商的业绩，加强汽车制造厂对经销商的管控力度和精准度，将评价结果作为参考运用到经销商奖励管理中，优化原有业务流程；另一方面经过对原有销售业务流程进行拆解，分析得出平台为制造厂提供的提车计划管理功能不完善的结论，根据已有销售历史数据形成多维销售分析报表，为制造厂在向经销商下达提车任务时提供数据支持优化汽车制造厂的提车任务管理的业务流程，既规避制造厂和经销商库存风险又对整车资源进行合理分配，从而既减少营销链自身运营成本，又增强营销链中各经销商节点间的公平性。

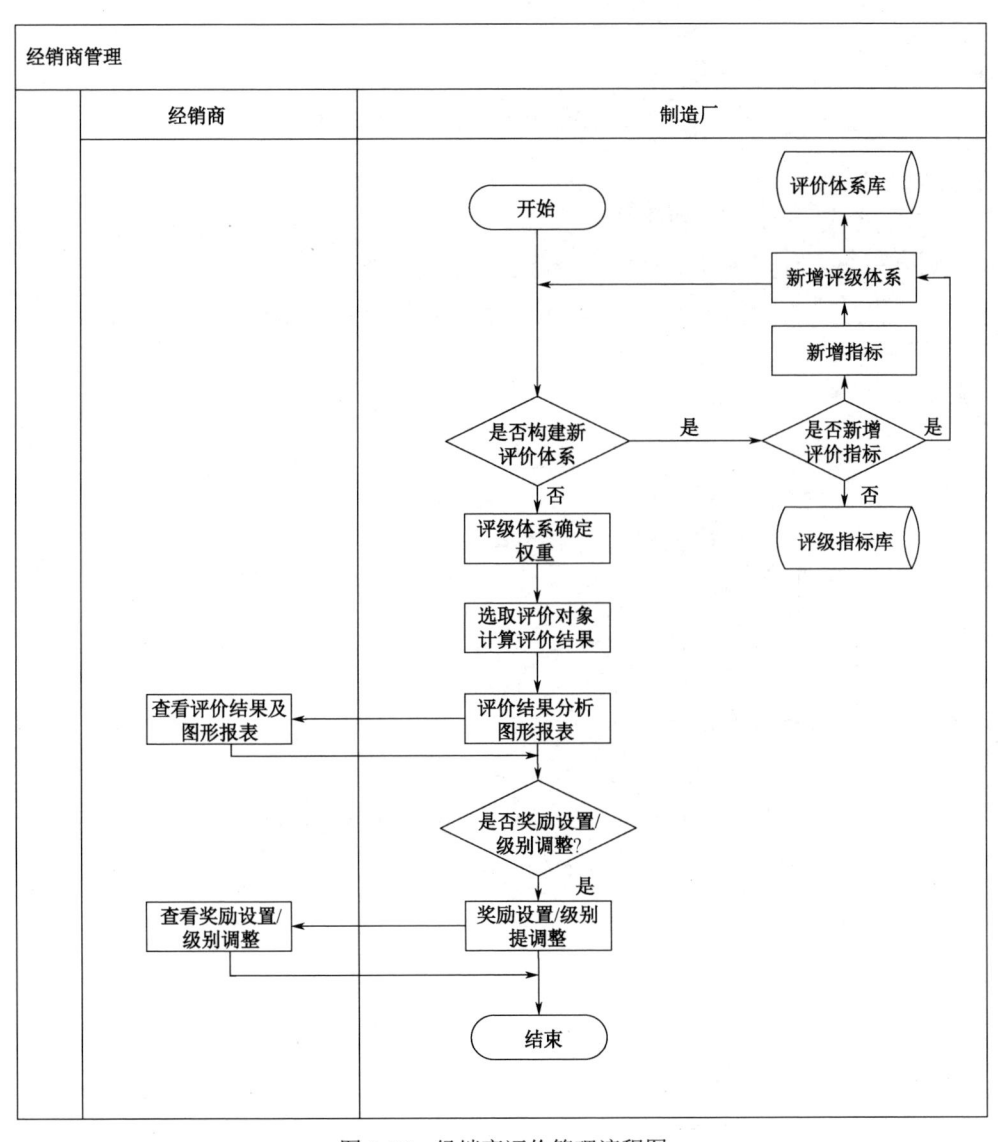

图 5-16　经销商评价管理流程图

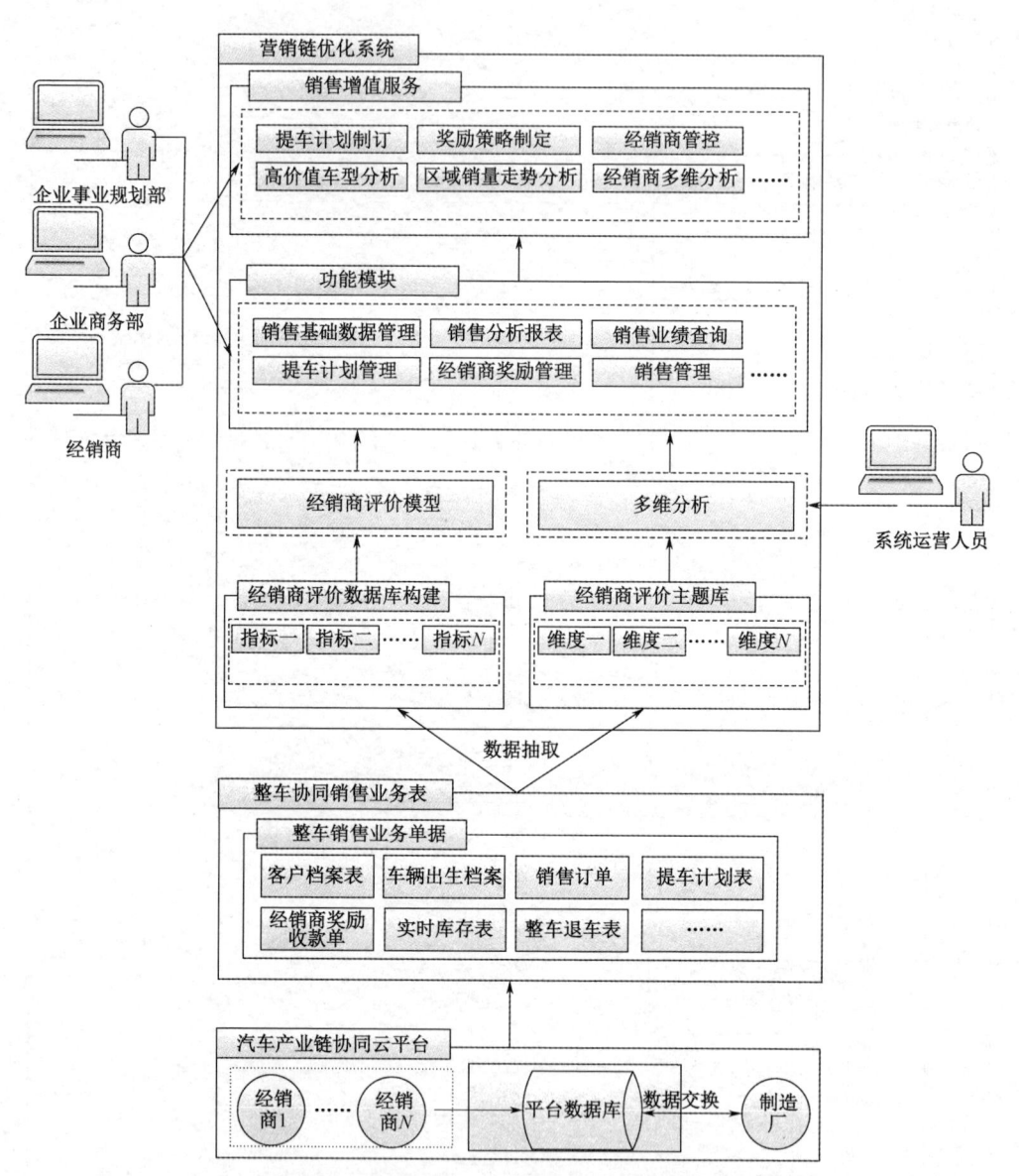

图 5-17 汽车营销链优化系统总体解决方案

## 5.3.4 支持经销商绩效评价业务科技资源的评价模型

### 1. 基于粗糙集的评价模型

本节设计了一种基于粗糙集理论和模糊综合法经销商评价模型方法。各经销商的指标确定权重均来自粗糙集理论，不受主观因素干扰，确定权重数据均来自各个销售业务单据，确保指标权重值比主观判断精确客观。在确定经销商评价体系各指标权重后，再应用综合模糊法对经销商进行综合评价，得到的经销商评价结果可以按以下三种方式进行显示：第一种是总体得分，方便经销商横向对比；第二种是按三项一级指标分开显示各项得分，有利于经销商自查不足自我改善；第三种是通过 Echarts 图形化报表显示二级指标各项得分和满分的差距。最终随机选取 CQ 制造厂的 5 家经销商对该评价模型进行可行性验证。基于粗糙集的经销商评价模型构建过程如下。

Step1：从汽车产业链协同平台销售业务统数据库业务单据表中抽取经销商评价指标。

Step2：系统运维人员选取指标构建经销商评价体系，并将评价体系中所有指标数据进行标准化预处理。

Step3：运用基于粗糙集定权方法得到指标权重值。

Step4：运用模糊综合评价法计算得出各个经销商评价得分、评价等级情况，其中各项指标的具体得分可通过 Echarts 图形化报表进行展示。

### 2. 评价指标构建

经销商评价体系各指标权重计算采用改进的粗糙集的方法，该方法改进了传统粗糙集结果中某项指标权重值可能为 0 的情况。粗糙集理论指标定权步骤如下。

Step1：构建经销商评价决策信息表。决策信息表 $S = (U, R, V, f)$ 的形式化定义为：$U$ 是一个非空有限对象（元组）集合，$x_i$ 为对象（元组），$U = \{x_1, x_2, \cdots, x_i\}$，$U$ 表示经销商集合，$x_i$ 代表经销商集合中第 $i$ 个经销商；$R$ 是对象的属性集合 $R = C \cup D$，由两个不相交的子集即条件属性 $C$ 和决策属性 $D$ 组成，在实际应用中，$C$ 表示为经销商评价指标，$D$ 表示为制造厂对经销商的奖励金额制定决策等级；$V$ 是属性值的集合，表示评价指标原始数据值和决策等级值；$V_a$ 是属性的值域，经销商评价指标数据的值域为 [0,100]；$f$ 是 $U \times R \to V$ 的对应函数 $a \in R, x \in U, f_a(x) \in V_a$。

Step2：计算决策属性（决策等级）$D$ 对各个条件属性（经销商评价指标）$C$ 的依赖度。

定义 5-16：在经销商评价决策信息表 $S=(U,R,V,f)$ 中，决策属性 $D$ 对条件属性集 $C$ 的依赖度为：

$$I(D|C) = \sum_{i=1}^{M} \frac{|C|^2}{|U|^2} \sum_{j=1}^{k} \frac{|D_j \cap C_i|}{|C_i|} \left(1 - \frac{|D_j \cap C_i|}{|C_i|}\right) \quad (5\text{-}8)$$

Step3：计算经销商评价体系 $C$ 中条件属性，即每个经销商评价指标的重要度 $sig(c)$。

定义 5-17：在决策信息表 $S=(U,R,V,f)$ 中 $\forall c \in C, a \in C, x \in U$，条件属性（经销商评价指标）$c$ 的重要度为：

$$sig(c) = I\left(D|C-\{c\}\right) - I(D|C) + \frac{\sum_{a \in c}|a(x)| - \sum_{a \in c-\{c\}}|a(x)|}{\sum_{a \in c}|a(x)|} \quad (5\text{-}9)$$

其中，$a(x) = U/\{a\}$。

Step4：计算经销商评价体系 $C$ 中每个指标的权重值 $w(c)$。

定义 5-18：在决策信息表 $S=(U,R,V,f)$ 中，$\forall c \in C$，该步骤重要度的设计改善了传统粗糙集中仅考虑对属性集的重要度而忽视自身的重要度，产生可能导致评价指标权重为零的情况，因此条件属性（经销商评价指标）$c$ 的权重值为：

$$w(c) = \frac{sig(c) + I(D|\{c\})}{\sum_{a \in c}\{sig(a) + I(D|\{c\})\}} \quad (5\text{-}10)$$

其中，$sig(c)$ 是条件属性（经销商评价指标）$c$ 在整个条件属性集合中的重要度，$I(D|\{c\})$ 是指标 $c$ 本身的重要度。

3. 经销商评价

经销商评价过程分为两部分，首先是各指标权重的确定，而后是根据经销商各项的实际得分确定经销商最终评价得分。前文已经对如何确定经销商评价指标权重进行论述，本节主要关注经销商评价结果的计算。采用综合模糊法确定基于粗糙集的经销商评价模型中各经销商最终的评分,模糊综合评价法计算经销商评价结果流程图如图 5-18 所示。

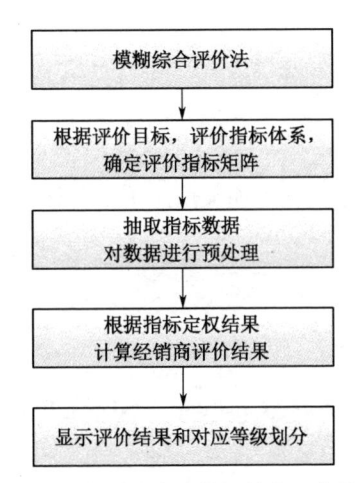

图 5-18　模糊综合评价法计算经销商评价结果流程图

Step1:确定评价指标因素集合 $Z$、待评价经销商对象集合 $C$。设评价体系中存在 $n$ 个评价因素指标,构建评价指标因素集合 $Z = (z_1, z_2, \cdots, z_n)$,同时存在 $m$ 个待评价经销商对象集合为 $C = \{c_1, c_{i2}, \cdots, c_m\}$。

Step2:构建评价指标矩阵 $\boldsymbol{R}$。$v_i$ 为单个指标 $u_i$ 的初始值集合 $v_i = \{r_{i1}, r_{i2}, r_{i3}, \cdots, r_{in}\}$,建立评价指标矩阵 $\boldsymbol{R} = (r_{ij})_{m \times n}$。

Step3:计算评价结果得分和经销商等级。确定了标准指标矩阵 $\boldsymbol{R}$ 和指标权重集合 $\omega$,计算最终评价得分集合 $B = \omega * \boldsymbol{R}$,构造服务质量模糊等级映射函数 $G(x)$,把集合 $B$ 中结果得分通过函数 $G(x)$ 转化为相应的综合评价等级,为:

$$G(x) = \begin{cases} 优秀, 75 \leqslant x \leqslant 100 \\ 中等, 60 \leqslant x < 75 \\ 合格, 50 \leqslant x < 60 \\ 较差, 0 \leqslant x < 50 \end{cases} \quad (5\text{-}11)$$

### 5.3.5　面向经销商绩效评价业务科技资源的应用案例

经销商评价管理主要分为经销商评价体系构建、评价指标权重确定、评价结果计算、评价结果查询与分析和评价结果执行。

**1．评价体系构建**

经销商评价体系查询界面如图 5-19 所示,可按照启用状态、评价体系是否确定权重、评价体系名称等筛选条件单击查询进行条件筛选；单击新增评价体系,弹出经销商评价体系新增界面,如图 5-20 所示,输入相关信息单击保存,则生成新经销商评价体系。

图 5-19　经销商评价体系查询界面

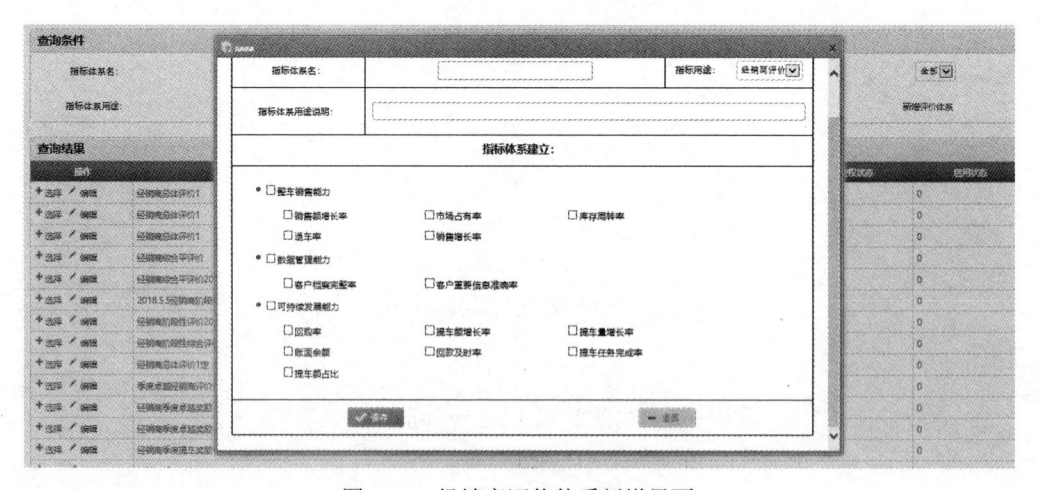

图 5-20　经销商评价体系新增界面

## 2. 评价体系各指标权重确定（见图 5-21、图 5-22）

图 5-21　经销商评价体系定权状态查询

图 5-22　经销商评价体系定权界面

## 3. 经销商评价结果计算

按评价条件选择经销商评价体系，待评价经销商选择界面如图 5-23 所示，得出该经销商评价详情如图 5-24 所示。评价结果按照经销商评价体系的三个一级指标——各自得分、综合得分和评价等级分别显示。

图 5-23　待评价经销商选择界面

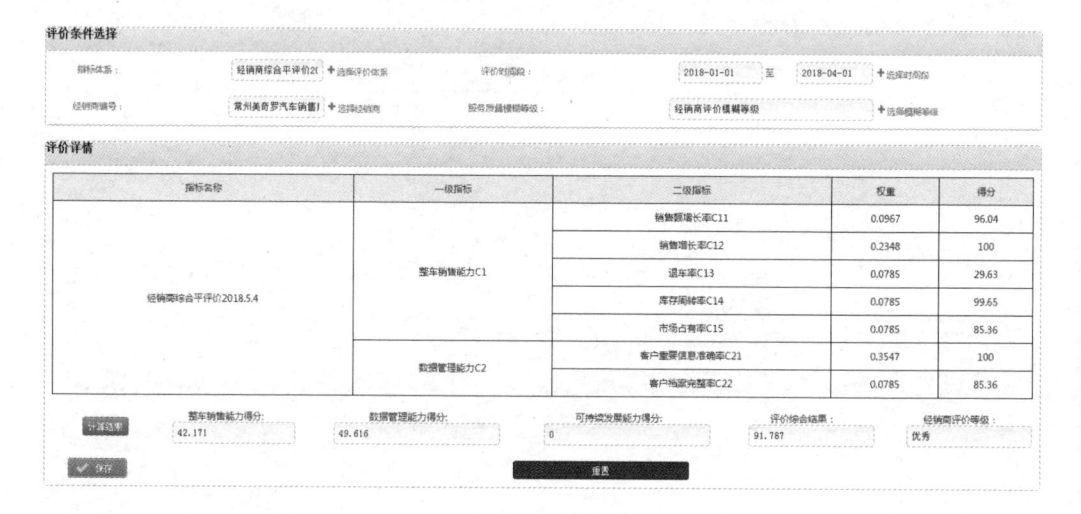

图 5-24　经销商评价详情

## 4．经销商评价结果查询与分析

经销商评价结果可按照经销商名称、经销商评价指标体系和评价时间段三个筛选条件进行查询，如图 5-25 所示。经销商评价结果分析可以分为两个维度，第一个维度是经销商得分分析，界面如图 5-26 所示，按照评价体系内各项指标的实际得分和满分进行对比，可以直观地分析出经销商业绩表现较薄弱的指标；第二个维度是同一经销商评价体系下的所有经销商得分横向比较分析，界面如图 5-27 所示。

基于第三方云平台的营销价值链协同业务科技资源 **第5章**

图 5-25 经销商评价结果查询

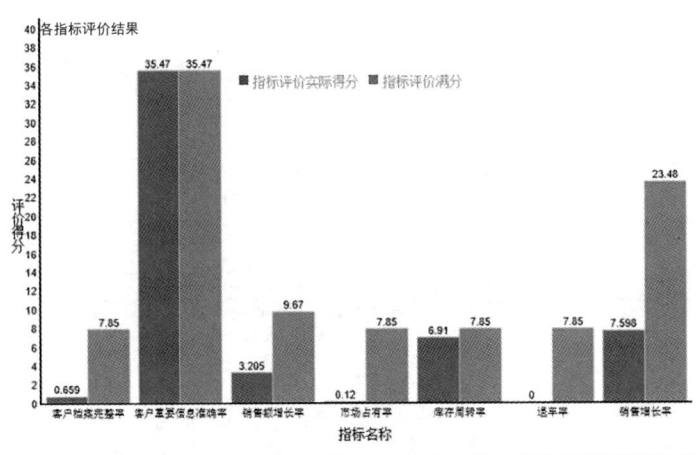

图 5-26 经销商得分分析

## 5．经销商评价结果执行

经销商评价结果执行是根据评价结果对经销商进行奖励或者级别调整。经销商评价结果执行界面如图 5-28 所示。奖励单自动带出对应的经销商名称和评价依据，

135

设置奖励金额并录入其他相关信息，单击保存会自动生成奖励单号并保存；单击级别调整会出现级别调整弹窗，选择经销商级别后单击保存，经销商档案中的级别会做出相应调整。

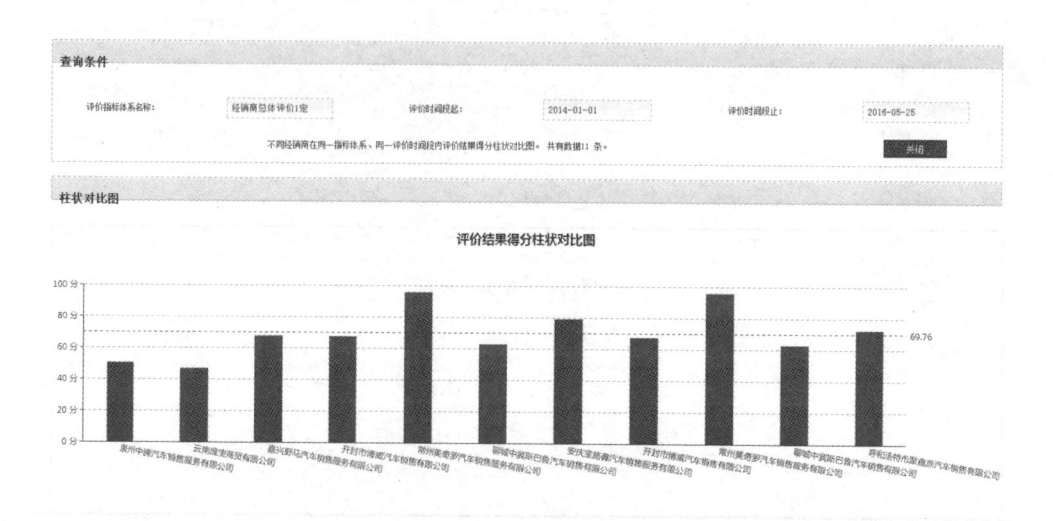

图 5-27　同一评价体系下经销商评价结果对比

图 5-28　经销商评价结果执行

# 参考文献

[1] 叶飞. 基于数据智能的客户购车偏好模型构建及客户资源分析系统[D]. 成都：西南交通大学，2018.

[2] 李旭. 规划控制下的多平台协同整车库存资源利用的技术研究[D]. 成都：西南交通大学，2018.

[3] 张峥. 支持营销链优化的知识资源及数据资源共享解决方案研究[D]. 成都：西南交通大学，2018.

# 第 6 章

# 基于第三方云平台的配件价值链协同业务科技资源

## 6.1 面向配件代理商的库存管控业务科技资源

### 6.1.1 配件价值链协同云平台下的库存管控技术需求分析

在新一代信息技术和制造业融合的大背景下,工业互联网必然会成为指导工业发展的新趋势。从汽车制造厂的角度出发,依托工业互联网平台——产业价值链协同平台,提供跨链协同搜索功能,其需求分析如下。

#### 1. 配件跨链协同搜索

选用 TJ 和 WP 两家汽车制造厂所处的企业价值链和 YC 厂配件作为配件跨链协同搜索的数据来源。一般来讲,因为存在利益冲突和竞争关系,汽车企业之间的跨链协同搜索是很困难的,但 TJ 和 WP 两家汽车制造企业都在同一平台中,为信息的共享提供了前提条件;同时,YC 厂为 TJ 和 WP 两家汽车制造厂提供配件,使不同的汽车制造厂间可以进行配件跨链协同搜索。对于 WP 厂的配件库存信息,在平台中可以找到中转库的库存数据，因此当操作人员在 TJ 和 WP 两家汽车制造厂对于相同配件做出了正确的匹配时，TJ 汽车制造厂可以搜索 WP 中转库中 YC 配件的库存情况，由此可以寻求更深层次的配件跨链协同，来实现通过不同供应链的协同，达到库存管控的目的。图 6-1 所示为本节所搜索的配件跨链协同模式。

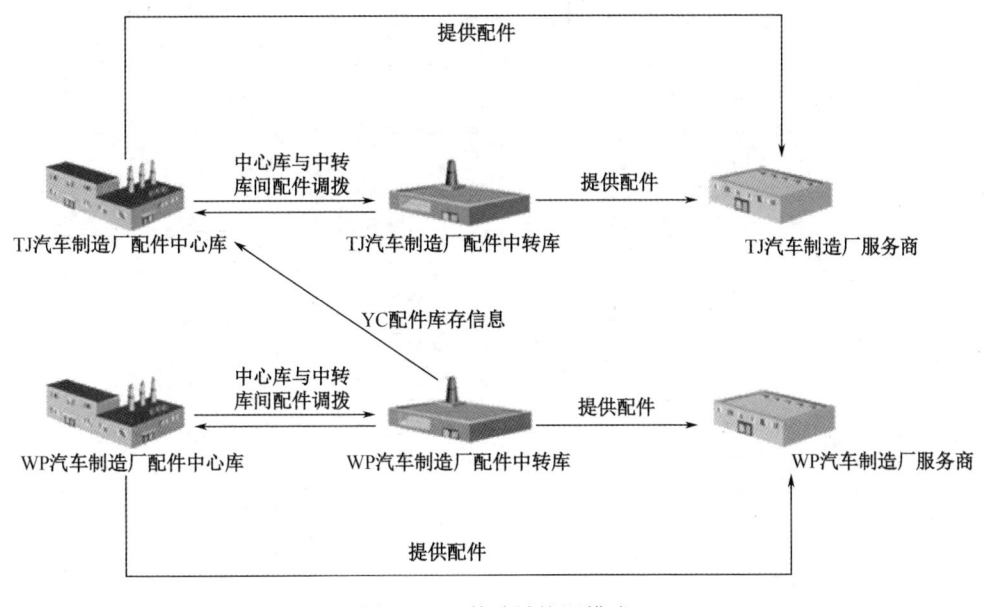

图 6-1 配件跨链协同模式

### 2. 基于平台数据空间的专业库设计

数据来源是汽车产业价值协同云平台的配件数据空间，因此需要对平台数据空间中的数据进行分类、过滤和抽取。专业库设计目标是借助平台配件数据空间的数据共享优势，从 TJ 和 WP 两家汽车企业中抽取出与本研究相关的数据来构建本节的专业库，基于数据库作业的方法从配件数据空间中提取数据，保证配件数据空间和专业库同步更新。专业库可分为数据分析库和跨链数据库。

## 6.1.2 面向配件代理商的库存管控业务流程设计

图 6-2 展示了配件跨链协同搜索业务流程图，下面是具体步骤。

Step1：从 TJ 服务商或中转库开始，TJ 服务商或中转库查看自身库存是否有相关配件，如果找到相关配件，那么流程结束。如果没有找到相关配件，进入 Step 2。

Step2：服务商或中转库自身库存缺件，填写采购计划单，提交给 TJ 汽车制造厂。

Step3：汽车制造厂登录系统，查看配件采购计划单，确定要查找的配件。

Step4：TJ 汽车制造厂首先在自身企业价值链内查找相关配件，如果找到，则进行配件物流，进入 Step7；如果在自身企业价值链内没有找到相关软件，则进入 Step 5。

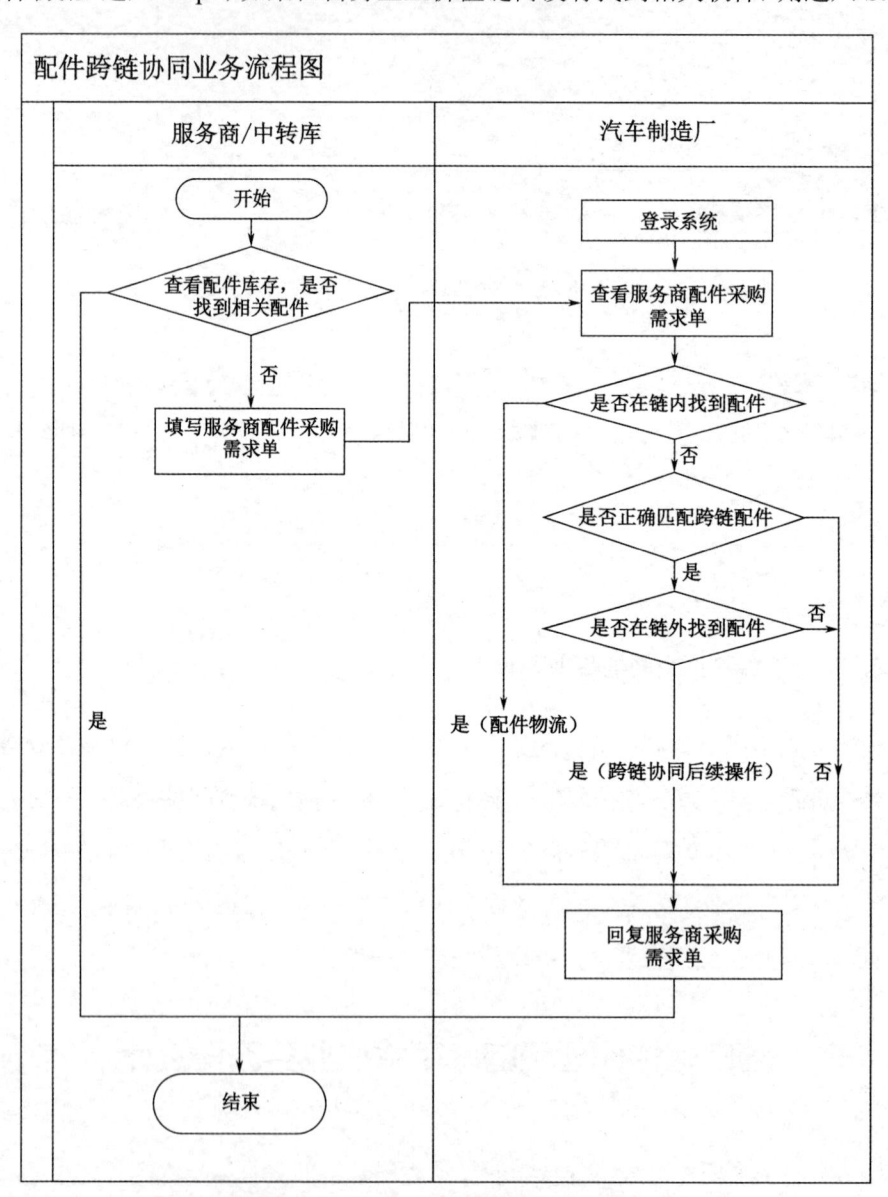

图 6-2　配件跨链协同搜索业务流程图

Step5：汽车制造厂输入急缺配件的名称和规格，系统会在两条价值链内搜索出最匹配的十个配件，若配件正确匹配，则进入下一步，否则，直接进入Step7。

Step6：TJ汽车制造厂搜索缺失配件在WP企业价值链内的库存情况。如若找到，则进行跨链协同的后续操作，并进入Step7，否则直接进入Step7。

Step7：根据缺失配件的库存搜索结果，对配件采购计划单进行审核与回复。

## 6.1.3 面向配件代理商的库存管控业务科技资源构建

面向配件代理商的库存管控业务科技资源是在汽车产业价值链协同云平台上进行扩展开发的，根据软件设计原则的先进性原则、标准化原则、健壮性原则和拓展性原则，使用了服务器和浏览器结构即B/S架构，降低用户的使用成本，考虑到平台兼容性、高内聚低耦合、团队开发等需求，这里使用了经典的三层架构模式。平台集成所开发的程序，可以对用户进行权限管理，具有较高的可重用性和拓展性。三层架构包括用户表示层（User Interface Layer，UIL）、数据访问层（Data Access Layer，DAL）和业务逻辑层（Business Logic Layer，BLL），总体架构如图6-3所示。

### 1. 数据访问层（DAL）

数据访问层也称为持久层，这一层主要是为业务逻辑层提供相关的数据服务。DAL通过工具类SqlHelper对数据库中相关业务数据进行查询和返回，主要接收来自业务逻辑层的相关指令，并对数据库进行相应操作，包括增删、查改等，并将结果返回到业务逻辑层。

### 2. 业务逻辑层（BLL）

在业务逻辑层需要完善相关的业务模块。业务逻辑层的作用是接收由前端也就是用户表示层传过来的参数，并对参数进行相应的业务逻辑代码处理，如有需要，对数据库发指令，并对数据库进行操作，对数据库进行操作后，将一些返回值送回前端用户展示层。

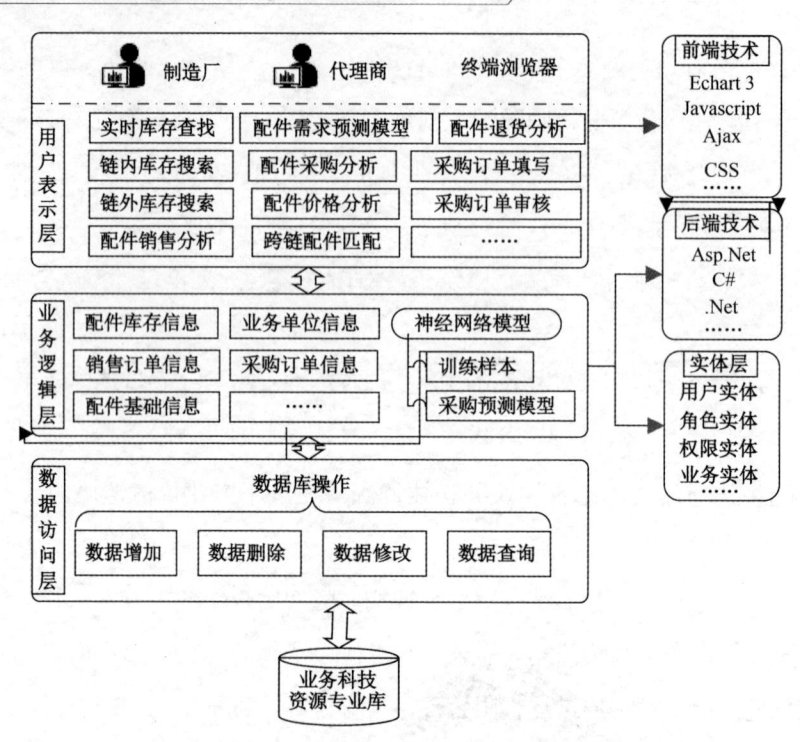

图 6-3　面向配件代理商的库存管控业务科技资源总体架构

### 3. 用户表示层（UIL）

该层是与用户直接交互的一层，主要接收用户输入的参数并将业务逻辑层处理后的数据显示到用户界面。前端界面数据可通过 Echarts 图显示，Echarts 可通过柱状图、条形图等各种分析图使用户对数据有一个更加直观的认识与感受。

## 6.1.4　支持配件代理商库存管控业务科技资源的搜索模型

### 1. 文本相似度算法——BM25 算法

配件跨链协同搜索的重要基础是基于自然语言处理的配件跨链匹配。在进行自然语言处理的过程中，经常会涉及如度量两个文本之间的相似性的问题。而在配件跨价值链库存管控搜索过程中，在不同的汽车制造厂中，相同配件的名称、编码和规格可能是不同的，因此，在不同的企业价值链中，要选择相同配件，在输入相关配件信息后，从不同企业价值链数据库中匹配出相似度最高的配件，可以将此问题抽象为计算两个文本相似度的问题。文本是一种高维的语义空间,如何对其进行抽象分解,从而在数学角度去量化其相似性,本节将详细介绍 BM25 算法来为文本之间相似度问题提供一个解决方案。BM25 算法是基于二元独立模型的改进,为了更好地理解 BM25 算法,将首先介绍概率排序原理和二元独立模型。

(1) 概率排序原理

对于一个搜索请求,如果检索框架能把最符合用户搜索内容的文档放在最前面返回给用户,而把不符合用户搜索内容的文档放在后面,那么这个检索系统就有良好的准确性,这是概率排序的基本思想。概率排序是一种直接对用户搜索进行建模的方法,具体为依据用户搜索的内容,将数据库中的文档划分为两个种类,即不相关文档与相关文档,这样就将匹配问题变为一个分类问题。对于样本文档 $D$,样本的不相关概率用 $P(NR|D)$ 表示,样本的相关概率用 $P(R|D)$ 表示,使用贝叶斯规则重写,则相关性概率和不相关概率分别表示为:

$$P(R|D) = \frac{P(D|R)P(R)}{P(D)} \tag{6-1}$$

$$P(NR|D) = \frac{P(D|NR)P(NR)}{P(D)} \tag{6-2}$$

如果相关性概率大于不相关性的概率,那么说明搜索内容和目标文档是相关的,可表示为:

$$\frac{P(D|R)P(R)}{P(D)} > \frac{P(D|NR)P(NR)}{P(D)} \tag{6-3}$$

分母 $P(D)$ 是相等的,对于同一篇文档,可继续对式(6-3)进行化简:

$$\frac{P(D|R)}{P(D|NR)} > \frac{P(NR)}{P(R)} \tag{6-4}$$

此模型将搜索内容与文档的匹配问题变为二值分类问题,将文档按 $P(R|D)/P(NR|D)$ 的值降序排列可以得到搜索结果依据相关性评分的高低排序。如何计算 $P(D|NR)$ 与 $P(D|R)$ 的值,二元独立模型提供了解决办法。

(2) 二元独立模型

语汇是用户搜索的内容经过分词器分割后的词汇,在相关的文档中也有该语汇的概率为 $p_i$,没有出现该语汇的概率为 $s_i$,那么 $P(R|D)/P(NR|D)$ 的值可以用下面的

公式表示：

$$\frac{P(D|R)}{P(D|NR)} = \prod_{i:d_i=1} \frac{p_i}{s_i} * \prod_{i:d_i=0} \frac{1-p_i}{1-s_i} \quad (6-5)$$

将语汇在目标文档中出现的概率相乘，用 $\prod_{i:d_i=1} x$ 表示，将语汇不在目标文档出现的概率相乘，用 $\prod_{i:d_i=0} x$ 表示，对上面的公式继续进行等价变换，则得到：

$$\frac{P(D|R)}{P(D|NR)} = \prod_{i:d_i=1} \frac{p_i}{s_i} * \left( \prod_{i:d_i=1} \frac{1-s_i}{1-p_i} * \prod_{i:d_i=1} \frac{1-p_i}{1-s_i} \right) * \prod_{i:d_i=0} \frac{1-p_i}{1-s_i} \quad (6-6)$$

$$= \left( \prod_{i:d_i=1} \frac{p_i}{s_i} * \prod_{i:d_i=1} \frac{1-s_i}{1-p_i} \right) * \left( \prod_{i:d_i=1} \frac{1-p_i}{1-s_i} * \prod_{i:d_i=0} \frac{1-p_i}{1-s_i} \right) \quad (6-7)$$

$$= \prod_{i:d_i=1} \frac{p_i*(1-s_i)}{s_i*(1-p_i)} * \prod_i \frac{1-p_i}{1-s_i} \quad (6-8)$$

对于化简后的式（6-8），$\prod_i \frac{1-p_i}{1-s_i}$ 这部分的值对于集合中任一文档中的值都是固定的，因为 $p_i$ 和 $s_i$ 都是与数据集整体有关的数据，去掉后不会对排序结果造成影响。文档的相关性就可以得到估算公式：

$$\frac{P(D|R)}{P(D|NR)} = \prod_{i:d_i=1} \frac{p_i*(1-s_i)}{s_i*(1-p_i)} \quad (6-9)$$

由式（6-9）取对数，基于计算方便的考虑，可以得到相关性的计算公式为：

$$\sum_{i:d_i=1} \log_2 \frac{p_i*(1-s_i)}{s_i*(1-p_i)} \quad (6-10)$$

用表 6-1 中的公式与数据来估算单词的概率。

表 6-1 单词概率的估算文档

|  | 相关文档 | 不相关文档 | 文档数量 |
|---|---|---|---|
| $d_i=0$ | $R-r_i$ | $(N-R)-(n_i-r_i)$ | $N-n_i$ |
| $d_i=1$ | $r_i$ | $n_i-r_i$ | $n_i$ |
| 文档数量 | $R$ | $N-R$ | $N$ |

假设数据符合二元独立模型，则语汇在相关文档中出现的概率为 $p_i = \frac{r_i}{R}$，语汇不在相关文档集中出现的可能性为 $s_i = \frac{n_i - r_i}{N - R}$。而在这两个公式中，$r_i$ 可能等于 0，因此对这两个公式进行平滑处理，处理后的公式为：

$$p_i = \frac{r_i + 0.5}{R + 1} \quad (6-11)$$

$$s_i = \frac{n_i - r_i + 0.5}{N - R + 1} \quad (6\text{-}12)$$

将式（6-11）和式（6-12）带入所得到的最新文档计算相关度公式中，得到相关性计算公式为：

$$\sum_{i:q_i=d_i=1} \log \frac{(r_i+0.5)/(R-r_i+0.5)}{(n_i-r_i+0.5)/((N-R)-(n_i-r_i)+0.5)} \quad (6\text{-}13)$$

将用户的查询语句经过分词器切分后所得的词语与文档集合进行对比，把所有词语的相关度进行求和，所得数值即为文档集合与查询语句的相关度。

（3）BM25 算法原理

在二元独立模型中，语汇在相关文档中出现的可能性有时不能反映此语汇的重要性。因此在模型建立时，引入一些经验参数并加入语汇在目标文档与查询请求中的权重，该模型的表达式为：

$$\sum_{i \in Q} \log \frac{(r_i+0.5)/(R-r_i+0.5)}{(n_i-r_i+0.5)/(N-n_i-R+r_i+0.5)} * \frac{(k_1+1)f_i}{K+f_i} * \frac{(k_2+1)qf_i}{k_2+qf_i} \quad (6\text{-}14)$$

式（6-14）中，第一部分是二元独立模型的计算得分，第二部分是语汇在文档集合的权重，$f_i$ 与 $k_i$ 分别是语汇在文档中出现的可能性与经验参数，$k_1$ 的设定值一般为 1.2，可灵活调节。第三部分是搜索语句的权重划分，$qf_i$ 是语汇在搜索语句中的频率，$k_2$ 的值一般在 0 到 1 000 之间，也可以灵活调节。在第二部分中，参数 $K$ 的计算公式为：

$$K = k_1 * \left( (1-b) + b * \frac{dl}{avdl} \right) \quad (6\text{-}15)$$

在式（6-15）中，$b$ 的值一般为 0.75，是调节参数。avdl 与 dl 分别是所有文档平均长度和单一文档长度，$k_1$ 如上所述，一般取 1.2。文档长度、调节因子、语汇出现频率和全局文档集合参数 IDF 影响 BM25 算法的搜索效果。数据库中的所有文档，按照上述公式进行计算，并将计算后的数值按大小进行排序，就可得到文档的相关度排序。

2. ELK 框架

ElasticSearch（5.5 版本）文本与数据库记录的匹配算法为 BM25 算法，同时也会涉及将 SQL Server 数据库中的数据提取到 ElasticSearch 中及分词器的分词效果的显示等问题。因此配件的跨价值链库存管控搜索可选择 ELK 框架。

### 3. 配件跨链匹配方法的实现

配件跨链的正确匹配是进行配件跨链协同的前提，若不同价值链内配件匹配正确，TJ 汽车制造厂可搜索 WP 中转库 YC 配件的库存数据。图 6-4 展示了配件跨链匹配方法的实现原理与配件跨链协同搜索的流程。

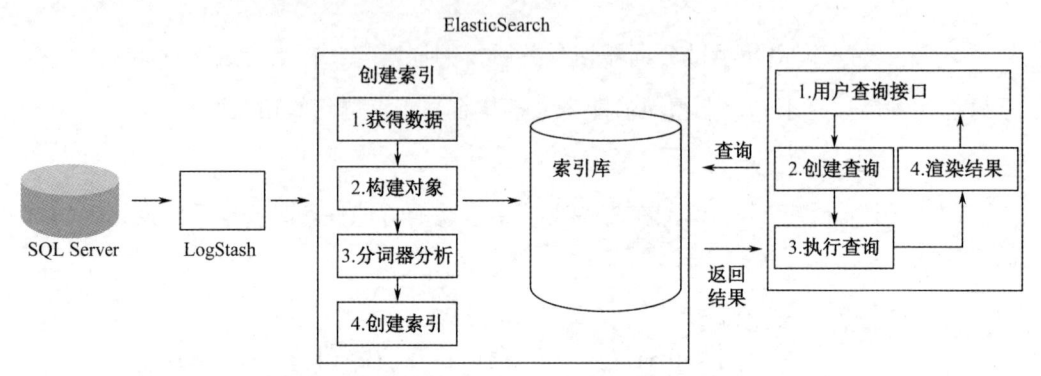

图 6-4 配件跨链匹配方法的实现原理与配件跨链协同搜索的流程

下面是具体步骤。

Step1：选出可以进行跨链的汽车制造厂，如 TJ 和 WP 汽车制造厂，同时选出 YC 厂配件中可进行跨链的配件。

Step2：选择汽车制造厂和跨链配件之后，需要建立跨链配件数据库。在这个过程中，首先需要进行的操作是数据采集，即从原始平台中的 SQL Server 数据库中将数据转移到跨链配件数据库 ElasticSearch 中。

Step3：存储跨链配件的数据库为 ElasticSearch，可以提供相同配件在不同企业价值链中进行匹配的解决办法，同时还提供容错的智能搜索功能。ElasticSearch 存储的数据是 TJ 和 WP 两条企业价值链上关于 YC 厂配件的名称与规格。获取源数据的目的是为了创建索引，而在创建索引之前，要将数据构建成文档（Document），文档中包括域（Field），可以用来存储数据。在 ElasticSearch 存储引擎中，创建一个名为 assemindex 的索引，这个索引中的数据是跨链配件数据，在这个索引下有两个 type，分别为 tjassemtype 和 wpassemtype，用来存储 TJ 和 WP 两条企业价值链上关于 YC 厂的配件，文档结构如图 6-5 所示。其中 AssemSpec 下的 Value 值 XX 表示为某配件供应商的名称。第一个域为配件名称，第二个域为配件规格，配件的规格为非结构化数据，规格中混合了英文数字和一些其他信息，因此在本节的案例中，适用于建立全文索引。

```
Document（文档）
  ┌─────────────────────────────┐  ┌─────────────────────────────┐
  │ Field（域）                 │  │ Field（域）                 │
  │ Name: AssemName（配件名称） │  │ Name: AssemSpec（配件规格） │
  │ Value: 发动机总成           │  │ Value: XXYC4D130            │
  └─────────────────────────────┘  └─────────────────────────────┘
```

图 6-5　跨链数据库的文档结构

**Step4**：构建文档对象之后，需要配置分词器，然后创建索引，对文档中得到的语汇单元进行索引，最后从数据库中搜索被索引的语汇单元，得到相应的文档。这种通过语汇单元查找文档的形式叫作倒排索引。倒排索引也称为反向索引，包含文档与索引两个部分。索引即词汇表，规模较小；而文档集合则比较大。到此 ElasticSearch 的索引库，即跨链配件数据库建立完毕。

**Step5**：接下来，用户进入页面的查询接口，输入要搜索的内容。由于配件名称不能唯一确定配件，例如，名称同为发动机总成，但发动机总成有不同型号，适用于不同的车型，而且在配件跨链协同中，需要在不同的企业价值链中确定相同的配件来进行跨链协同，如果是不同的配件，其他企业价值链中的配件无法适用本企业价值链中的服务商。因此产生了相同配件的跨链匹配的问题。

首先确定在平台的 TJ 和 WP 的配件数据表中，配件的编码可以唯一确定一个配件，但在不同企业价值链中，相同配件的编码是不同的，用户在进行搜索往往只知道自身企业价值链内配件编码，不清楚另一条企业价值链上的配件编码。经过观察平台中的配件基础数据，配件的名称和配件的规格这两个字段也可以唯一确定一个配件，YC 厂同时为 TJ 和 WP 两家汽车制造厂提供配件，两家汽车制造厂的配件数据库中都有较详细的关于 YC 厂配件名称与规格的描述。因此，构建跨链配件数据库，可以选择 YC 厂及其相关配件，并将配件的名称和配件的规格作为配件跨链数据库 ElasticSearch 中的两个域。操作人员此时只要确保在输入信息中包含配件的名称与规格即可。在本例中操作人员的输入为"YC 厂的发动机总成规格为 YC4D130"。

**Step6**：ElasticSearch 会首先使用分词器对搜索内容进行分词操作，过滤掉停用词，同时匹配得到相关语汇。ElasticSearch 会找到在 AssemName 和 AssemSpec 两个 Field 中包含相关语汇的文档，并通过 BM25 算法对相关文档进行匹配度打分，得分越高则证明文档与搜索内容越匹配，然后选择 TJ 和 WP 两个不同企业价值链中与搜索内容最匹配的十条记录供操作人员选择。如图 6-6 所示为在两条企业价值链所匹配出的最相近的十条配件。

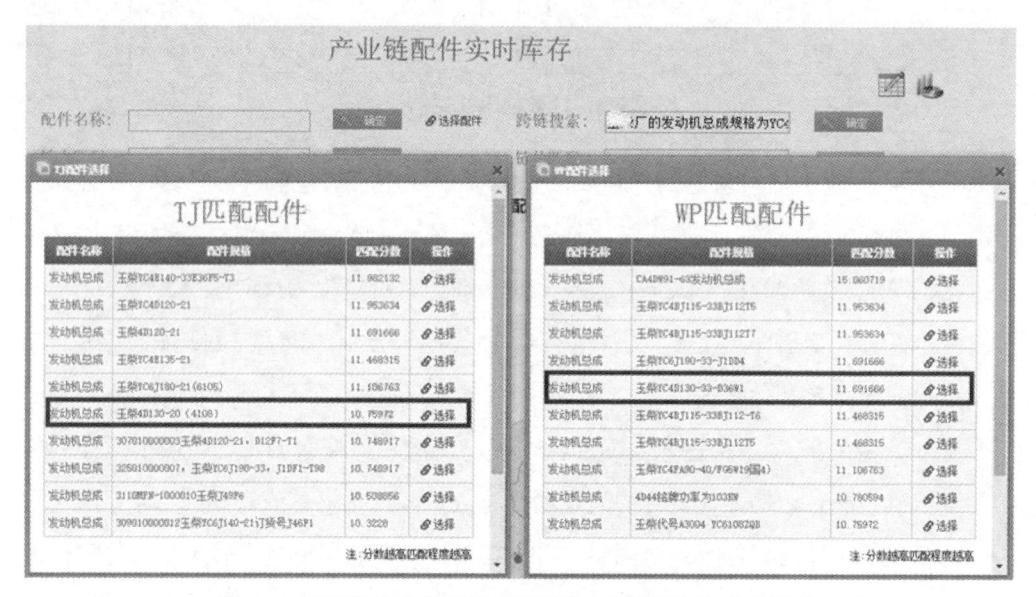

图 6-6　在两条企业价值链中所匹配出的最相近的十条配件

Step7：操作人员选出 TJ 链内匹配的配件查看库存，之后再选出 WP 链内匹配的配件查看库存。

## 6.1.5　面向配件代理商的库存管控业务科技资源应用案例

在进入配件跨链搜索模块后，TJ 汽车制造厂操作人员首先可以对自身企业价值链配件的库存情况进行查询，有火花塞这种配件的服务商将在 Echarts 地图中显示。

颜色较深的点表示该 TJ 服务商库存量较多，颜色较浅则相反。但是只输入配件名称不能唯一确定这种配件。如图 6-7 所示为石家庄某汽车服务商火花塞配件的具体库存情况。可以看到有三种不同规格的火花塞，以及它们的库存数量和价格，这时可通过配件名称和配件规格来确定所需要的是哪种火花塞。

图 6-7　石家庄某汽车服务商火花塞配件的具体库存情况

单击页面右上角的图表分析按钮，可以查看火花塞这种配件在 TJ 企业价值链内配件库存数量最多和最少的 10 家服务商，以柱状图的形式展现并显示出具体的库存数量，如图 6-8 所示。

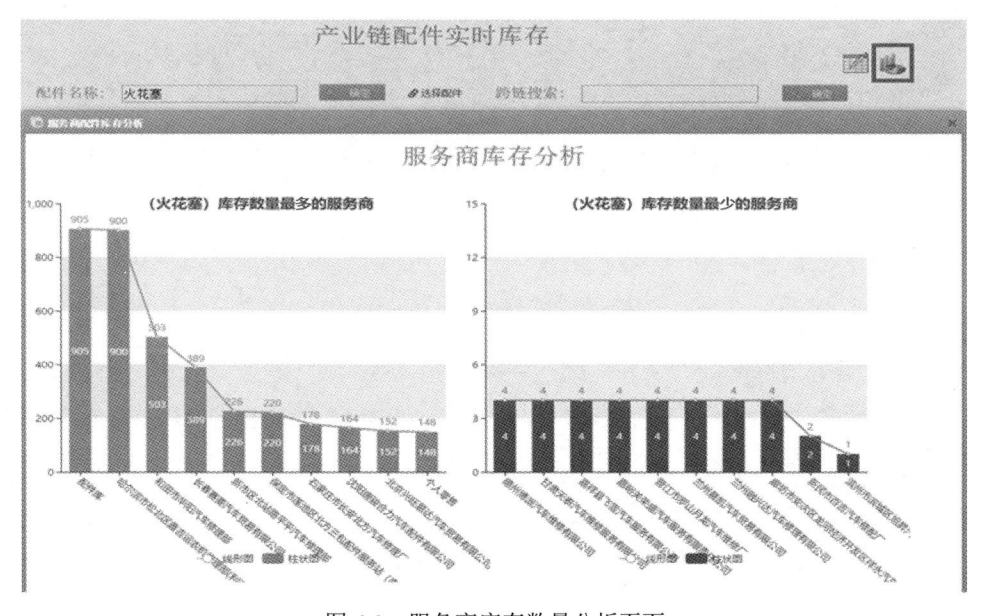

图 6-8　服务商库存数量分析页面

若配件正确匹配，TJ 汽车制造厂可查看到 WP 中转库 YC 厂配件的库存情况。首先进行的操作为跨链配件匹配，如图 6-9 所示为在跨链搜索框中输入配件的名称和规格，之后会根据跨链搜索的内容显示出在 TJ 企业价值链和 WP 企业价值链中最匹配的十条配件信息。在本例中输入的搜索内容为"××厂的发动机总成规格为 YC4D130"，其中"××"为配件供应商名称。

图 6-9  配件的跨链搜索与匹配

查询 TJ 企业价值链内关于发动机总成的匹配配件，已知输入发动机总成的规格为 YC4D130，因此已经匹配出来正确的配件，如图 6-9 线框内所示，单击操作栏下的选择按钮，此配件将出现在链内匹配的搜索框中。

若 TJ 企业价值链内并没有此配件，则需要在 WP 企业价值链内查找。选择线框中匹配出的正确配件，配件的名称和规格将出现在链外搜索框中，单击确定搜索在 WP 企业价值链内此配件的库存情况，如图 6-10 所示。

可以看到，在 WP 企业价值链已经找到关于发动机总成（YC4D130）库存，可以根据此信息来继续配件跨链协同业务方面的操作。

图 6-10 WP 链内发动机总成（YC4D130）的库存情况

## 6.2 面向配件代理商的配件需求预测业务科技资源

### 6.2.1 面向配件代理商的配件需求预测业务需求分析

在汽车产业链协同平台现有配件销售模式中，配件代理商处于配件销售链的中下游位置，通过向上游制造厂或者是供应商采购配件，存储在自身库存中，然后在下游服务商提交采购需求时向其销售，通过配件的价格差获取利润。全面了解自身配件的销售情况及准确地预估下阶段配件的市场需求量是配件代理商合理制定配件销售决策的基础，而合理的配件销售决策及高效的库存管控是保证配件及时供货并减少库存积压的前提。针对这一问题，对配件需求量预测及库存管控提出了相应的解决方案，配件协同销售系统使销售业务从传统的人工经验制定配件需求量及相关销售决策，过渡到通过需求预测模型及相应数据分析方法进行科学制定。但是从实用效果、数据来源等方面纵观现有配件协同销售系统，配件代理商用户仍然存在以下需求。

### 1. 代理商需要综合对比来源于多家制造厂的配件销售及库存等信息

为了扩大自身规模，配件代理商企业往往同时代理了多家整车制造厂的配件销售业务，即加入多个以整车制造厂为核心的汽车产业联盟。代理商企业使用的配件销售系统通常是一个汽车产业联盟对应一个系统，配件销售系统仅仅能查看来源于该联盟内制造厂的配件销售业务的相关数据，如需查看其他制造厂配件的相关信息，则需要切换系统登录，为用户的操作带来不便。所以代理商需要一个能方便地同时查看各家制造厂配件销售详情的系统，该系统也能综合对比各家制造厂配件的销售数量和利润等信息，进而提高多链数据的利用率。

### 2. 代理商需要及时了解库存中配件的急缺滞销情况

当库存中存储较多的备货时，将可能会产生库存积压件并占用大量流动资金；然而存储的配件较少，则可能无法及时响应下游服务站的配件采购需求，从而影响用户售后体验。代理商用户在配件销售业务中，为了增加整体利润，需要在提高配件供货及时率与减少库存资金占用两个方面寻求平衡。但是由于对下阶段配件市场需求预估不准确，库存中难免存在急缺配件或者是滞销配件，所以代理商用户需要及时了解当前库存中存在异常的配件，以便对其采取相应的处理措施。

### 3. 代理商需要准确高效地制订下阶段配件采购计划

合理高效的配件采购可以从根本上解决配件滞销与急缺现象的发生，精准的配件市场需求量预测是高效准确地制订配件采购计划的必要依据。由于数据来源较为单一、特征复杂冗余及模型预测性能欠佳等原因，平台上现有的配件协同销售系统需求预测功能的准确度较低，不能较好地用于指导配件采购计划。通过整合处理多价值链业务数据资源，在扩大训练数据规模的同时优化需求预测模型，以便提高需求预测的准确性，进而为代理商制订合理高效的配件采购计划。

#### 4. 代理商需要与上下游企业进行有效的数据共享

当前代理商使用的配件销售系统仅能够对代理商用户自身的销售及库存数据进行展示，为了及时掌握当前配件销售情况是否正常并预估下阶段各配件市场需求量，仅仅通过分析历史配件销量的变化趋势是不足够的，代理商用户还需要了解自身销售的配件发生故障的概率（即配件故障率）及自身配件销售版图内的适配车型保有量（即整车保有量）等数据。其中前者可以通过服务商的配件维修鉴定数据获取，后者可以通过核心整车制造厂的整车销售数据获取。通过对比当前自身配件销量与配件故障数量及整车保有量，代理商可以发现是否有配件的销售现状出现异常，从而及时发掘异常产生的原因并采取相应的处理措施。同样的，代理商用户也可以在一定的条件约束下，将自身的部分业务数据与数据分析结果提供给上下游企业（制造厂与服务商），供上下游企业参考。

### 6.2.2 面向配件代理商的配件需求预测业务流程设计

当代理商预测某配件市场需求量时，首先选取预测配件、时间与区域及模型训练特征，然后构建数据集并进行预处理，之后设置模型超参数并训练模型，最后保存合格的预测结果并查看。其中用户可以选取单链条数据为单链服务，选取某单链条，利用单链业务数据进行该链条配件市场需求量进行预测。用户还可以利用多价值链整合数据资源，利用多链条综合预测模型，对多链条下游市场配件需求总量进行预测。其中单链数据为链内服务、多链数据为多链服务的配件需求量预测具体流程分别如图 6-11 和图 6-12 所示。

### 6.2.3 面向配件代理商的配件需求预测业务科技资源构建

配件代理商多链数据服务系统运行于汽车产业链协同平台上，以包含代理商多价值链业务协同数据的专业库作为数据来源，在多价值链管控的基础上结合全链条搜索，多时态控制等业务支撑技术，对代理商链内和多链数据进行数据分析，并且运用数据分析结果为配件代理商销售管理相关的决策提供数据支持。为了提高模块的可重

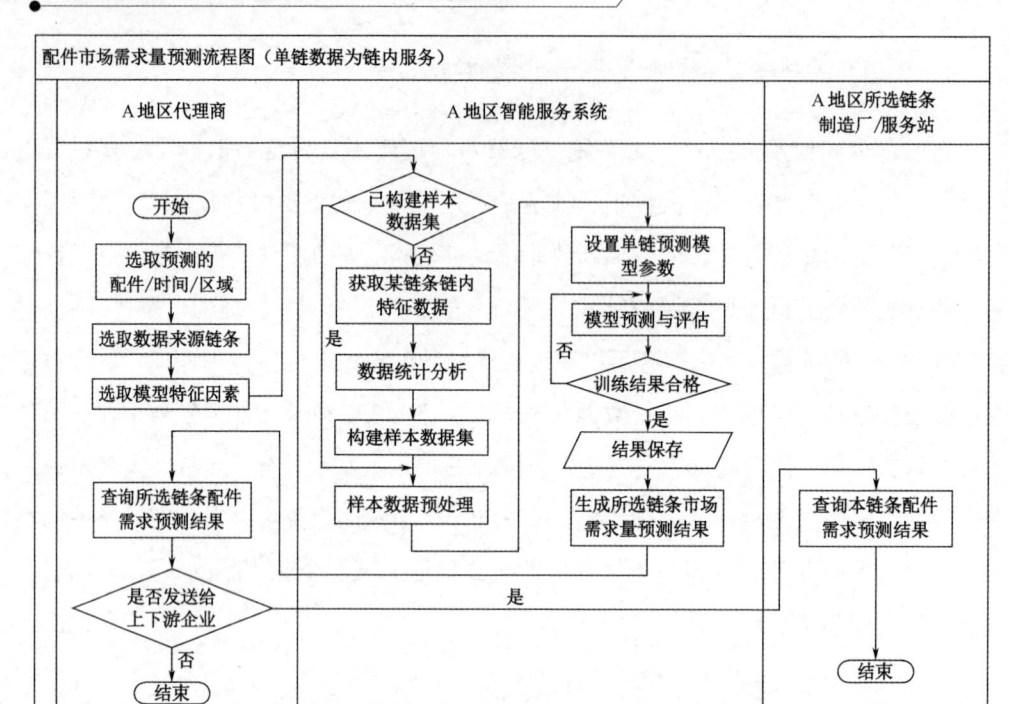

图 6-11  单链数据为链内服务的配件市场需求量预测流程图

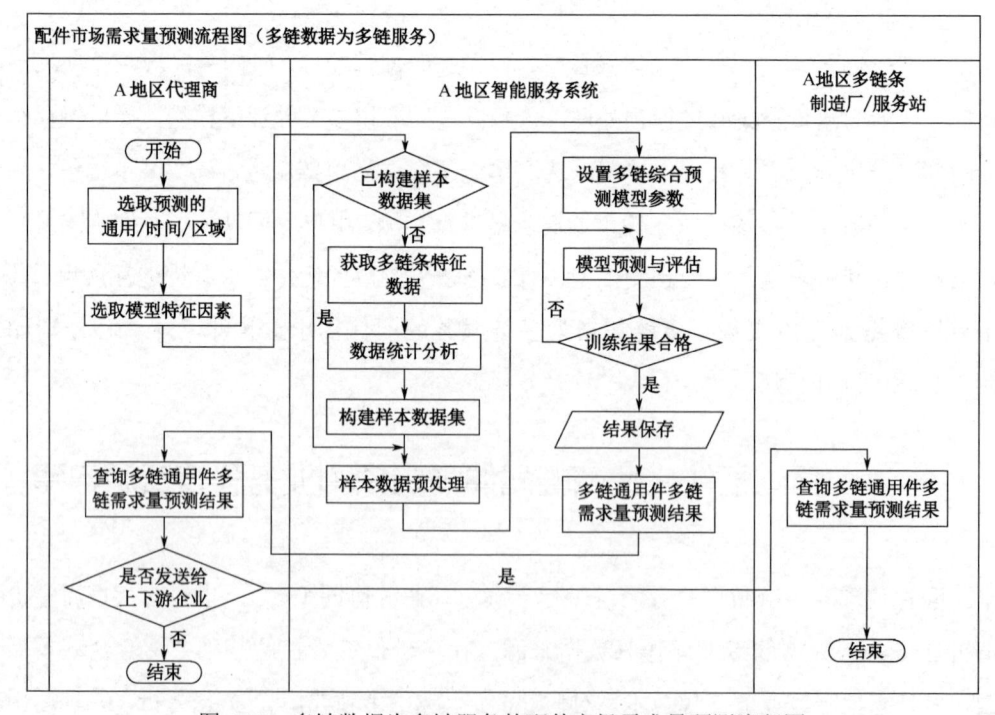

图 6-12  多链数据为多链服务的配件市场需求量预测流程图

用性和系统的可扩展性,以便于后期系统的开发部署和升级维护,本系统基于 B/S 模式(即浏览器/服务器模式),采用经典的三层架构。将系统按照数据访问层、业务逻辑层及用户表示层进行三层划分,分层的目的在于实现了高内聚、低耦合,使系统的结构更加清晰,层与层之间的依赖减小,单层的更新不会影响到其他层,使系统具有较好的安全性及健壮性。

### 1. 数据访问层

数据访问层位于系统的底层,也叫持久层,主要作用是对数据库进行访问,该层基于 ADO.NET 技术和 SqlHelper 数据库访问程序库,对数据库访问的基本操作如新增、删除、修改、查询等操作进行封装,接收上层业务逻辑层的指令,以提供数据库访问接口的方式,与业务逻辑层进行数据交互。该层不需判断数据的可用性和正确性,不需进行任何业务逻辑处理,仅仅为上层业务逻辑层提供与数据库进行数据交互的接口。

### 2. 业务逻辑层

业务逻辑层位于三层架构的中间,是系统的核心部分,主要功能是接收上层的事件请求,将事件请求转换为数据请求发送给下层数据访问层之后,对下层返回的原始数据进行清洗、处理、分析与统计,并完成各类算法的实现及业务流程的逻辑处理,最后根据上层的请求返回规范化处理之后的响应数据。整个过程涉及数据验证、数据清洗、数据统计分析、相关算法的实现和复杂业务逻辑的判断。

### 3. 用户表示层

用户表示层位于三层架构的最顶层,也叫作接口层,主要用于接收前端界面用户的操作请求和输入,该层将用户请求简单处理后发送给下层业务逻辑层进一步进行业务逻辑处理,然后将下层返回的响应数据渲染之后,以图表可视化的方式呈现给用户。其中用户接口层使用的前端技术,需要对用户输入数据的有效性和安全性进行验证。

综上,面向配件代理商的配件需求预测业务科技资源总体架构,如图 6-13 所示。

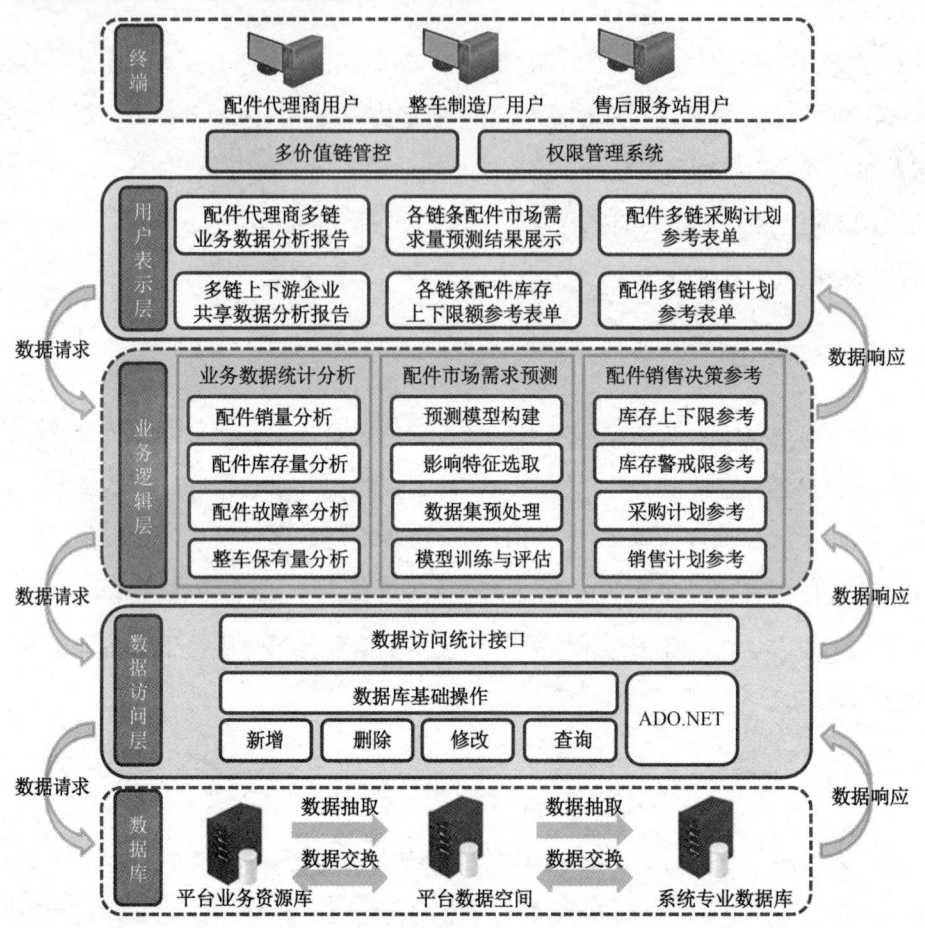

图 6-13 面向配件代理商的配件需求预测业务科技资源总体架构

## 6.2.4 支持配件代理商配件需求预测业务科技资源的预测模型

配件市场需求量是配件代理商进行销售相关决策制定的重要参考依据,为了提高配件市场需求量预测的精度,研究预测模型的可行性与高效性是必不可少的。本节构建了一种配件市场需求量预测模型,该模型是由 ARIMA(差分自回归移动平均模型)、LSTM(长短时间记忆模型)和 XGBoost(极端梯度上升模型)三种预测算法组成的混合预测模型。其中,预测模型的数据来源为代理商用户在汽车产业链协同平台上多链条的配件历史销售数据及销量影响特征数据(如配件故障率、配件适配车型整车保有量等),多链条数据有利于模型更好地挖掘数据中蕴含的规律与信息,从而达到增加配件市场需求量预测精度的目的。

ARIMA-LSTM-XGBoost 组合预测模型基于三个单一组件模型，将各单一组件模型的预测结果进行加权求和得到最终预测结果。不同于传统通过人为经验设置或者简单的计算公式对各组件模型预测结果之间的权重进行赋值，而是选择使用 LSTM 自学习模型对各个组件模型预测结果复杂的关系进行拟合。该组合模型构建如图 6-14 所示。

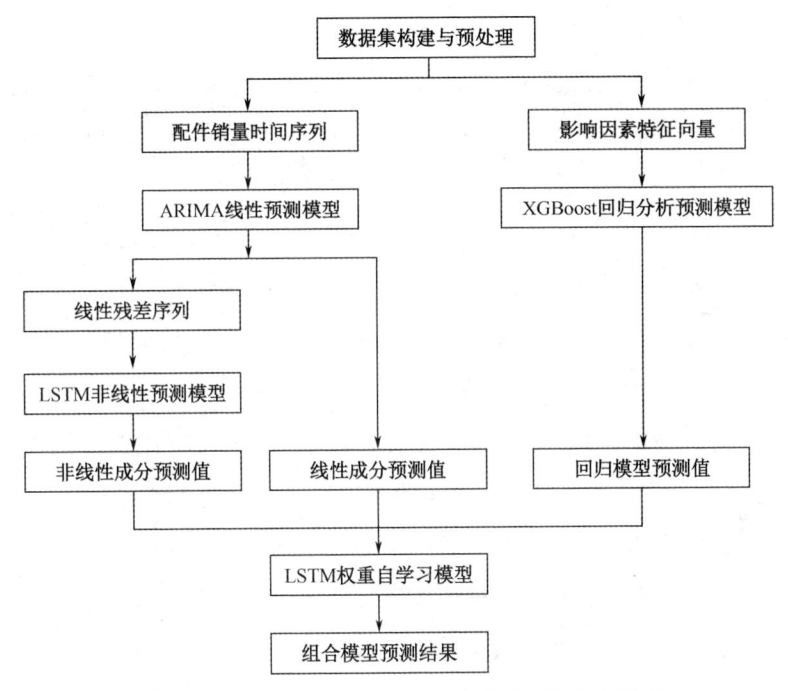

图 6-14  ARIMA-LSTM-XGBoost 组合预测模型构建

各组件模型预测结果之间权重的赋值通过 LSTM 神经网络进行自学习。LSTM 模型的构建过程首先是对模型输入数据进行预处理，处理过程与前文类似，模型的网络结构依然是三层网络结构，其中，LSTM 自学习模型的输入数据为三个单一组件模型的预测结果，所以输入层节点个数为 3，输出数据为最终的配件市场需求量预测值，所以输出层节点个数为 1。接下来设置模型的超参数，其与 LSTM 组件模型基本类似。同样选择 ReLU 为模型激活函数，均方误差 MSE 为模型损失函数，模型训练优化器选取 Adam。在自学习 LSTM 模型的训练过程中，将单一模型的预测结果序列作为训练数据，模型的迭代次数 epochs 设为 50 次，batch_size 设置为 16，为了防止模型训练过程中出现过拟合现象，将模型的 dropoup 丢失率也设置为 0.25。

### 6.2.5 面向配件代理商的配件销售预测业务科技资源应用案例

面向配件代理商的配件销售预测业务科技资源首先利用数据分析结果生成配件市场需求量预测特征数据集，然后构建需求预测组合模型，利用特征数据集训练样本并预测下一时段配件市场需求量，根据预测结果生成配件销售计划单及代理商库存中各配件库存限额参考表单，最后结合当前库存中各配件实际存量，筛选出需要采购的配件生成配件采购清单，为代理商销售决策提供数据支持。

配件代理商销售管理决策支持功能包括配件市场需求量预测、配件库存限额参考及配件采购计划参考表单等几部分。

如图 6-15 和图 6-16 所示，用户可以选择需要预测的配件为单链特有配件或者是多链通用配件，然后通过 URL 调用服务器上的 python 脚本并利用传递的特征参数训练预测模型，得到预测结果，通过 AJAX 异步响应由 JSON 格式传递给前端解析，最后绑定到 Echarts 图表上展示结果。由于模型训练时间较长，造成结果显示所需时间较长，为了保证用户体验，通常采用保存模型的方式提供响应时间。由于特征数据集的时间序列是以周为单位，所以如果两次预测时间间隔不超过一个星期，并且参数变化不大，则认为两次预测结果一致，即直接使用保存的模型进行结果的预测。

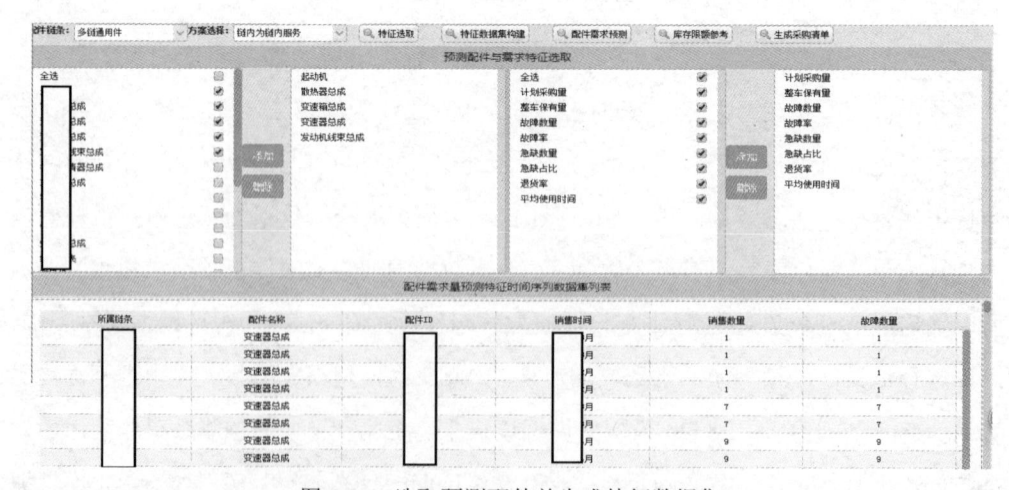

图 6-15　选取预测配件并生成特征数据集

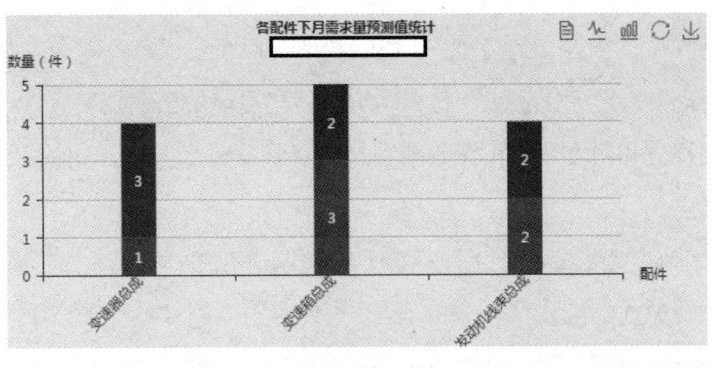

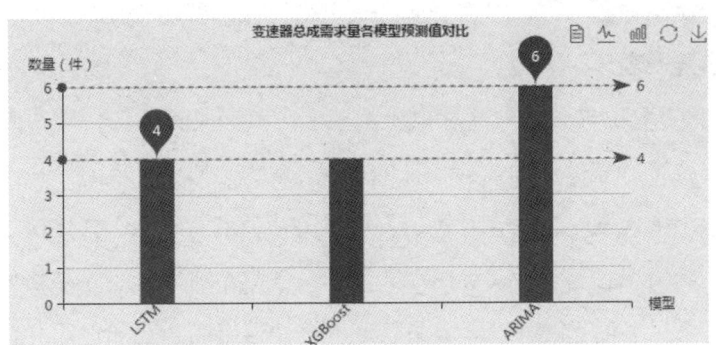

图 6-16　所选配件多链条市场需求量预测结果展示

# 6.3 面向配件代理商的配件库存风险管控业务科技资源

## 6.3.1 面向配件代理商的配件库存风险管控业务需求分析

**1. 配件价值链库存风险评估与防范需求分析**

汽车产业链协同平台上的配件采购、管理、出入库和销售可以满足企业的日常基础业务，但是企业对自身库存结构可能存在的潜在风险状况缺乏深入了解，因而无法依据风险评估和配件特性来提前制定合理的风险防范策略，往往是等到风险真实发生后才通过发送紧急配件订单的方式寻求上游配件仓库或是整车制造厂的帮助，但由于配件从订货到收件过程存在等待期，出现缺货情况后企业很有可能会中断车辆维修服务，从而造成损失。为了让企业和整车制造厂能够提前做出调控决策，避免突发风险给企业带来的损失和由此增加的配件价值链管理维护成本，风险评估与防范系统应具有以下功能需求。

1）协助制造厂完成对各企业配件库存的风险进行统计分析，包括结合配件特征对企业仓库单个配件的缺货风险分析，结合仓库内所有配件特征和风险状况完成对企业库存的整体风险分析。可以将各类配件按风险等级进行可视化展示，帮助企业完成精细化的价值链微观风险把控。

2）分析并提取出导致企业库存风险的主要因素和具体数值，整车制造厂可以通过平台选择需要查看配件库存风险特征的企业，系统会把进行风险评估所用到的各类库存特征展示出来，方便企业查看系统得出风险估值的特征依据，并核对系统的风险估值是否与实际情况相符合，避免出现风险估值偏离给企业运营造成影响。制造厂在监控价值链微观风险时，也可以基于系统分析统计得出的企业配件库存特征自行计算出合适的风险估值。

3）企业不仅需要了解配件或是库存整体的风险评估值，还需要知道系统是如何得出这些风险估值的，即需要做到风险分析过程的可分析化。利用贝叶斯网的特性，可以将配件特征和库存整体特征和风险估值的联合概率以有向无环图（DAG）的形式展示出来，使各类特征之间的关系及各类特征与最终风险估值的关系一目了然。

4）制造厂除了需要了解单个企业的微观风险评估，还需要从价值链的角度把握整体风险，并在价值链的宏观风险分析基础上做出下游配件供应调控决策。因此系统需要在各个企业风险评估结果的基础上统计分析出整个配件价值链的风险宏观状况，并能够查看各个省的库存风险状况及每个省风险估值最高的企业的库存情况。

5）经典的配件 ABC 分类法只考虑了配件销售情况和库存占比，遗漏了配件很多重要特征，系统需要结合企业库存配件的各类重要特征，才能完成配件分类。

## 2. 配件价值链库存风险应对需求分析

在以 CQ 企业为核心的配件价值链业务流程中，缺乏一个针对配件库存突发风险的应急处理机制，当企业出现缺件状况时，只能够以发送紧急订单的形式向价值链上游传达缺货信息，但订单处理时间的快慢取决于上游配件分发单位的库存和业务繁忙程度。因此缺件企业发送紧急订单并不一定获得比普通订单更短的订货提前期，企业需要等待上游单位审核完单据、清点库存发货及物流配送，若是直接中转库没有这类配件，缺件企业需要等待更上游中心库的反馈，只能承受时间损失。综合上述分析可知，目前下游企业在对库存突发风险的处理上处于一个被动的地位，无法单纯凭借自身完成危机的化解，而上游的中心库因为无法了解下游的急缺配件情况和历史缺件统计数据，也无法对来自下游企业的紧急配件订单做出快速反馈。为了解决下游企业面对突发风险时过于被动和上游核心企业对价值链突发缺件情况不够了解的问题，对配件库存风险应对子系统有如下要求。

1）分地域对全国的急缺配件订单进行统计并可视化展示，对各省的急缺配件情况进行统计分析，协助制造厂把控价值链整体的突发风险分布状况，并能够将地区、企业和配件筛选出来进行更精细化的分析。

2）从价值链微观角度完成对单个企业突发缺件情况的分析，分别统计并可视化监控容易发生突发缺件的时间、配件种类和缺件总金额等数据。微观角度的突发风险统计分析能够帮助制造厂了解某个企业的风险状况，并有针对性地调整中转库的库存结构。

3）构建潜在合作企业的搜索与推荐机制。系统需要提供两类搜索与展示功能，一类是借件业务潜在企业搜索，此功能可以在企业配件缺货时为企业寻找可能的合作企业，可以为缺货企业展示相邻区域企业的配件库存构成，以及所缺配件的近期销售情况和库存变化图表，缺货企业可以基于此类可视化数据选择意向合作企业；另一类是借出业务潜在企业搜索，此功能可以帮助有多类滞销配件的企业寻找可能的缺货企业，系统可以提供这类企业的近期销售报表和库存情况图表，配件滞销企业可以借此寻找出库存或是销售情况最匹配的缺货企业，并向这些企业发出借件意向说明书，以缓解滞销和缺货问题。

4）制造厂可以将下游企业的具体库存结构和销售状况的统计数据交给有缺件风险的企业，企业可以据此选择可能借件的合作企业，这是一个手动筛选的业务过程。由于配件价值链上企业数量非常多，无法做到手动匹配每一家企业，因此系统还需要根据企业库存结构和历史销售数据自动筛选和推荐合作企业，并根据库存和销售数据的变化对合作企业列表做出调整。

5）当企业出现突发缺件状况时，可以通过传统的发送紧急订单的业务流程将配件需求传送给上游企业，这也意味着将自身的库存风险传递给了上游企业。为了将库存突发风险尽量地消除于价值链末端，需要企业将自身风险转移给合作企业，若此时合作企业仓库里这些配件滞销，则这一风险转移过程为风险中和；若合作企业库存中这些配件处于安全库存范围内，即不存在滞销状况，则这一风险转移过程为风险分担；若合作企业库存中也没有这类配件或是合作企业由于其他原因无法借出这些配件，那么配件突发风险转移失败，配件需求企业仍需要向上游仓库发送紧急配件订单。

### 6.3.2 面向配件代理商的配件库存风险管控业务流程设计

**1. 配件价值链库存实时监控模块流程设计**

库存实时监控模块的主要使用者为整车制造厂，此模块可以帮助整车制造厂了解其下游的配件价值链库存整体情况及单个企业的库存结构和配件采购情况，使制造厂可以从价值链层级的宏观角度及单个企业层级的微观角度多方位感知下游各个环节的配件存量及配件需求。二级中转库、配件经销商、服务商和4S店等企业取得整车制造厂的系统使用授权后，也可以使用此模块来查看对应企业的库存、采购和销售统计分析。制造厂可以进一步放宽下游某个企业的数据使用权限，使得该下游企业可以查看附近在同一条配件链上的其他企业的库存数据、采购数据和销售数据，该下游企业可以凭借这些数据寻找潜在的风险转移合作企业，相对于库存风险应对模块能够自动筛选合作企业，此过程为手动寻找可能的合作企业。配件价值链库存实时监控模块流程图如图6-17所示。

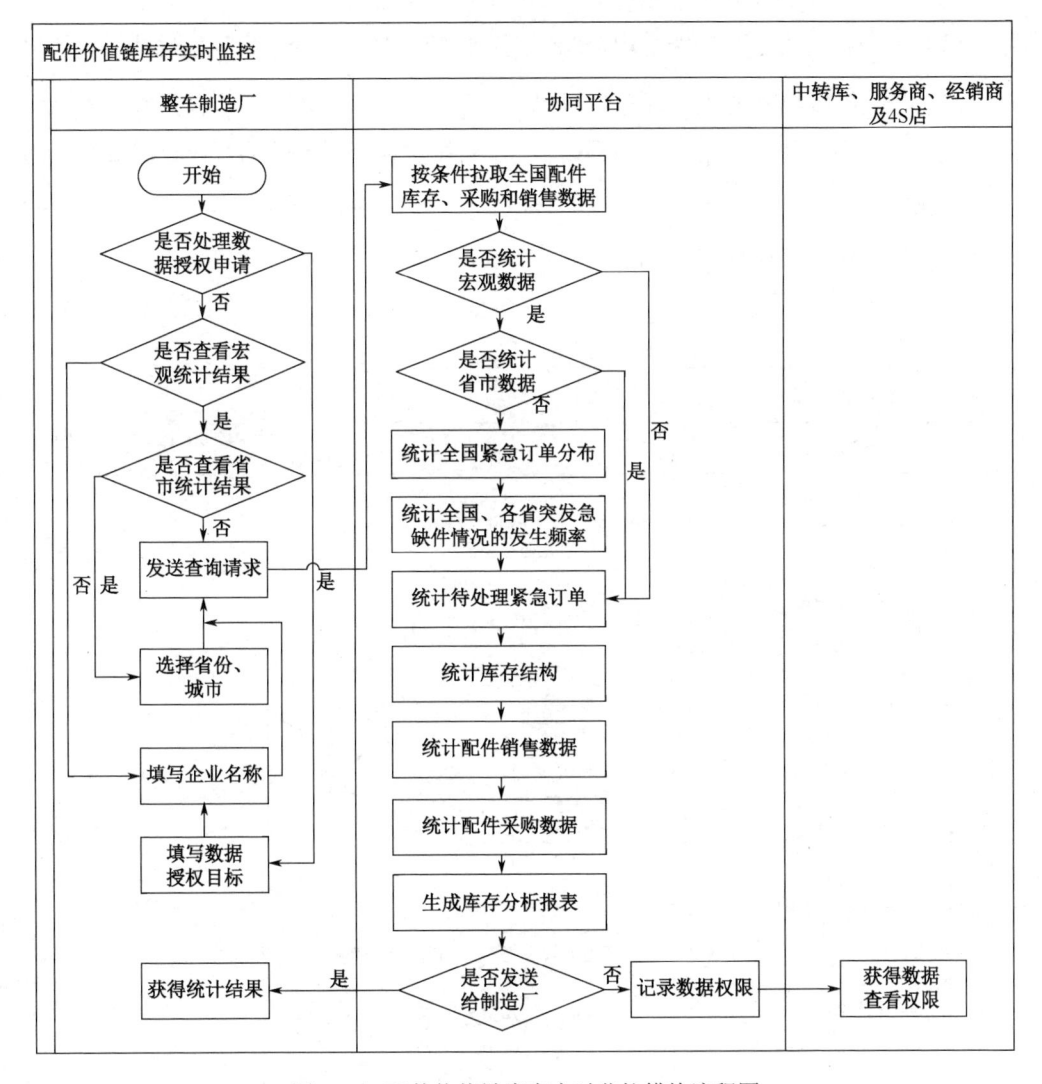

图 6-17 配件价值链库存实时监控模块流程图

## 2. 配件价值链库存风险评估模块流程设计

配件价值链库存风险评估模块的使用者为整车制造厂，整车制造厂可以通过此模块查看全国范围内供应链库存的风险分布情况。为了更直观地展示配件价值链的风险分布，系统直接将各地区的风险计算结果描绘在地图上，各省市地区的库存风险高低情况一目了然。除了全国范围的粗粒度风险评估与统计，系统还提供了各省的风险评估统计，以及各省风险最高的几类配件的评估统计。除了宏观角度的风险评估，系也可以对单个企业及企业仓库内单个配件进行风险评估,并绘制出风险结构图,用户可以查看每个配件或是某个配件特征对整体风险值的贡献,做到评估过程的可分析和可视化。配件中心库、经销商、服务站和 4S 店在取得相应的数据查看权限后可以浏览本企业库存风险评估结果和已授权的其他企业的库存风险评估结果。配件价值链库存风险评估模块流程图如图 6-18 所示。

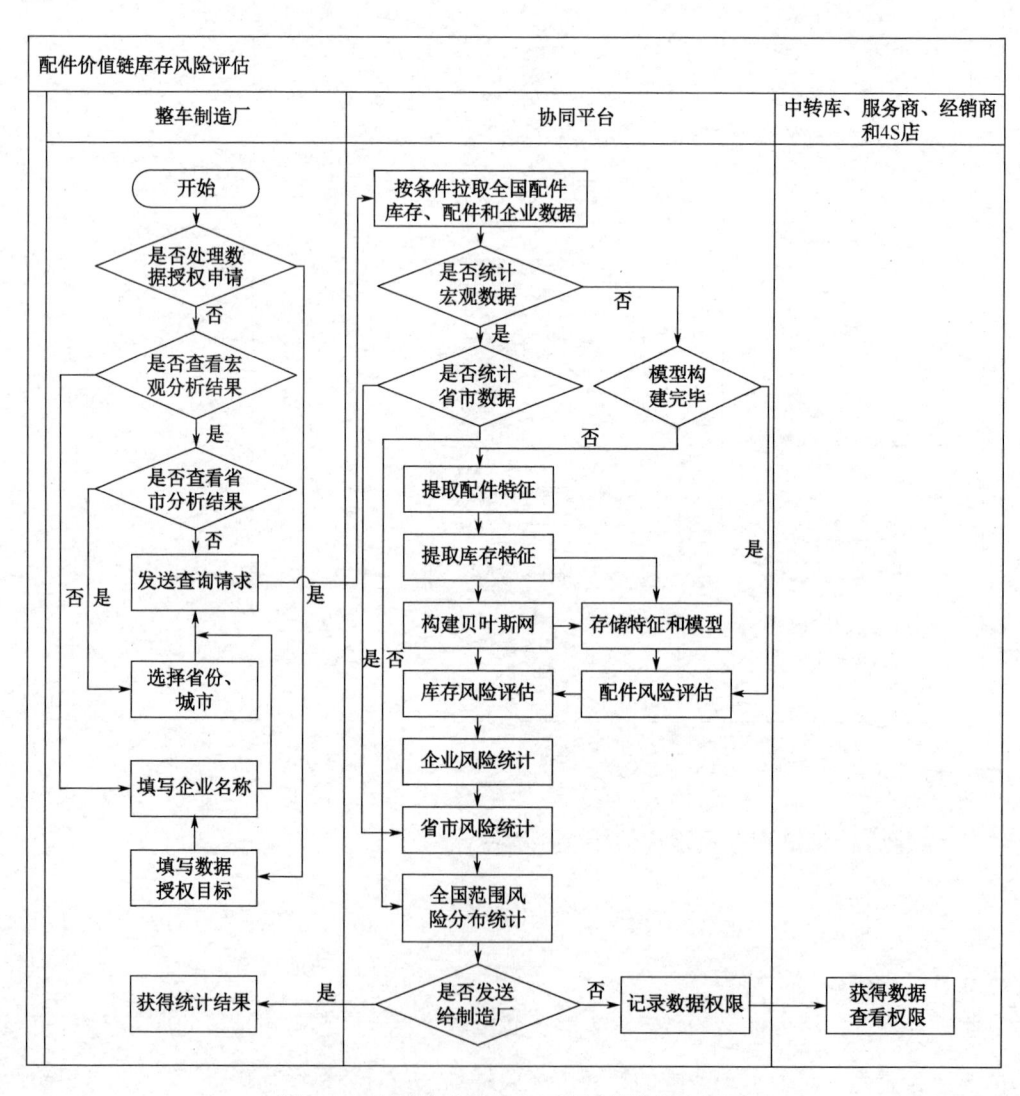

图 6-18　配件价值链库存风险评估模块流程图

### 3. 配件价值链库存风险防范模块流程设计

配件价值链库存风险防范模块的主要使用者为整车制造厂，具体为 CQ 整车制造企业，同时其他类型的企业也具有已授权数据的查阅权限，如配件中转库、经销商、服务商和 4S 店。风险防范模块提供配件分类与生成库存结构优化策略，配件分类的目的是方便企业按类别制定配件订货策略，而不是以每一个配件为单位制定不同的管理策略，这样才能降低企业的库存管理成本及提高库存管理效率。库存结构优化策略是在配件库存风险评估模块部分所训练完成的贝叶斯网络基础上制定的，使用确定的网络结构和参数，以寻找最大后验假设（MAP）为目标，消去网络中不必要的变量，在剩余变量所组成的概率分布中寻找最大可能组合，这一变量组合便是模型所能给出的最理想的库存结构。作为系统中具有完整权限的使用者，整车制造厂可以查看每家企业的配件分类结果和库存优化策略，可以根据下游其他企业的申请给予其部分查阅权限。配件价值链库存风险防范模块的流程图如图 6-19 所示。

### 4. 配件价值链库存风险应对模块流程设计

配件价值链库存风险管控系统的主要使用者为整车制造厂及其下游的涉及配件库存管理业务的企业，使用场景分为企业库存风险发生前与风险发生后。在库存风险发生前，系统会收集全国范围内配件价值链上企业的库存特征，并使用协同过滤算法对库存特征进行缺值填补和降维操作，在得到企业库存特征的低维表达后，使用聚类算法对企业进行聚类操作，以得到全国范围内的多个企业群，每个企业群内的企业都具有相似的配件库存偏好和配件销售状况。当企业出现配件缺件情况，即库存风险发生后，企业可以通过风险应对模块寻找其所属的企业群，并在企业群内完成合作企业的筛选操作，提高了寻找合作企业的效率。企业可以直接向合作企业订购缺货的配件，而不必通过向中转库和制造厂中心库发送加急订单来采购配件，减少了企业的时间成本，降低了售后服务或车辆维修服务中断的风险，同时也将缺件风险消解与价值链末端，避免了风险向价值链上游传导，进而降低了中转库和中心库的库存维护成本和风险。配件价值链库存风险应对模块流程图如图 6-20 所示。

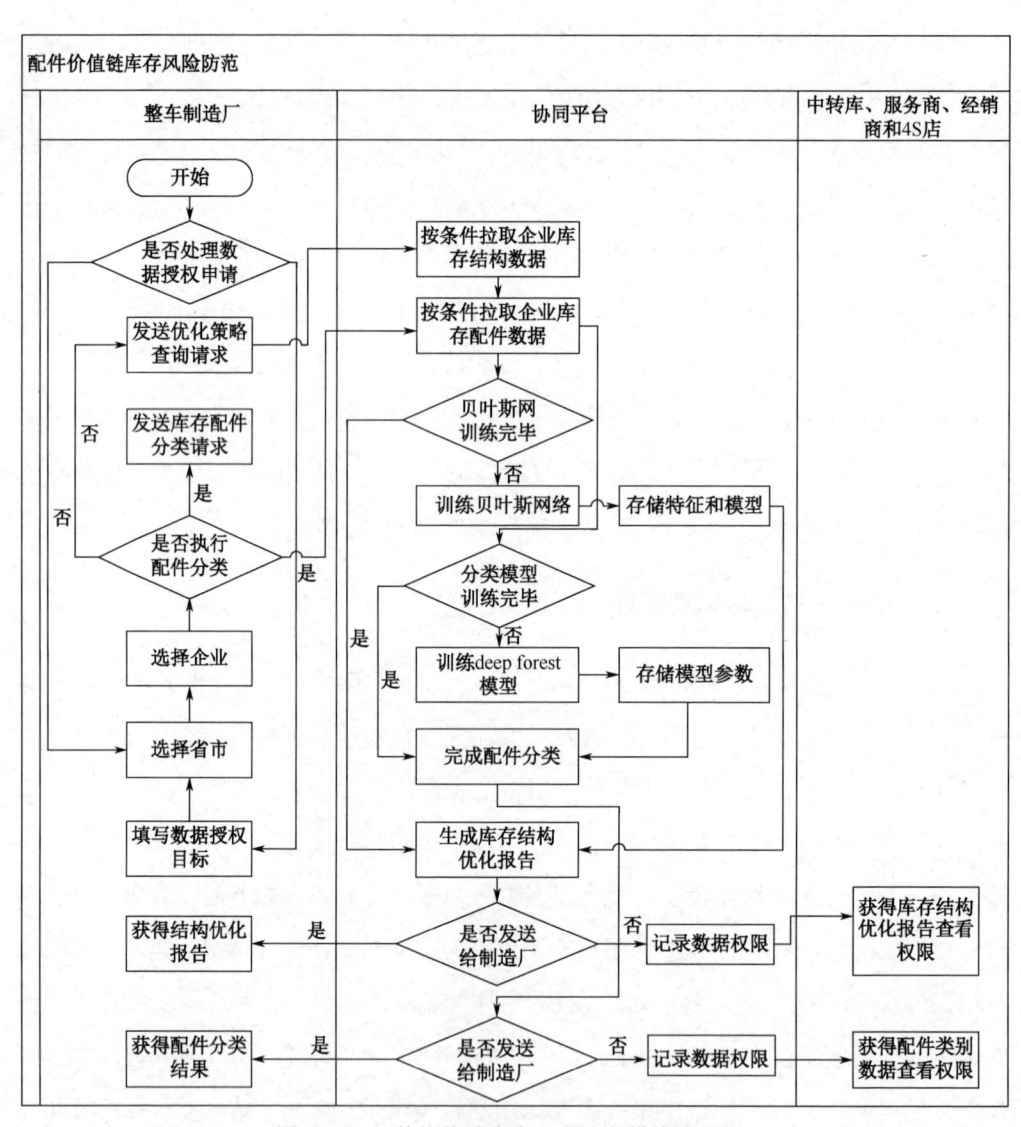

图 6-19 配件价值链库存风险防范模块流程图

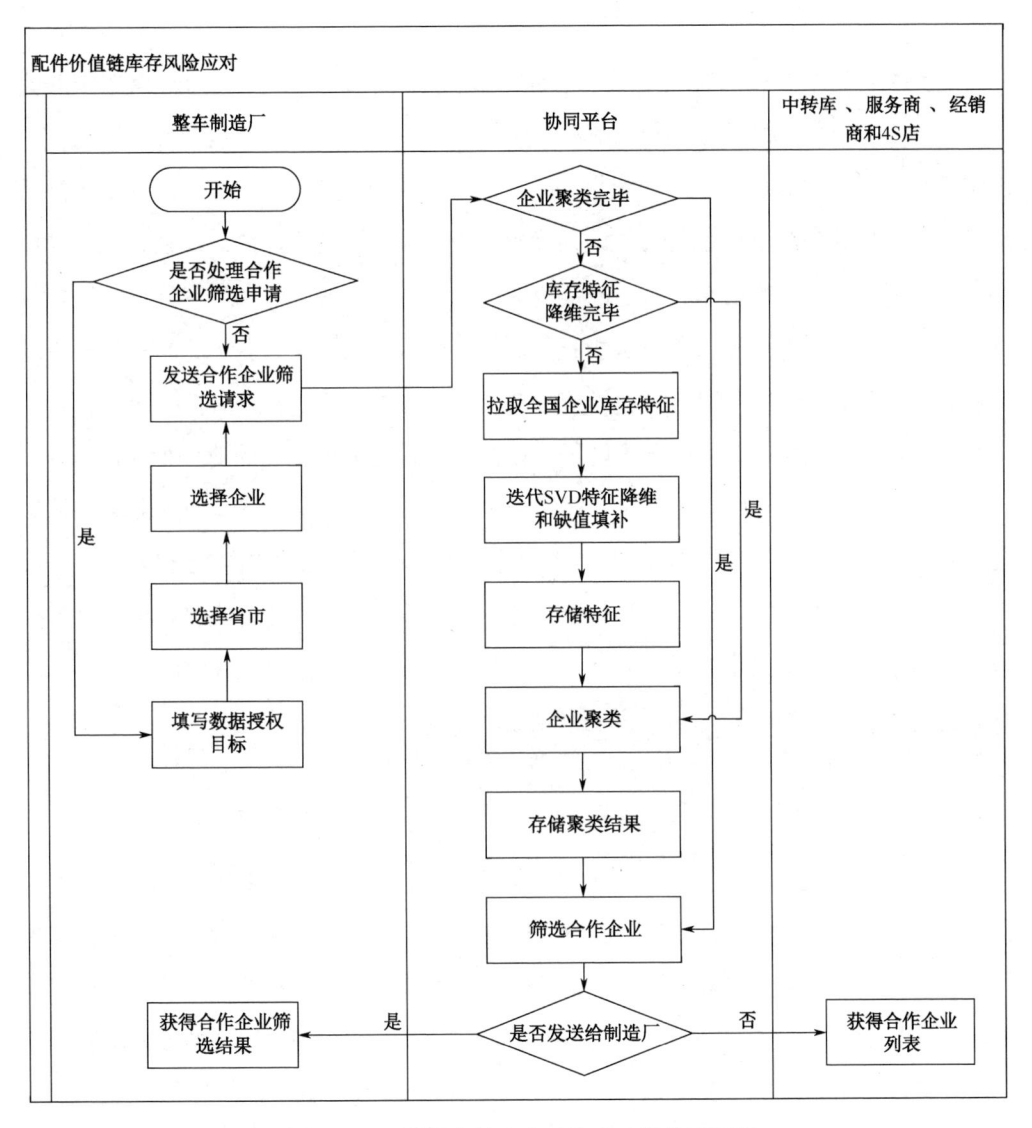

图 6-20　配件价值链库存风险应对模块流程图

### 6.3.3 面向配件代理商的配件库存风险管控业务科技资源构建

配件库存风险管控系统基于信息平台的业务支撑模块开发，并运行于汽车产业链协同平台之上。从信息平台的角度分析，风险管控系统由三部分组成，最底层的部分是信息平台的各类业务数据库，包括制造厂、中转库、经销商、服务商和 4S 店的日常业务数据，这些业务数据包含了配件库存、采购订单、销售、物流运输、账务管理及人员权限等内容。数据库层面之上是协同平台业务逻辑层，包含所有的发生于配件价值链上的信息化的业务操作，这些业务操作使用数据层提供的数据，同时也产生新数据。为了基于协同平台构建风险管控系统，又不会由于权限和逻辑控制对平台上企业的正常业务造成影响，使用了协同平台在业务层之上额外构建的业务抽象层，也被称为附加业务支撑层，用于支撑企业日常业务之外的企业增值业务。附加业务支撑层之上的是风险管控系统的数据访问层，用于访问业务支撑层提供的数据和业务操作接口。数据访问层之上的是风险管控系统的业务逻辑层，即业务逻辑建立和机器学习模型集成的架构层级。最上层是用户接口层，用于给用户提供操作界面和可视化界面。系统架构图如图 6-21 所示，下面详细介绍系统的每一层。

#### 1. 用户接口层

该层为用户提供与系统交互的界面接口，这些接口包括了获取企业库存结构数据、获取库存风险分析结果、获取供应链风险统计结果、获取企业紧急订单统计结果和详细单据、合作企业搜索和推荐及紧急订单下单等数据查看和业务操作。用户可以通过这些界面接口与系统下一层级交互，而不用关注具体的交互方式和数据解析原理，并可以使用系统提供的数据可视化技术直观地查看获取到的数据。

#### 2. 风险管控系统业务逻辑层

此层为系统的功能实现层，数据处理、统计和分析、各类算法的实现及业务操作流程的构建都发生在这一层级。对于数据统计分析，这一层包括了数据清理功能，用于规范化数据格式、按需删除错误数据及离散化处理某些数据字段;数据统计分析功能,用于按企业、地域、时间和配件类别等关键因素对数据进行统计,并在统计结果基础上计算出企业需要查看的关键数值指标。通过使用贝叶斯网络进行风险结构分析和风险评估,使用深度森林模型进行配件分类和使用协同过滤方法进行候选合作企业推荐。业务操作流程构建,可以使用系统构建的新业务扩展协同平台目前已有的业务功能,这部分业务主要包括库存配件结构的调整与合作企业之间的配件转卖。

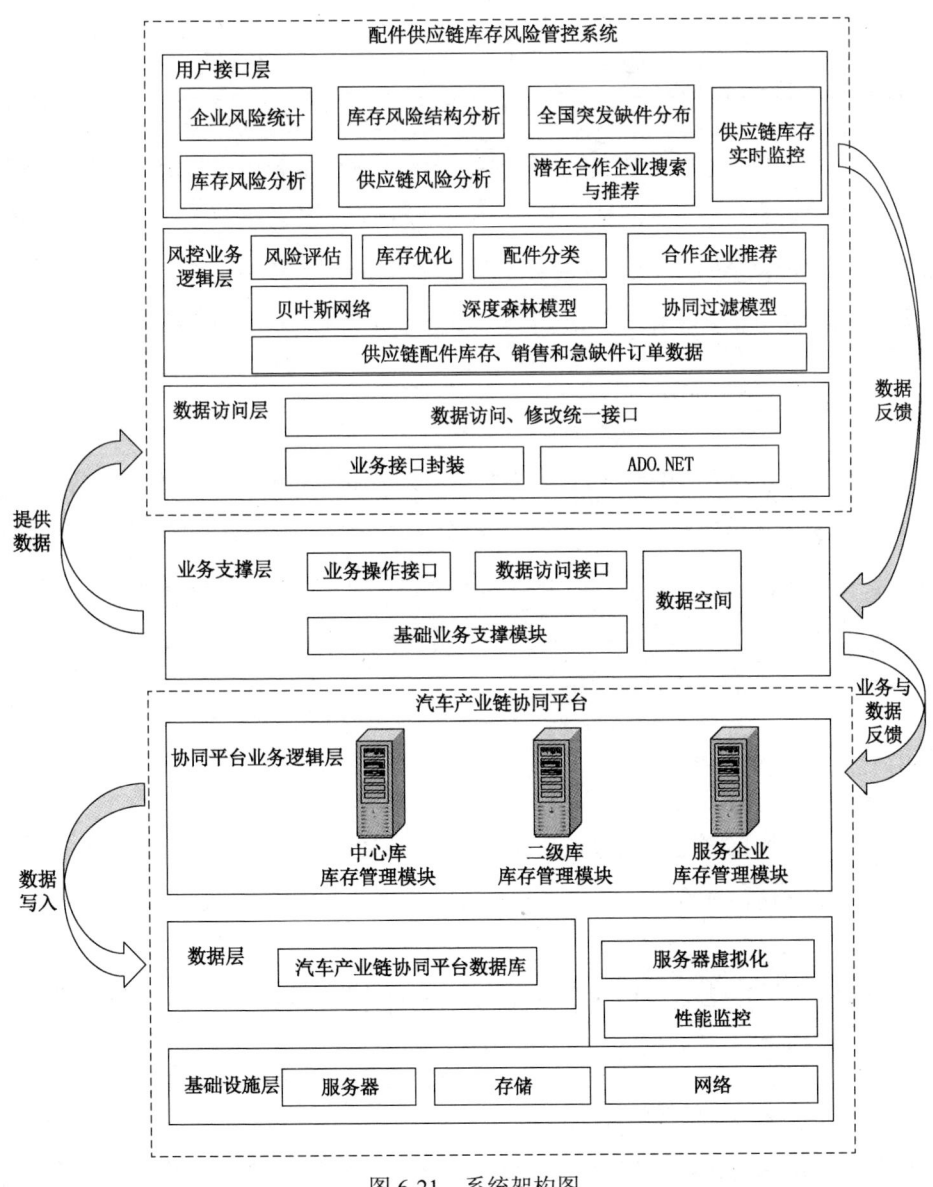

图 6-21 系统架构图

### 3. 数据访问层

基于 ADO.NET 技术和数据库访问程序库，完成对所需数据增删改查的逻辑封装，且封装逻辑粒度大于基础数据库操作，提供数据按需筛选、按需聚集、创建订单、库存结构修改和企业信息录入等常用数据操作功能。为了与数据库访问操作实现接口调用格式的统一，该层对附加业务支撑层所提供的数据操作接口也采用相同的封装逻辑。

### 4. 附加业务支撑层

用于隔离平台附加业务系统与现有业务系统，避免不受控的附加业务逻辑给企业日常工作带来影响。为敏感数据提供数据访问接口和数据修改接口，为高频访问的非敏感数据提供数据库读权限，这部分数据通过数据库视图技术集合成一个新的数据源，被称作协同平台数据空间，其与协同平台业务数据库存在区别。

### 5. 协同平台业务逻辑层

该层包含了协同平台的所有业务流程，是供应链上企业正常运营的信息化基础，对于涉及车辆配件供应和使用的企业，这部分主要业务包括配件采购、配件库存盘点、配件收发货、配件出入库、配件调拨和财务管理等功能。协同平台业务逻辑层除了为企业日常业务提供信息化支撑，还为平台的扩展留了额外接口和数据库访问途径，为附加业务支撑层提供了技术实现基础。

### 6. 协同平台数据库层

此层包含了协同平台的所有数据库和数据库服务器，为平台上的基础业务和附加业务提供了数据访问和存储支持。该层所使用的数据库为 SQL Server。

## 6.3.4 支持配件代理商库存管控业务科技资源的风险评估模型

配件价值链库存风险管控业务科技资源的理论模型由三部分组成：一是贝叶斯网

络模型，二是基于层级提升的深度森林模型，三是迭代型协同过滤模型。构建这套理论模型的目的是协助配件价值链上的企业完成库存风险评估、防范和应对，增强企业对库存风险的感知和抵抗能力，尽可能地为车辆制造厂降低配件价值链的管理维护成本。配件价值链库存风险管控业务科技资源理论模型中各个子模型的功能与相互关系如图 6-22 所示。

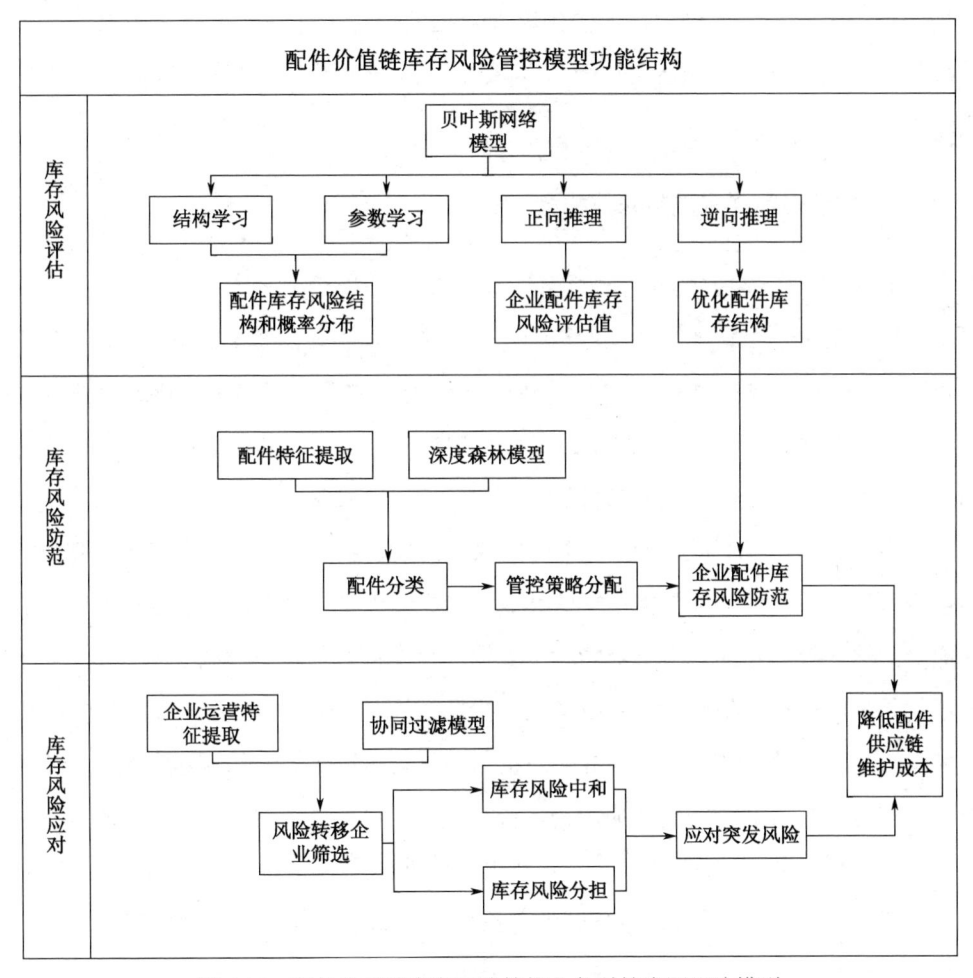

图 6-22 配件价值链库存风险管控业务科技资源理论模型

## 1. 配件价值链库存风险评估模型

库存风险评估的目的是结合企业库存的实时数据及历史销售数据，为企业分析出一个风险值，企业依据这个风险值判断自身的配件库存配置是否合理。结合产生库存风险的网络拓扑结构，企业可以清晰地看到风险在各个配件间的传播路径和规模，方便企业定位风险的源头。模型输出结果的可分析性是企业做出进一步决策的基础，而贝叶斯网络正好满足这一点。贝叶斯网络不仅能够分析整体的配件库存风险值，还能够学习产生风险估值的网络结构，并进行可视化展示。利用贝叶斯网络的参数学习和结构学习算法，可以得到库存数据的边缘概率分布、条件概率分布和数据特征的关联关系，进而可以得到库存数据的一种近似联合分布。使用描述库存状态的这种联合概率分布既可以求得其风险估值，也可以寻找降低风险估值的具体实现方式。

## 2. 配件价值链库存风险防范模型

企业库存包含数目众多的车辆配件，这些配件的用途和销售状况都不相同，若为每个配件都制定一个管理策略，虽然能够到达降低库存风险和防止缺件情况出现的最终目的，但是管理成本也随之增加。构建车辆配件分类模型的目的是协助企业为库存的配件确定合适的类别，并根据配件类别为配件分配一个合理的管理策略，以此达到高效管理库存并降低库存风险的目的。

深度森林是一类集成模型，一个深度森林的模型结构包含许多个层级，每个层级又可以看作是对其他基本分类模型的集成，这些层级依次串联，接受的输入包括第一个层级的输入数据及上一个层级的输出数据。每个层级的输出数据为一组概率分布，描述的是该层所有模型对样本应属类别的投票结果，这样样本数据经过串联的每个层级并与该层级的输出相结合（Concatenate），后续层级的分类精度逐级增加，最终收敛。对深度森林模型更精确的描述为，模型输入特征是 $\mathcal{X} \subset \Re^d$，每个层级可视为一个集成学习模块 $E_l$，$E_l$ 表示的是一种对输入的非线性变换 $E_l(\cdot): \mathcal{X} \to [0,1]$。每个学习模块由多个基分类器 $F_{li}$ 组成，这些分类器可以是任意的分类模型，一般使用 Random Forest 和 Extremely Random Forest。每个基分类器 $F_{li}$ 的输出为一组概率分布 $PF_{li}$，描述的是样本的类别概率，一个集成学习模块 $E_l$ 的输出 $PE_l$ 是对所有基分类器 $F_{li}$ 输出的组合，$PE_l = \{PF_{l1}, PF_{l2}, \ldots, PF_{lm}\}$，其中 $m$ 表示学习模块 $E_l$ 中所包含的基分类器 $F_{li}$ 的数量。学习模块 $E_l$ 的输入包括样本的初始特征 $\mathcal{X}$ 及上一个层级的输出 $PE_{l-1}$，因此输入 $\mathcal{X}_l = \{\mathcal{X}, PE_{l-1}\}$。深度森林模型结构如图 6-23 所示。

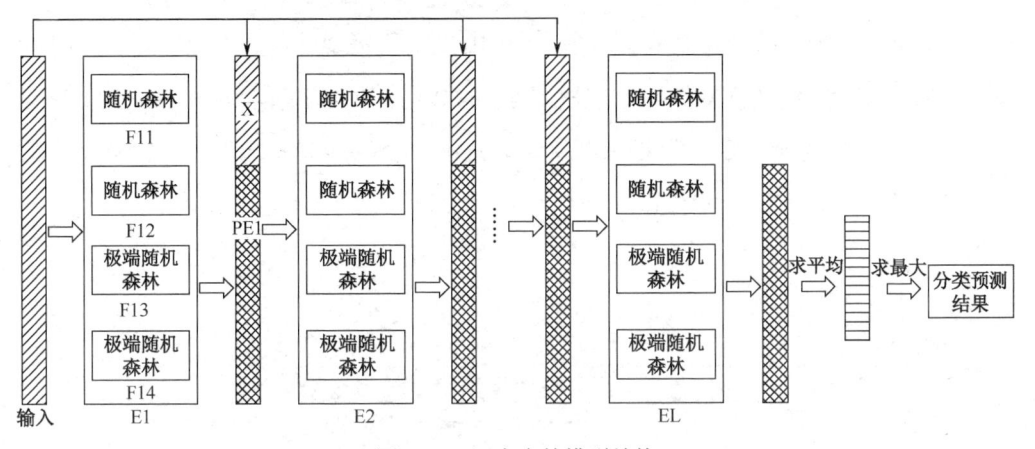

## 基于第三方云平台的配件价值链协同业务科技资源 第6章

图 6-23 深度森林模型结构

学习模块的层级串联能够有效地提高集成模型的分类精度。研究表明，在逐层串联类型的模型中加入提升算法能够进一步提高模型的分类能力。采用基于深度森林的层级提升型集成分类模型，除了使用深度森林的层级串联结构，还加入用于计算样本权重的提升算法 SAMME.R，相比 Adaboost M1/M2 或是 Adaboost MH 等提升算法，SAMME.R 提升算法能够更好地处理有多个待分类类别的训练样本，因此在配件多分类问题上采用 SAMME.R 作为分类模型的提升算法。分类模型结构如图 6-24 所示。

### 3. 配件价值链库存风险应对模型

配件价值链上最容易出现缺件风险的企业主要包括供应链终端的服务类企业和位于各地区的二级中转库，这些企业与供应链中心仓库的距离较远，配件订货的提前期较长，当出现缺货情况时，往往需要等待较长的时间才能补齐所缺配件，若没有一个完备的应对措施，缺货会给企业的运营、声誉和利润产生很不利的影响。企业目前应对配件库存风险的策略是一种被动式的策略，即当某种配件出现缺件情况时，企业向就近的二级配件中转库下发配件订单，订货提前期往往为数天到数周，如果中转库有对应的配件则打包发货；若中转库也没有对应配件，就需要向制造厂中心仓库订货，而这个过程所需时间会更长。若企业当天或最近几天就急需此配件，这样被动式的应对方式无法满足企业的需要。因此拥有整条供应链销售和库存信息的制造厂有必要在风险发生前利用掌握的数据为下游的企业筛选风险分担合作企业，当某企业出现缺件情况时，直接向最近的合作企业临时借来所需配件，不需要完整的审核、下单、出库、发货和收件流程，订货提前期相对较短，可以在短时间内解决企业的缺件问题。库存风险应对子系统的设计目标是尽可能将供应链终端企业的突发配件需求消解于供应链终端而不是往供应链上游传递。

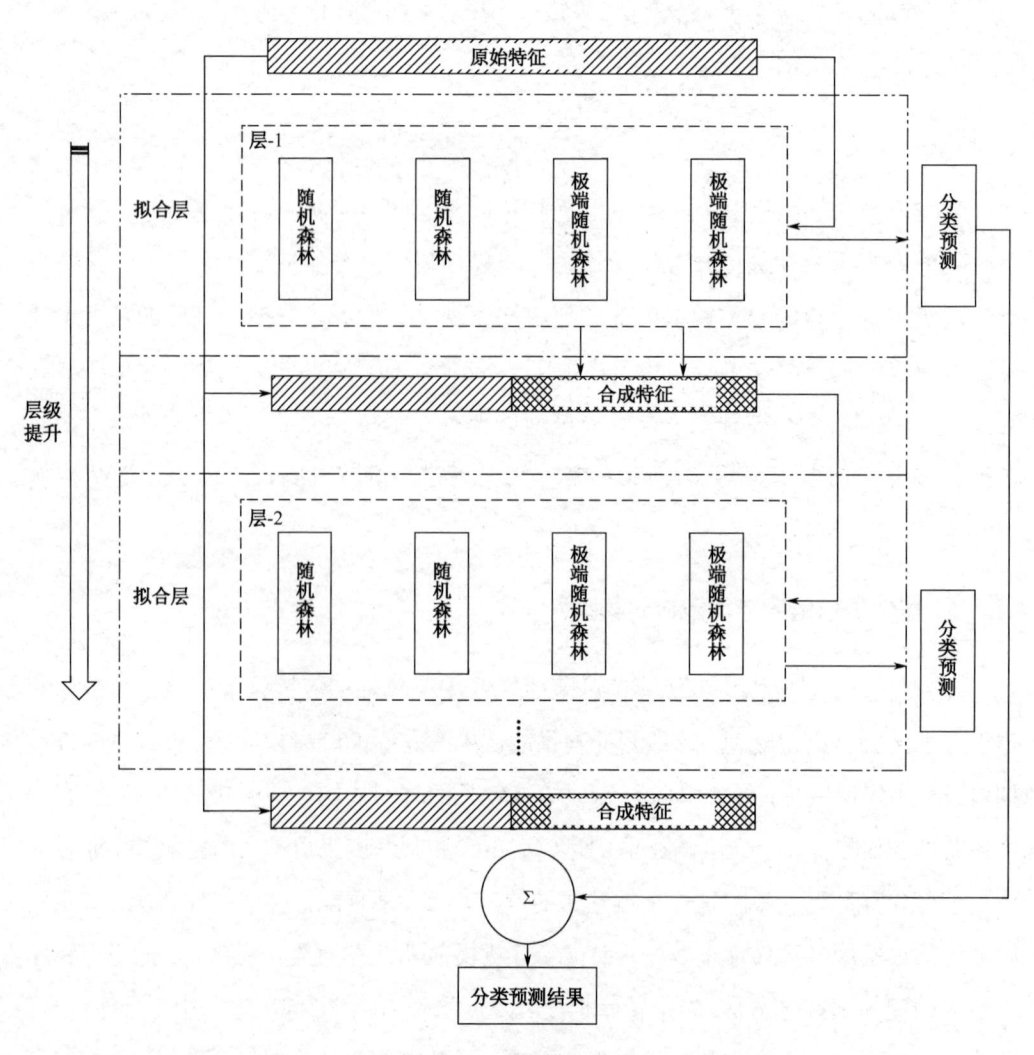

图 6-24 分类模型结构

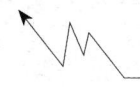

### 6.3.5 面向配件代理商的配件库存风险管控业务科技资源应用案例

风险评估业务科技资源使用配件库存状态和历史销售记录可作为评估配件潜在风险的特征指标，提取出配件特征后，训练贝叶斯网络来完成配件的风险评估。在配件风险评估结果的基础上，结合库存的所有配件风险状况，完成企业层级的贝叶斯网训练，训练完成的贝叶斯网主要用于评估企业库存潜在风险及解决 MAP 问题。系统在各地区的所有供应链上企业风险评估结果基础上，训练供应链层级的风险评估贝叶斯网，用于评估配件价值链区域库存风险。在训练贝叶斯网时，需要频繁地进行数据统计操作，为了避免因数据库产生过高的负载而影响平台上其他系统的正常运行，同时也为了避免数据库 I/O 拖慢模型训练过程，每次训练之前需要把涉及的所有样本都从数据库中查询出来并存储于服务器硬盘上，若数据量比较小则直接存储在服务器内存中，完成训练后再删除训练数据，得到的贝叶斯网络结构与参数存储在服务硬盘的指定位置，等待后续的加载使用。下面对配件风险评估、企业库存风险评估和供应链区域风险评估这三个层级贝叶斯网训练方式进行说明：①用于训练配件潜在风险评估网络的样本特征有几十个，样本主要取自于此配件过去的历史库存数据和历史销售数据，数据量相对较小，样本数据可以直接存储于服务器内存中；考虑制造厂中心库管理人员的规模，此模块的并发使用量并不多，因此将训练数据直接存储于内存中的策略也是可行的，并且系统会监控已经存储于内存中的数据量；若是数据总量大于服务器内存的 30%就会将新拉取的训练数据转存至服务器硬盘上，训练完毕后会将模型结构和参数存储至服务器固定位置的以企业编号和配件编号共同命名的文件中，方便在使用时快速查找和加载，避免存于数据库中的 I/O 时间消耗，也避免给数据库产生不必要的负载。②用于训练企业层级风险评估网络的特征包含了仓库中所有配件的风险评估结果及库存调整量，样本维度和数量都较大，因此将取得的训练数据直接存储在服务器硬盘中，训练完成后保存网络结构和参数。③用于训练价值链层级风险评估网络的特征包含了所指定省市的所有企业的风险估值和企业信息，由于一个省各种企业的数量最多有数千个，每个企业的特征维度在 10 个以内，因此数据量相对较小，可以根据服务器内存使用情况决定是否需要把训练数据存储于内存中，网络训练完毕后将结构和参数保存在服务器硬盘中。这三个层级的训练数据获取方式也各有不同，对于训练配件风险估值网络的数据，取自指定企业中该类配件的所有历史库存和销售记录；对于训练企业层级风险估值网络的数据，取自一个区域内的所有企业历史库存和销售记录，系统中将一个区域限制在同一个城市中；对于训练供应链层级风险估值网络的数据，根据统计范围不同，可以将区域限制在同一个城市或是同一个省内。此模块各个功能的实现如下。

（1）库存风险特征分析

风险评估的配件特征包括配件类别、存量和历史消耗量等数据，配件风险估值结果将会影响企业风险估值和配件链的风险估值，因此需要将用于评估值的库存配件特征展示出来，并加以可视化分析，帮助使用者直观地了解这些数据。用户需要选择省份和城市，单击搜索按钮后，系统会列出该范围内所有的企业信息和企业对应库存总览信息，用户从列表中选择要查看数据的企业，之后系统会展示出该企业仓库内所有配件的特征信息。最后系统会给出配件存量调整值和配件风险估值的饼图，如图 6-25 所示。

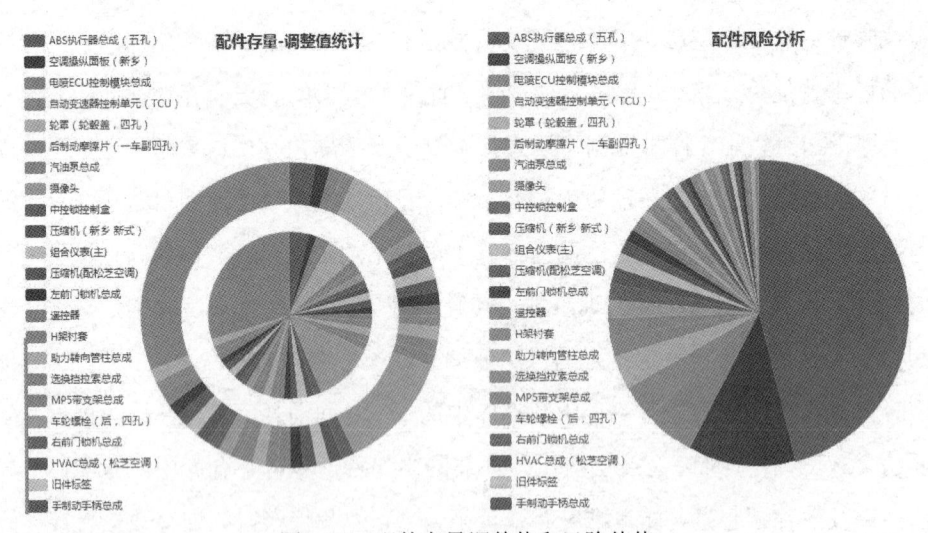

图 6-25　配件存量调整值和风险估值

（2）库存风险统计

用户可以根据需要查看省、市级的配件安全库存偏离值分布统计，或是查看某家企业的安全库存偏离值分布及库存风险分析。用户选择省份和城市后，单击查询按钮，系统默认给出该市的安全库存偏离值分布情况和库存量警戒线分布情况，如图 6-26 和图 6-27 所示，配件安全库存偏离值分布图展示的是配件与安全库存量偏离值的分布情况。若用户继续选择一家企业并单击查询按钮，系统会给出企业的配件安全库存偏离值分布和该企业的库存量警戒线分布。系统还会展示该企业各类配件的风险等级分布图和各类配件的风险系数明细表，如图 6-28 所示。

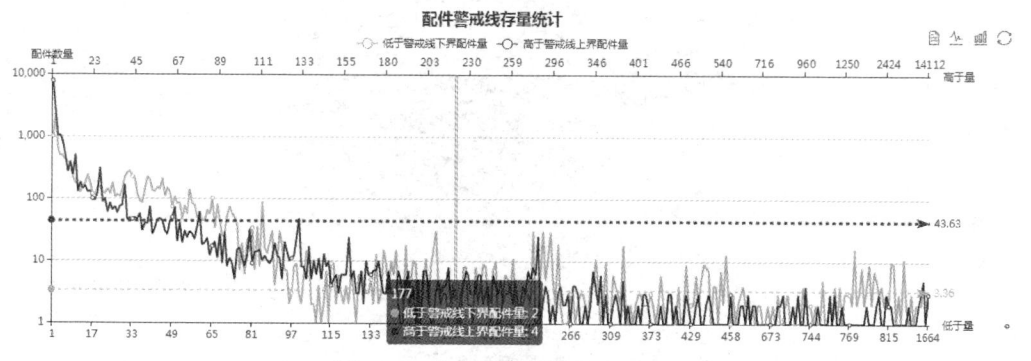

图 6-26　安全库存偏离值分布情况

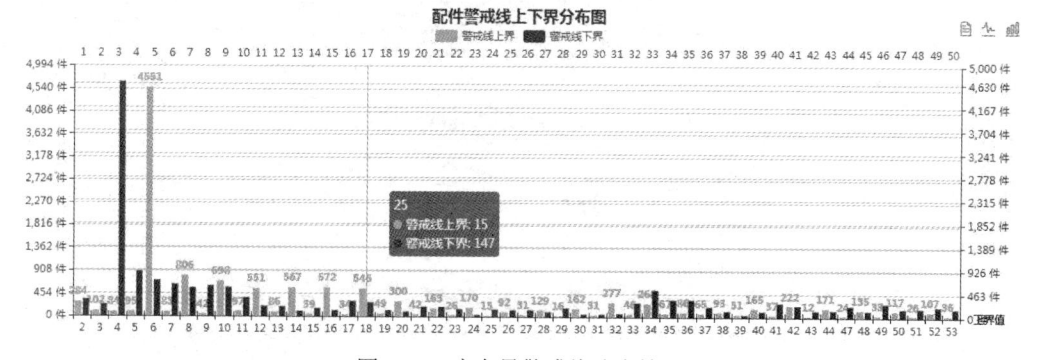

图 6-27　库存量警戒线分布情况

图 6-28　库存配件风险等级分布和风险系数明细表

### （3）库存风险结构分析

用户首先选择省份和城市，调出该区域企业总览，选择一个企业后可以查看该企业的库存风险结构，如图6-29所示，通过点击某个配件可以查看该配件的风险结构，如图6-30所示。

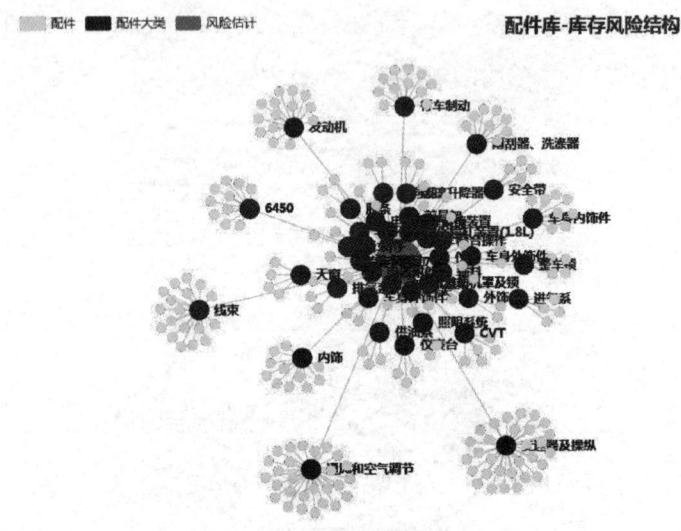

图6-29 企业库存风险结构

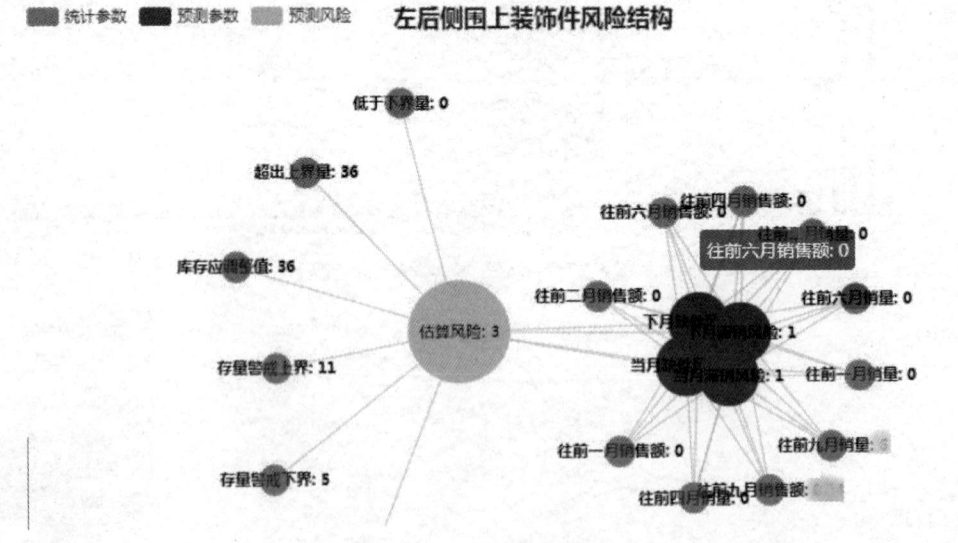

图6-30 配件风险结构

# 参考文献

[1] 王浩雨. 数据驱动的配件价值链库存管控技术研究[D]. 成都：西南交通大学，2019.

[2] 陈明露. 面向配件代理商的数据服务技术研究与系统实现[D]. 成都：西南交通大学，2020.

[3] 王海阳. 基于云平台的配件供应链库存风险管控技术研究[D]. 成都：西南交通大学，2019.

# 第 7 章

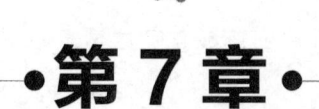

# 基于第三方云平台的服务价值链协同业务科技资源

## 7.1 面向服务商的故障知识库业务科技资源

### 7.1.1 服务价值链协同云平台下的故障知识库构建需求分析

传统云平台服务模式主要立足于业务协同服务，但缺少在此基础上的创新应用和相关增值服务。在海量数据收集、汇聚、分析的新服务体系下，构建数字化、网络化和智能化的工业互联网平台是"互联网+"环境下的迫切需求。产业链平台上已经积累了大量的知识，将积累的众多知识构建成相关领域知识库、工具库和模型库，在此基础上实现旧知识复用和新知识积累。这种模式解决了原有不同企业、不同系统的工业知识不能开放共享的问题，利用这些知识经验在产品生产设计、故障诊断、售后服务等智能服务领域能发挥经验和指导作用。通过在产业链协同服务平台上构建相关故障诊断应用、知识共享应用能很好地解决原业务流程中存在的问题。基于此，所构建的知识库应该具有以下功能需求。

### 1. 辅助故障诊断

提供故障诊断功能，快速诊断车辆故障，提高维修效率并指导维修。由于车辆结构复杂、维修行业高技术人才缺乏、车辆故障诊断效率低，由此可通过构建工业应用以实现快速定位车辆故障且提供车辆维修解决方案，提高服务商维修效率和故障诊断准确率。

车辆维修过程中需要对表面故障进行诊断，也需要对某些确定性故障进行诊断，因此通过构建案例库和知识库对模糊的故障信息进行诊断，通过构建规则知识库对精确的故障信息进行诊断。

### 2. 案例知识再利用

解决数据资源浪费，以实现大量维修案例知识再利用。数据库中大量的维修数据都是维修成功后的案例，利用这些维修数据构建知识库，在知识库基础上实现故障诊断功能在一定程度上既可以解决维修企业过度依赖维修人员及其维修经验的现状，也能缓解制造厂缺少科技术人员的压力，通过相似的维修案例辅助诊断车辆故障并提供参考维修方案，实现知识复用。

### 3. 知识共享

提供知识库功能，实现知识库管理和知识共享。构建车辆维修知识库，包括车辆故障规则、车辆维修案例、车辆维修档案、车辆结构文件和车辆维修指导文件等知识，实现对这些知识的管理。通过知识库的构建，服务商之间共享维修经验，制造厂共享维修指导和车辆结构知识。

## 7.1.2 面向服务商的故障知识库构建方案设计

### 1. 故障诊断方案设计

推理机是专家系统的核心部分，推理机根据知识库中知识设定的控制策略和推理方法进行故障诊断推理。人们解决问题经常借鉴以前相似的经验和知识，通过对已发生过的案例进行检索,快速地找出解决问题的办法。对不太容易建立推理规则的专家系统而言,这是一种很好的解决方法。并且这种方法还能通过自我学习,不断地完善自身案例库。产业链平台数据空间的车辆维修档案包括车辆故障件、故障描述、故障原因和故障解决方案信息等,这些信息对相似问题的维修处理有很重要的指导作用,案例推理的思想也是通过检索相似故障案例后重用案例。所以,其中一种诊断方案是通过案例推理来实现的。

案例推理适用于根据车辆表面故障现象描述进行故障诊断的情况,对于某些确定的故障信息诊断,如要诊断喷油嘴不喷油发生故障的原因,案例推理效果不是很理想,并且可能存在不成功的匹配或者相似度较小的匹配。规则推理是把专家经验知识采取某种规则存储在计算机中,通过某种推理机制进行故障诊断,其推理过程具有精确性。所以将规则推理作为案例推理的补充,既能利用专家领域知识,又能利用维修经验。案例推理和规则推理特性对比见表 7-1。

表 7-1 案例推理和规则推理特性对比

| 标准 | 案例推理 | 规则推理 |
| --- | --- | --- |
| 粒度 | 模糊 | 精准 |
| 知识构成 | 案例 | 规则 |
| 解释机制 | 历史案例 | 激发的规则 |
| 推理结果 | 结论、历史案例、相似度 | 激发的事件、可信度 |
| 领域知识 | 相关领域词汇<br>样本案例集 | 相关领域词汇<br>推理规则集 |
| 优点 | 知识获取容易<br>知识库维护容易<br>知识库更新容易 | 知识表示简单<br>推理过程直观易于理解<br>诊断速度快 |
| 缺点 | 案例间关系表示困难<br>案例检索效率慢<br>推理结果解释困难 | 知识获取、维护困难<br>缺乏自学习能力 |

(1) 案例推理

案例诊断推理过程主要有四个步骤,即案例检索、案例重用、案例修正和案例存储。其中,案例检索是核心,主要是根据新问题的特征属性,选用一定的检索机制与案例库中的特征相匹配,找到最相似的问题来指导当前问题的处理,同时可以采取一定策略对案例进行修正以达到案例库学习的目的。其过程如图 7-1 所示。

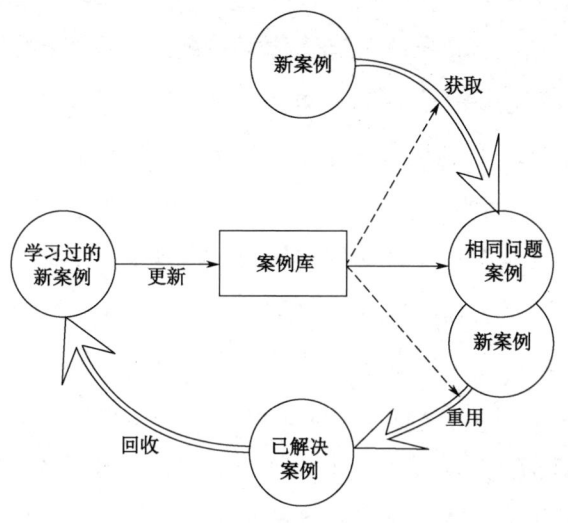

图 7-1  案例诊断推理过程

传统的案例知识库更新是通过手动更新的,由于本系统是在规划控制下的一部分功能 App,当车辆维修完成后,维修人员会在业务系统中提交三包鉴定单。三包鉴定单中有相应的故障知识信息,所以更新案例知识是从业务系统中自动提取到数据仓库,再从数据仓库提取到知识库。

(2)规则推理

由于汽车故障存在不确定性和复杂性,因此可能有并发故障,即一个故障可能有多个原因,或一个故障件损坏可能引发多个故障现象。针对汽车故障这些特性基于规则的分析可以通过模糊 Petri 网、故障树、神经网络等方式实现。神经网络是通过对车辆发生故障时的电流、电压、温度、转速等数据训练出一个诊断模型,但是这些数据需要专业仪器检测或者在发生故障时实时获取,获取数据难度较大并且各种仪器直接没有统一标准和接口,所以不采用神经网络模型。模糊 Petri 网和故障树是通过建立相应的故障规则来分析故障的,都能表达车辆故障的各种特性。故障树和模糊 Petri 网分析方法对比见表 7-2。

表 7-2  故障树和模糊 Petri 网分析法对比

| 特 点 | 故 障 树 | 模糊 Petri 网 |
|---|---|---|
| 精准性 | 支持 | 支持 |
| 多样性 | 支持 | 支持 |
| 并发性 | 不支持 | 支持 |
| 复杂度 | 规则数量相关 | 推理深度相关 |

根据表 7-2 可以看出，Petri 网在车辆故障诊断方面要优于故障树。基于 Petri 网的推理复杂度只与深度有关，不会产生 NP-Hard 问题，能很好地替代故障树表示方法。模糊 Petri 网借鉴了 Petri 网对图形描述的强大能力，表达知识比较简单、清晰，在此基础上也能表达规则之间的关系特性，能提供对知识的推理分析和决策支持。

模糊 Petri 网用一个 8 元组 $FPN=\{P,T,I,O,M,Th,W,U\}$ 表示，其中有库所、变迁、阈值、确信度和权值：$P=\{p_1,p_2,\cdots,p_n\}$ 表示库所集合；$T=\{t_1,t_2,\cdots,t_n\}$ 表示变迁的有限集合；$I(p,t)$ 表示变迁 $t$ 到库所 $p$ 的映射关系；$O(p,t)$ 表示库所 $p$ 到变迁 $t$ 的映射关系；$M:P\in[0,1]$，每个库所节点有一个值 $M(p_i)$，介于 0 到 1 之间，表示该库所命题的可信度；$Th:T\in(0,1)$ 表示变迁的触发条件，即阈值；$W=\{w_1,w_2,\cdots,w_n\}$ 是权值集合，表示规则中输入条件对结论的支持程度；$U=\{u_1,u_2,\cdots,u_n\}$ 是规则的可信度。

**2. 知识库设计**

建立知识库的主要步骤包括知识获取、知识存储及知识表示。知识获取主要有自动获取和非自动获取两种方式。最主要的知识来源于维修案例库，还有部分规则知识来源于专家。由于案例知识数据量大，相对于程序自动获取来说，人工进行筛选工作量大且获取非常困难，由于案例知识都是规则化存储，获取比较方便，所以可采用自动获取方式。规则知识主要是由领域专家掌握，采用非自动获取方式。专家通过本系统将掌握的离散规则知识进行存储。

## 7.1.3 面向服务商的故障知识库业务科技资源构建

本资源系统主要利用历史维修数据构建知识库用于故障诊断，分为知识库和故障诊断两大模块。故障诊断模块提供模糊诊断和精确诊断两种故障诊断推理功能。其中精确诊断需要建立规则知识库，知识库模块包括知识存储、知识管理和知识共享功能。面向服务商的故障知识库业务科技资源体系架构如图 7-2 所示。

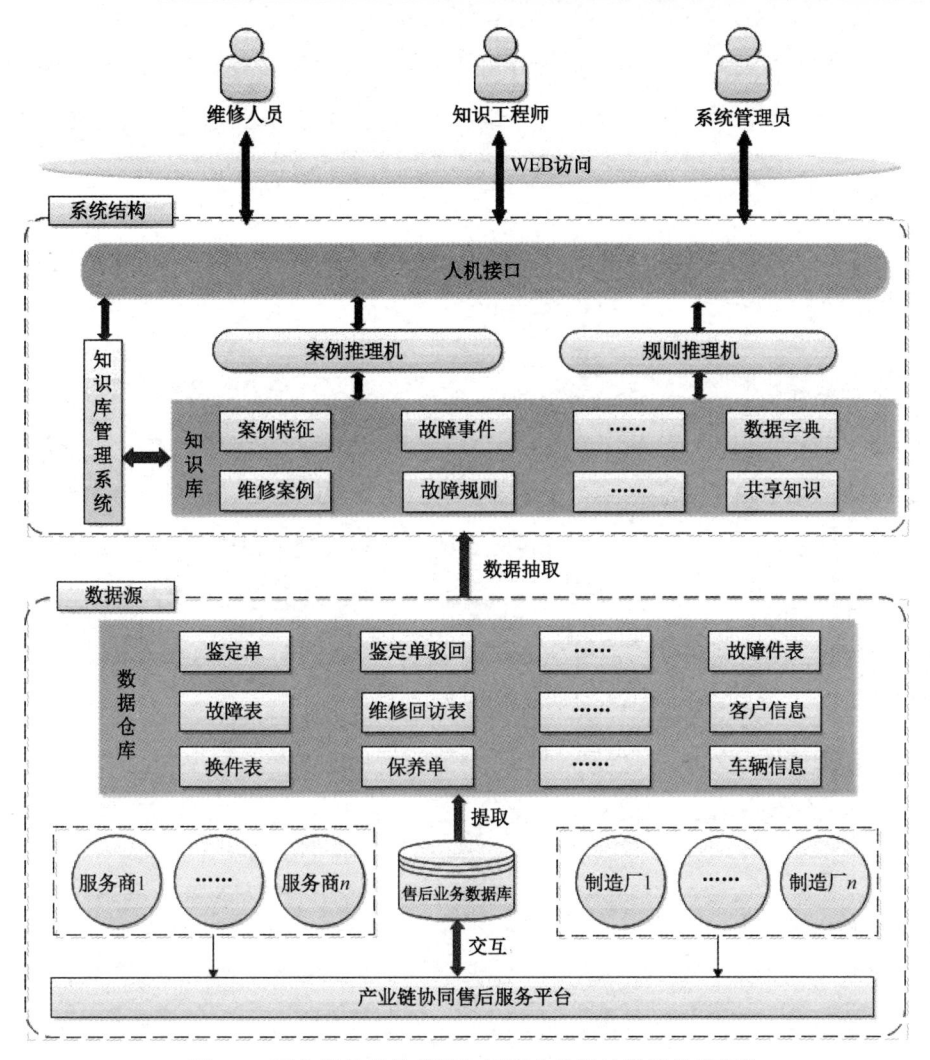

图 7-2　面向服务商的故障知识库业务科技资源体系架构

知识库中的数据分为维修案例知识、故障规则知识和共享知识。案例数据最初来源于维修业务系统，经过数据库作业将数据流提取到数据仓库中，再通过数据库作业提取有用的知识信息存储到本系统知识库中，用于模糊诊断数据支撑。由于规则知识之间逻辑关系复杂，规则与结构有关，因此规则知识通过维修知识专家维护，用于精确诊断数据支撑。共享知识是整车制造厂知识专家上传的车辆结构、车辆维修指导文件等知识。知识库管理系统提供知识管理接口，可以维护相应的故障案例知识、故障规则知识、共享知识和故障字典信息等。

推理机提供两种推理方式。案例推理通过人机接口输入或者选择模糊的故障现象和车辆信息后,推理出相应故障原因和解决方案,并且对故障信息统计分析返回诊断报告给用户。规则推理则是根据用户选择的确定性故障,推理出可能发生该故障的原因。

### 7.1.4 服务商故障知识库构建模型

在车辆故障诊断系统中,推理机是核心。推理机功能需要依靠知识库作为支撑。知识库构建分为三个步骤:知识获取、知识表示及知识存储。其中,根据推理机需要的两种不同的知识可选用不同的表示方式,包括规则表示、谓词逻辑表示、框架表示和面向对象表示。基于上述表示方式可对案例知识和规则知识进行实例分析。

在构建好的知识库上研究推理算法,该知识库的知识推理分为案例推理和规则推理两大部分。其中,案例推理采用灰色关联分析计算案例的直接灰色关联度;规则推理根据故障现象提取相关规则反向推理故障原因。

下面以案例推理为例,介绍支持服务商故障知识库构建的模型。

**1. 案例特征量化**

案例表示中的各个特征代表本案例中故障信息的一部分,此处选取的特征是车型、行驶里程、车龄、维修时间、故障总成件和故障描述。其中故障配件用于一级检索缩小计算范围,不需要量化,其他选取的特征中类型有数字型、逻辑型和字符型。逻辑型和字符型需要经过量化处理才能与数字型特征构成案例的特征向量,通过特征向量进行案例检索。

(1)逻辑型

逻辑型的特征取值只能是"是"或"否",量化比较简单,如果两个特征的取值相同,则映射到一个值,取值不同则映射到一个值,可定义映射函数如下:

$$f(x) = \begin{cases} 0, & x=\text{false} \\ 1, & x=\text{true} \end{cases} \quad (7-1)$$

车型属于逻辑性特征,用于判断两个案例之间的车型相似程度。

（2）数值型

数值型比较容易处理，此处选取的数值型特征为车龄和行驶里程，这些属性通过无量纲化后可以直接用于案例匹配计算。

（3）列表型

列表型是一些特定的有限数据集合。量化一般是按照属性强弱来划分等级。案例中选取的列表型特征是季节。根据研究可知，在冬季和夏季车辆高频故障有所不同，在春季和秋季影响区别不大，因此将春季和秋季划分为一个等级，可以定义一个月份为自变量的函数：

$$f(x) = \begin{cases} 1, & x=6,7,8 \\ 2, & x=3,4,5,9,10,11 \\ 3, & x=1,2,12 \end{cases} \quad (7-2)$$

（4）字符型

字符型特征较难处理，此处选取的字符型特征是故障描述，最能反映案例之间相似度的一个特征，描述了车辆故障件、故障现象、故障严重程度和故障发生条件等关键信息。对于相同的故障，不同的维修人员对故障信息描述可能采用不同的语言，虽然表述的意义相同，但是如果用传统的字符串匹配或者字符串之间距离来计算字符串相似度将不能得到理想效果，因此采用计算词语之间的语义相似度方法来度量故障描述之间的相似度。

2. 故障描述量化

故障描述作为案例的一个最重要特征是缺乏一个统一的标准，不同人员的描述也不相同，例如，对于发动机抖动故障，可以描述为发抖、抖动、颤动等；对于发动机动力不足故障，可以描述为不足、下降、缺失等。由于通过传统的字符串匹配不能得到较好的效果，所以需要通过计算故障描述之间的语义相似度来处理字符型特征。由于故障描述是一些句子，不能直接计算故障描述的语义相似度，需要将中文句子分词提取关键信息后，通过相应的算法和工具来计算词语之间的语义相似度。

（1）故障描述分词

中文句子分词比英文句子分词难度大，不像英文词语之间有空格和标点隔开，中文没有明显的分割标识。随着国内研究者的不断努力，中文分词技术和相关算法主要分为三类：基于字符串匹配分词算法、基于统计分词算法和基于理解的分词算法。

基于字符串匹配分词算法是将待分词文本与一个词典里的词根据一定策略相匹配，若匹配到相同的词，则识别到一个词。这种算法需要词典支撑，但由于扫描的方法不同，得出的分词结果也不同。其特点是切分速度快、效率高。

基于统计分词算法中的统计分词的原理是统计相邻字在文章中共同出现的次数。如果相邻的字出现次数越多，那么它们就越可能是一个词，一般与基于词典的分词方法相结合，既能发挥识别生词、消除歧义的特点，又能发挥匹配分词速度快、效率高的特点。

基于理解的分词算法引入了一些人工智能算法，将待分词的文本进行语法、句法深入分析，并且将文本中词语和句子结合语义进行整合识别，主要由分词系统、句法语义系统和总控部分组成。这种信息整合方法对于复杂性和笼统性强的汉语来说效果一般，正处于试验阶段。

基于以上三种方式的各自特点，选用一种字符串匹配和统计相结合的方法进行分词。结巴分词实现了字符串匹配和统计结合的分词开源框架，其原理是基于 Trie 树结构对词图进行高效的扫描生成一个有向无环图。这个图存储的是句子中汉字所有可能的成词情况，然后对已经切分好的词语用动态规划算法查找出最大概率的路径，根据词频找出最大的切分组合。对于词典中未录入的词采用 HMM 模型和 Viterbi 算法来实现分词。

例如，语句"用户反映该车启动后发动机异响，且有冒烟现象，发动机缺力"的分词结果为：用户—反映—该车—启动—后—发动机—异响—且—有—冒烟—现象—发动机—缺力。

（2）故障描述关键词提取

通过分词已经得到分割好的词语，为了方便计算两个句子的语义相似度和避免无关信息干扰，所以需要提取故障描述中的关键信息。结巴分词提供了两种关键词提取算法，即 TF-IDF 和 TextRank。

TF-IDF 代表词频—逆文件频率。其中，TF 是词语在该文档中出现的次数除以文档中总词语数目，TF 越大，说明词语出现的次数越多、越重要；IDF 是语料库中文档总数与包含该词语的文档数比值求对数，IDF 越大，说明包含该词条的文档数越少，具有较好的分辨能力。TF-IDF 越大，表示词语越重要，常用于提取关键词。TextRank 借鉴 PageRank 的思想改进而来，不需要语料库，仅通过单篇文档自身来提取关键信息，通过词共现构建图模型来计算。由于已有的故障描述都是仅有几十个字的短文本，很少有词语重复并且共现，所以这个方式不适合用于故障描述关键词提取。

此处采用 TF-IDF 关键词提取和自定义语料库关键词提取相结合方法提取关键词。其中，自定义语料库为售后服务系统中整理的车辆的各种配件和故障现象词语集合，此语料库为专业领域词汇，可以将默认语料库中没有提取到的关键词提取出来。算法如下：

**算法 7-1 关键信息提取算法**

输入：故障描述string 关键词个数size 自定义语料库List1 词性集合List2
输出：关键信息词语集合

```
1.  Function ExtractKeyWords(string,size,list1,list2)
2.    segmenter←JiebaSegmenter
3.    list3←JiebaSegmenter.Cut(string)
4.  list5←List
5.  list4←ExtractTags(list3,size,list2)
6.    for i←0 to list3.length do
7.      for j←0 to list1.length do
8.        if list3[i]==list1[i] then
9.          list5.add(list3[i])
10.       end if
11.     end for
12.   end for
13.   length←list4.length
14.     for i←0 to list5.length do
15.       tag←true
16.       for j←0 to length do
17.         if list5[i]==list5[i] then
18.           tag=false
19.           break;
```

```
20.      end if
21.     end for
22.     if tag then
23.      list4.add(List5[i])
24.     end if
25.     return list4
```

通过此算法与单项 TF-IDF 提取效果对比，结果见表 7-3。

表 7-3　TF-IDF 关键词提取与自定义词典对比

| 故 障 描 述 | TF-IDF 关键词提取 | 自定义词典 |
| --- | --- | --- |
| 用户反映车辆行驶时发动机有异响，排气管冒黑烟，发动机机油及水温正常 | 发动机 排气管 机油 黑烟 水温 行驶 车辆 正常 | 发动机 排气管 机油 黑烟 水温 行驶 车辆 正常 异响 |
| 车辆行驶过程中油量上不来，发动机出现"吼吼"的声音与出现抖动 | 吼吼 油量 抖动 出现 行使 不来 发动机 车辆 声音 过程 | 吼吼 油量 抖动 出现 行使 不来 发动机 车辆 声音 过程 |
| 车辆发动机突然熄火，油管漏油，无法再启动 | 漏油 油管 熄火 发动机 车辆 无法 突然 | 漏油 油管 熄火 发动机 车辆 无法 突然 启动 |
| 车辆变速箱难挂挡，长期脱挡，行驶中里面有异响不敢行走 | 脱挡 变速箱 行走 行驶 车辆 不敢 长期 | 脱挡 变速箱 行走 行驶 车辆 不 敢 长期 挂挡 异响 |
| 车辆行驶中突然变速器发响后，所有挡位挂进去后，里面都严重发响，只有四挡能行驶，其他挡位都无法行走 | 发响 挡位 行驶 挂进去 变速器 行走 车辆 无法 严重 突然 | 发响 挡位 行驶 挂进去 变速器 行走 车辆 无法 严重 突然 四挡 |

由表 7-3 中可以看出，TF-IDF 基本能把语句中的关键信息提取出来，但是可能漏掉部分 TF-IDF 小的词语。这类词语可能是维修专有名词，需通过与自定义语料库对比才能提取出来。

（3）基于知网语义相似度计算

语义相似度是表示两个词表达意思的相似程度。目前我国许多学者研究语义相似度都是利用知网作为首选研究工具，取得了丰厚的研究成果。

知网主要描述的对象是汉语和英语所代表的概念，以描述概念与概念之间和概念所具有的属性之间的关系作为基本内容的常识知识库。传统的词典是给一个词语定义多个义项。义项是一个词语最小的意义单位。在知网中，义原是描述义项的最小意义单位，一个义项对应一个或多个义原。知网计算词汇语义相似度主要思想是，通过计算部分相似度加权平均来推导出整体相似度，具体是遍历两个义原集合中所有的元素，找出最相似的两两配对后，取配对出的义原加权平均值作为词语的语义相似度。

具体计算过程如下:

对于两个待计算语义相似度的词语 $V_1$ 和 $V_2$,设 $V_1$ 包括 $n$ 个义项:$\{S_{11}, S_{12}, \cdots, S_{1n}\}$,$V_2$ 包括 $m$ 个义项:$\{S_{21}, S_{22}, \cdots, S_{2m}\}$,则 $V_1$ 和 $V_2$ 的相似度定义为两个义项集合中最大的相似度。

$$\text{Sim}(V_1, V_2) = \max_{i=1\cdots n, j=1\cdots m} \text{Sim}(S_{1i}, S_{2j}) \tag{7-3}$$

通过式(7-3)将两个词语的语义相似度转换为计算两个义项的相似度。由于义项是由义原表示的,所以可以通过计算义原相似度来计算义项相似度,在知网中将义原分为上下位关系,根据上下位关系可以构成一个义原层次体系树,如果两个义原 $t_1$ 和 $t_2$ 在树中的路径距离为 $d$,$\alpha$ 是一个可调节参数,则语义距离为:

$$\text{Sim}(t_1, t_2) = \frac{\alpha}{d + \alpha} \tag{7-4}$$

在知网中,一个实词由四个特征描述,分别为第一基本义原描述、其他基本义原描述、关系义原描述和关系符号描述。将两个概念的第一基本义原相似度记为 $\text{Sim}_1(V_1, V_2)$,其他基本义原描述相似度记为 $\text{Sim}_2(V_1, V_2)$,关系义原描述相似度记为 $\text{Sim}_3(V_1, V_2)$,关系符号描述相似度记为 $\text{Sim}_4(V_1, V_2)$,则实词的相似度可表示为:

$$\text{Sim}(V_1, V_2) = \sum_{i=1}^{4} \beta_i \text{Sim}_i(V_1, V_2) \tag{7-5}$$

其中,$\beta_i (i=1,2,3,4)$ 是调节参数,应满足 $\beta_1 + \beta_2 + \beta_3 + \beta_4 = 1$ 且 $\beta_1 \geq \beta_2 \geq \beta_3 \geq \beta_4$,表明从 $\text{Sim}_1$ 到 $\text{Sim}_4$ 重要程度依次递减。但是采用上述计算方式时,即使 $\text{Sim}_1$ 比较小,但是 $\text{Sim}_4$ 比较大,也会出现相似度大的情况,所以针对此问题改进后的公式可表示为:

$$\text{Sim}(V_1, V_2) = \sum_{i=1}^{4} \beta_i \prod_{j=1}^{i} \text{Sim}_j(V_1, V_2) \tag{7-6}$$

当主要部分相似度较低时,经过连乘也会降低次要部分的影响,这样就能避免次要部分可能起主要作用的问题。

(4)语义相似度计算算法

目标案例和源案例中描述都是句子,通过前几节分析后提取出了关键信息。然而关键信息是一些词语集合,采用的词语集合语义相似度计算部分关键算法包括:算法7-2、算法7-3及算法7-4。

算法 7-2 为计算词语集合相似度，两两配对计算取最大的相似度返回。

**算法 7-2　词语集合语义相似度算法**

输入：词语集合List1 词语集合List2

输出：两个集合语义相似度

```
1.  Function WordListSimilar(List1,List2)
2.    m←List1.count
3.    n←List2.count
4.    big←max(m,n)
5.    min←min(m,n)
6.    index1←0,index2←0
7.    sum←0,N←0
8.    while N<min do
9.        max←0
10.       for i=0 → m do
11.           for j=0 → n do
12.               sim←WordSimilar(List1[i],List2[j])
13.               if sim>max then
14.                   max←sim
15.                   index1←i
16.                   index2←j
17.               end if
18.           end for
19.       end for
20.       if max==0 then
21.           break
22.       end if
23.       sum←sum+max
24.       remove List1[index1] from List1
25.       remove List1[index2] from List2
26.       N←N+1
27.   end while
28.   return (sum + delta * (min - N)) / min
29. end function
```

由于原始词语在知网中可能有多个义项,所以本算法将所有义项提取出来,计算两两相似度,取最大的值为词语语义相似度。

**算法7-3　词语语义相似度算法**

输入：原始词语string1 原始词语string2

输出：两个词语语义相似度

```
1.  Function WordSimilar(string1,string2)
2.  list1←wholeMap[string1]
3.  list2←wholeMap[string2]
4.  if list1.size>0 and list2.size>0 then
5.      max←0
6.      for i←0 to list1.size do
7.        for j←0 to list2.size do
8.          sim←Similar(list1[i],list2[]j)
9.          if sim>max then
10.             max←sim
11.         end if
12.       end for
13.     end for
14.     return max
15. end if
16. if word1==word2 then
17.     return 1
18. else
19.     return 0
20. end if
21. end function
```

义项相似度计算算法,通过计算第一义原、关系义原、符号义原、其他义原的相似度加上权值返回义项的相似度,具体如下所示。

**算法 7-4　义项相似度计算算法**

输入：word1原始词语word2

输出：两个义项语义相似度

1. **Function** Similar(word1,word2)
2.    onePrimitive1←word1.OnePrimitive
3.    onePrimitive2←word1.OnePrimitive
4.    simmilar1←**PrimitiveSimmilar**(onePrimitive1,onePrimitive2)
5.    list1←word1.OtherPrimitive
6.    list2←word2.OtherPrimitive
7.    similar2←**simPrimitiveList**(list1,list2)
8.    map1←word1.RelationPrimitive
9.    map2←word2.RelationPrimitive
10.   Simmilar3←**MapPrimitiveSimmilar**(map1,map2)
11.   map3←word1.SymbolPrimitive
12.   map4←word2.SymbolPrimitive
13.   similar4←**MapPrimitiveSimmilar**(map3,map4)
14.   temp←simmilar1
15.   sum←simmilar1*$b_1$
16.   temp=temp*simmilar2
17.   sum+=temp*$b_2$
18.   temp=temp*simmilar3
19.   sum+=temp*$b_3$
20.   temp=temp*simmilar4
21.   sum+=temp*$b_4$
22.   **return** sum
23. **end function**

**4. 案例灰色复合相似度计算**

（1）数据无量纲化

由于各个特征的属性不同，所表达的含义和单位也不相同，所以量纲也不相同，直接计算会影响灰色关联度计算的准确性。为了使特征之间计算有意义，需要对求得的案例特征矩阵做无量纲化处理，利用处理后的矩阵进行运算。常见的无量纲化方法有归一化、线性变换和极差变换法，向量归一化简单实用，因此采用其进行无量纲化。

$$a_i'(k) = \frac{a_i(k)}{\sqrt{\sum_{i=0}^{n} a_i^2(k)}}, (i=1,2,\cdots,n; k=1,2,\cdots,m) \tag{7-7}$$

经过量化后得到的新矩阵值满足 $0 \leqslant a_i'(k) \leqslant 1$，且具有相同的量纲。

（2）计算灰色关联系数

一个案例特征由 $m$ 个指标组成，为了便于计算，可以将案例中的 $m$ 个特征看作是一个 $m$ 维坐标的一个点，即 $a_i = \{a_i(1), a_i(2), \cdots, a_i(m)\}$ 是 $m$ 维空间中的一个点，那么计算案例之间的相似度就是计算源案例与 $n$ 个目标案例之间的距离（与相似度对应的概念），然后选出距离最近的点。根据灰色关联理论，改进的灰色关联系数计算公式为：

$$r_{ij} = \frac{\min\limits_{i \in n} \min\limits_{j \in m}(v_{ij} \cdot |a_{0j}' - a_{ij}'|) + \xi \max\limits_{i \in n} \max\limits_{j \in m}(v_{ij} \cdot |a_{0j}' - a_{ij}'|)}{v_{ij} \cdot |a_{0j}' - a_{ij}'| + \xi \max\limits_{i \in n} \max\limits_{j \in m}(v_{ij} \cdot |a_{0j}' - a_{ij}'|)} \tag{7-8}$$

其中，$|a_{0j} - a_{ij}|$ 是特征之间距离测度；$\xi$ 代表分辨系数，取值范围为 $\xi \in [0,1]$，大部分情况下取值为 0.5；$v_{ij}$ 是计算得出的特征权重；$\min\limits_{i \in n} \min\limits_{j \in m}(v_{ij} \cdot |a_{0j}' - a_{ij}'|)$ 是目标案例与源案例之间的带权最小差值；$\max\limits_{i \in n} \max\limits_{j \in m}(v_{ij} \cdot |a_{0j}' - a_{ij}'|)$ 是带权最大差值，$\min\limits_{i \in n} \min\limits_{j \in m}(v_{ij} \cdot |a_{0j}' - a_{ij}'|) + \xi \max\limits_{i \in n} \max\limits_{j \in m}(v_{ij} \cdot |a_{0j}' - a_{ij}'|)$ 是两案例之间的带权比较，通过分辨系数调节最大差值和最小差值对关联系数计算的影响。根据公式可求得灰色关联系数矩阵 $r$：

$$r = \begin{bmatrix} r_{11} & r_{12} & \cdots & r_{1m} \\ r_{21} & r_{22} & \cdots & r_{2m} \\ \vdots & \vdots & \ddots & \vdots \\ r_{n1} & r_{n2} & \cdots & r_{nm} \end{bmatrix} \tag{7-9}$$

（3）计算案例复合相似度

相似度比距离能更直观地度量两个案例之间的关系。相似度和距离之间存在一个转换关系，根据此关系，当前待匹配案例 $a_0$ 与案例库中某案例 $a_i$ 在特征 $j$ 上的灰色距离为：

$$\text{GDIST}(a_0(j), a_i(j)) = \frac{1}{r_{ij}} - 1 \tag{7-10}$$

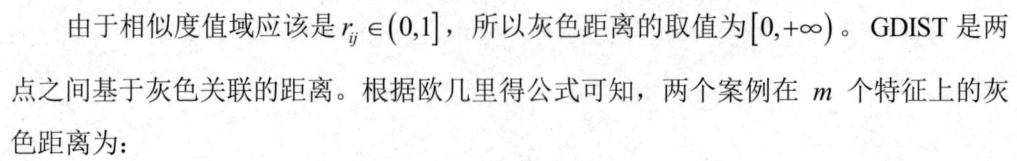

由于相似度值域应该是 $r_{ij} \in (0,1]$，所以灰色距离的取值为 $[0,+\infty)$。GDIST 是两点之间基于灰色关联的距离。根据欧几里得公式可知，两个案例在 $m$ 个特征上的灰色距离为：

$$\text{GDIST}(a_0, a_i) = \sqrt{\sum_{i=1}^{m} \text{GDIST}^2(a_0(j), a_i(j))} \qquad (7\text{-}11)$$

由相似度和距离之间转换公式可得，复合相似度计算公式为：

$$r(a_0, a_i) = \frac{1}{1 + \text{GDIST}(a_0, a_i)} \qquad (7\text{-}12)$$

（4）分辨系数的确定

案例指标之间相似度由加权最大极差、最小极差、特征之间测距和分辨系数组成，对不同的比较序列，由于最大极差和最小极差在不断变化，所以可使用分辨系数来调节极差变化对局部灰色相似度的影响。

对于相似度计算公式，令 $\Delta_i(j) = v_{ij} | a'_{0j} - a'_{ij} |$，$\Delta_{\max} = \max\limits_{i \in n} \max\limits_{k \in m} (v_{ij} | a'_{0j} - a'_{ij} |)$，$\Delta_{\min} = \min\limits_{i \in n} \min\limits_{j \in m} (v_{ij} | a'_{0j} - a'_{ij} |)$，则：

$$R(a_0(j), a_i(j)) = \frac{\Delta_{\min}/\Delta_{\max} + \xi}{\Delta_i(j)/\Delta_{\max} + \xi} \qquad (7\text{-}13)$$

当 $\Delta_i(k) = \Delta_{\max}$ 时，$R(a_0(k), a_i(k))$ 取得最小值为：

$$R(a_0(j), a_i(j)) = \frac{\Delta_{\min}/\Delta_{\max} + \xi}{1 + \xi} \qquad (7\text{-}14)$$

当 $\Delta_i(k) = \Delta_{\min}$ 时，$R(a_0(j), a_i(j))$ 取得最大值 1。

因为 $\Delta_{\max} < \Delta_{\min}$，由最小值公式可以看出，当 $\xi$ 增大时，求得的灰色关联系数就越大，$\xi$ 减小时，求得的灰色关联系数就减小。由于在计算灰色关联系数时引入了全局的 $\Delta_{\min}$ 和 $\Delta_{\max}$，所以计算结果不仅与当前数列有关，也与所有的源案例数列有关，体现了灰色理论的整体性思想。从式（7-8）可以看出，$\xi$ 取值越大，就认为 $\Delta_{\max}$ 越重要，相反就越不重要，其意义是 $\xi$ 取值反映了对系统整体性的重视程度。$\xi$ 取值应该遵循以下原则：根据源序列取值动态变化；当源序列取值出现奇异值时，$\xi$ 应该取小一些的值来减少奇异值的干扰；当源序列取值平稳时，$\xi$ 应该取大一些的值以重视整体性关联。

设 $\Delta_i(j) = |a_0(j) - a_i(j)|$，则差值矩阵为：

$$\Delta = \begin{bmatrix} \Delta_1(1) & \Delta_1(2) & \cdots & \Delta_1(m) \\ \Delta_2(1) & \Delta_2(2) & \cdots & \Delta_2(m) \\ \vdots & \vdots & \ddots & \vdots \\ \Delta_n(1) & \Delta_n(2) & \cdots & \Delta_n(m) \end{bmatrix} \quad (7\text{-}15)$$

计算差值矩阵的均值为：

$$\Delta_A = \frac{\sum_{i=1}^{n}\sum_{k=1}^{m}\Delta_i(j)}{mn} \quad (7\text{-}16)$$

令 $\varepsilon_\Delta = \frac{\Delta_a}{\Delta_{\max}}$，$\xi$ 根据 $\varepsilon_\Delta$ 取值来确定，有以下几种取值方式：

当 $\frac{1}{\varepsilon_\Delta} > 3$ 时，意味着序列中有奇异值，那么按照第二条规则，$\xi$ 取值不应超过 0.5，这样能抑制最大极差带来的扰动。

当 $0 < \frac{1}{\varepsilon_\Delta} \leqslant 3$ 时，表示源序列是平稳序列，这时 $\xi$ 的取值应该稍微加大，以增强最大极差的作用，充分考虑系统的整体性，取值为：

$$\xi = \begin{cases} 2\varepsilon_\Delta, & 2 \leqslant \frac{1}{\varepsilon_\Delta} \leqslant 3 \\ [0.8,1], & 0 < \frac{1}{\varepsilon_\Delta} < 2 \end{cases} \quad (7\text{-}17)$$

### 7.1.5 面向服务商的故障知识库业务科技资源应用案例

以案例推理功能实现为例，故障来源有两种诊断方式：故障信息输入诊断和故障信息选择诊断。

**1. 故障信息输入诊断**

人们能观测到的车辆故障现象往往是一些非精确的模糊信息，能够用一些话简单描述出来。本功能根据用户输入的模糊描述信息提取车辆相关的故障件和故障现象进行案例匹配，具体诊断步骤如下。

Step1：用户输入车辆信息，包括车型、车龄、行驶里程和故障描述，故障时间由系统自动获取。

Step2：对输入的故障现象信息进行分词和提取关键词，分词和提取关键词采用结巴分词，并且在关键词提取时加入自定义词典，根据分词信息提取用户输入的故障件和故障现象。如果未识别故障件，则返回 Step1 重新录入信息。

Step3：利用 SQL 语句查询出该故障件对应知识库中的案例，减少计算灰色关联时的计算量。

Step4：根据查询出的案例，采用灰色关联算法与目标案例计算灰色关联度，其中故障现象描述也采用结巴分词工具分词和提取关键词，基于知网计算描述之间的语义相似度。

Step5：对案例按照计算好的灰色关联系数排序，保存关联度最大的几条记录，即根据用户输入匹配最可能的故障原因。

Step6：根据故障配件统计相关的故障配件各车型占比、故障配件各原因件占比、故障配件各故障现象占比、故障配件数量趋势，这些能够为维修人员提供参考。

Step7：将得到的案例信息和统计信息返回，案例信息通过 Json 解析绑定到页面，统计信息通过 Echart 插件图形化展示，案例推理结果界面如图 7-3 所示。

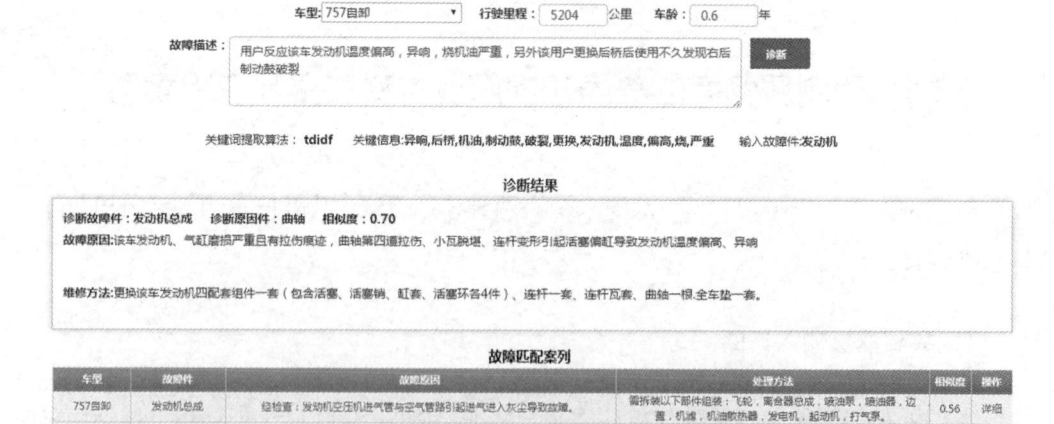

图 7-3 案例推理结果界面

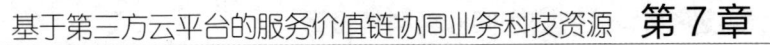

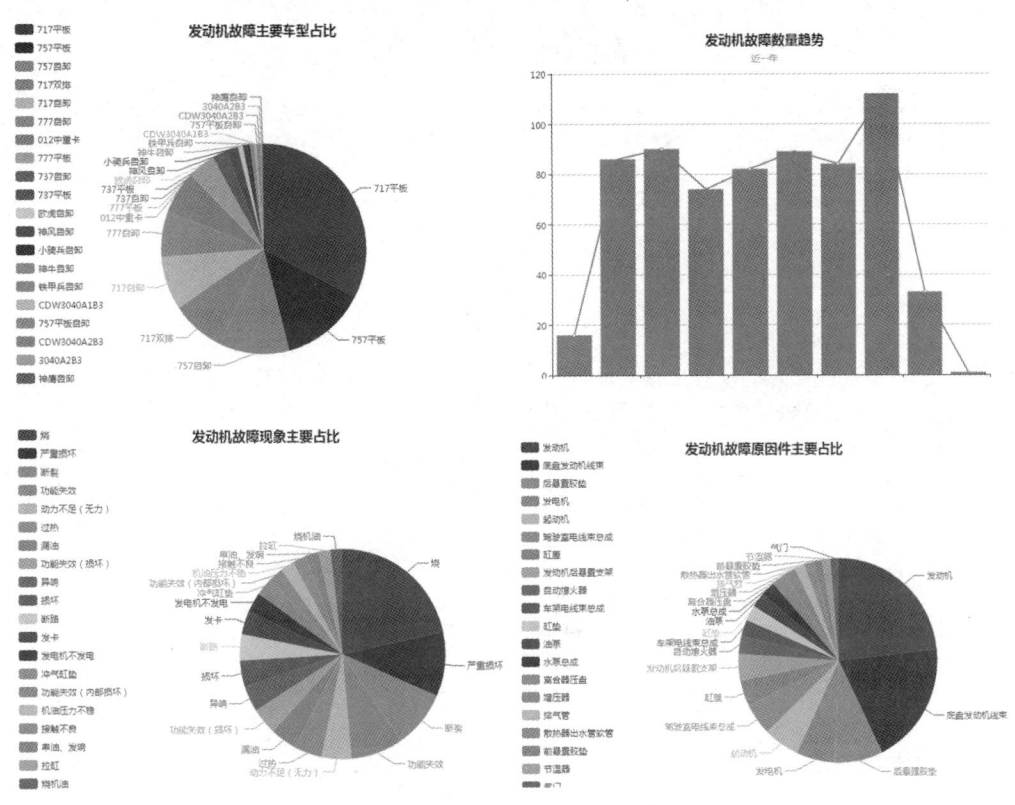

图 7-3　案例推理结果界面（续）

用户可以通过诊断报告查看返回的案例与其输入案例的相似度、最可能的故障原因件、故障原因详细描述信息及故障维修方法，也可以查看案例的详细维修信息，同时以图形化的方式直观展现统计的故障件各车型占比、故障件各原因件占比、故障件各故障现象占比和故障件数量趋势。

## 2. 故障信息选择诊断

故障信息选择诊断是通过故障件选择和故障现象来进行车辆故障诊断的。其中故障件和故障信息是通过字典维护的，相对于第一种故障现象输入诊断方式，这种方式将故障信息归纳总结到字典表里，使用时更方便，同时也减少了故障信息分词和关键词提取的步骤，但比第一种方式录入的信息少，现象描述更为简略。其诊断过程与第一种方式类似。诊断交互和返回结果如图 7-4 所示。

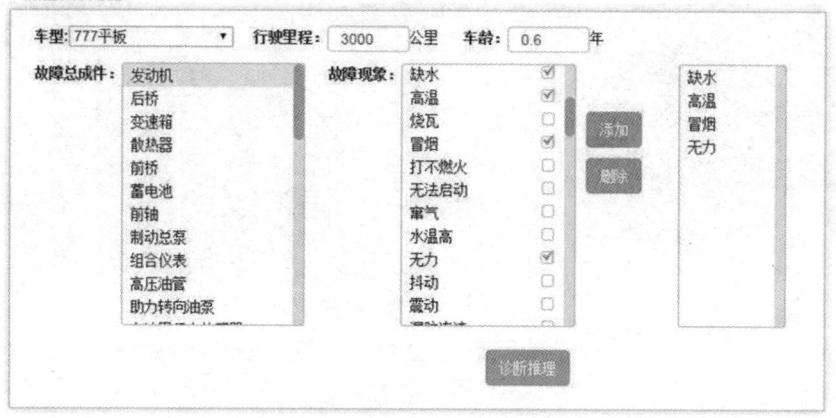

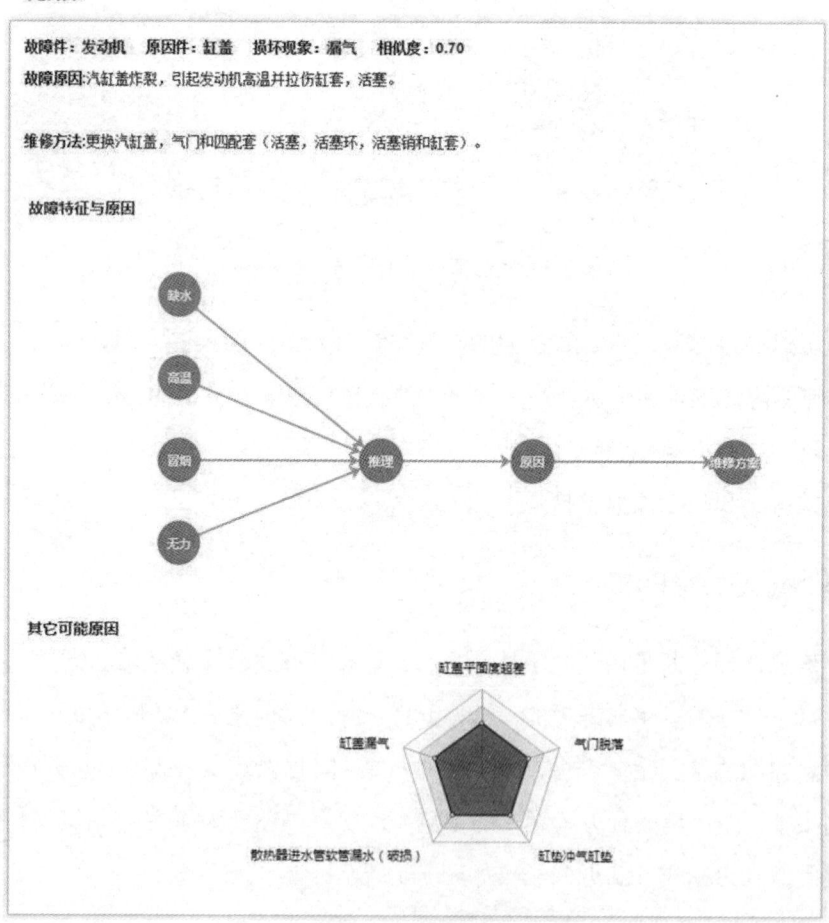

图 7-4　诊断交互和返回结果

用户诊断的时候先填写相应的车辆信息，然后选择故障件，故障现象根据故障件动态加载，再从故障现象中选择相应的故障现象，单击诊断推理系统开始诊断并返回诊断报告。从诊断报告中可以看到返回的故障原因配件、损坏现象、案例相似度、故障原因及维修方法，同时也可以通过雷达图展示其他可能的故障原因，单击雷达图可以查看其他故障原因列表，如图 7-5 所示。

| 方案编号 | 故障可能原因 | 维修方法 | 操作 |
| --- | --- | --- | --- |
| 1 | 经检查：气缸盖第二缸位置有槽，导致气缸垫密封不严，引起缺水高温。 | 更换气缸盖一个、进排气门8个、气门油封8个、气缸垫一张处理。 | 详细 |
| 2 | 经检查：气缸垫多次更换属气缸盖变形，缸盖有槽漏气，导致缺水高温。 | 更换气缸盖总成一套处理（进排气门8根、气门油封8个、气缸垫一张）。 | 详细 |
| 3 | 经查该车上水管接口有少许破裂导制漏水高温 | 为用户重新拆装水管修复处理。 | 详细 |
| 4 | 经我站外出检查发现发动机第二缸气门调整螺丝脱落。 | 拆装座椅、拆装挂档杆、拆装气室盖、拆装摇臂，处理气门螺丝脱落后，故障排除。 | 详细 |
| 5 | 经我站拆卸检查发现发动机内积碳过多。 | 为用户拆动发动机清理积炭 故障排除。 | 详细 |

图 7-5　其他故障原因列表

列表中列出了其他几个可能的故障原因，单击详细可以查看维修的服务站、联系方式、车型等详细维修档案信息，如图 7-6 所示。

| 详细维修档案 | | | |
| --- | --- | --- | --- |
| 客户姓名： | 黎晴林 | 客户电话： | 13974679723 |
| 客户地址： | 湖南省永州市零陵区邮亭圩镇黄石坪村 | | |
| 服务站名称： | 永州市锦潇汽车贸易有限公司 | 服务站登记人： | yzjx1 |
| 接收时间： | 2014/4/22 0:00:00 | 维修时间： | 2014/4/22 0:00:00 |
| 车型： | 717自卸 | 底盘号： | LJVC83D44DT007519 |
| 发动机型号： | Q130703934D | 发动机厂： | 全柴485A |
| 行驶里程： | 9825.00 | 故障件名： | 缸盖 |
| 总成件名称： | 发动机总成 | 总成件规格： | 全柴QC485/A10-102 |
| 总成件厂家名称： | 安徽全柴动力股份有限公司 | 维修金额： | 848.00 |
| 故障描述： | 用户购车后一直反应发动机经常缺水高温，已连续更换两次气缸垫，但水温高一直无法排除，每天出车时总是担心发动机缺水拉缸。 | | |
| 故障原因： | 经检查：气缸垫多次更换属气缸盖变形，缸盖有槽漏气，导致缺水高温。 | | |
| 处理结果： | 更换气缸盖总成一套处理（进排气门8根、气门油封8个、气缸垫一张）。 | | |

图 7-6　车辆详细维修档案信息

## 7.2 面向服务商的故障知识服务业务科技资源

### 7.2.1 服务价值链协同云平台下的故障知识服务需求分析

针对平台现有的维修服务模式中存在的问题,制造企业希望能充分挖掘历史业务数据,为服务商维修车辆提供指导,提高服务商的维修效率,降低自己的服务成本,提高客户的满意度。具体需求分析如下。

**1. 降低服务商的学习成本,提高服务商的维修技术水平**

目前,制造企业的故障数据只是被统一整理存储起来,并未对数据进行充分挖掘。对制造企业来说,对这些故障数据的使用存在浪费,制造企业希望能够将故障数据转换为故障知识,清晰地展示车系、车型、故障配件、故障现象、故障原因和维修方法等知识间的关系,然后为自己的服务商提供故障知识服务,使服务商能够轻松地学习故障知识,降低服务商的学习成本,从而提高服务商的维修技术水平,增加客户对自己品牌的满意度。

**2. 提高服务商的维修效率,降低企业的服务成本**

由于车辆结构复杂,以及由于服务商的维修技术水平不齐,服务商在维修车辆时存在一定的困难,导致车辆维修时间长,制造企业的服务成本增加。历史故障数据中的故障配件、故障现象、故障原因等数据在维修类似故障时有重大的指导意义,制造企业希望利用这些数据实现智能故障诊断,为服务商的故障维修提供指导,在一定程度上提高服务商的维修效率,降低自己企业技术科的服务压力。同时希望服务商在外出服务前能够根据车主的故障描述判断可能的故障配件和故障原因,并备齐工具和配件,提高外出现场维修的效率,减少浪费车主的时间,降低制造企业的服务成本。

### 3. 利用第三方云平台扩大知识规模，提高故障诊断正确率

作为第三方平台，汽车产业链协同平台聚集了多家核心制造企业进行业务协作，各个制造企业之间存在使用同品牌部件的情况，同品牌部件是指多个制造企业使用同一家供应商生产的零部件。制造企业希望在进行故障诊断时，如果本企业内没有相似故障，能够通过云平台获取更多的故障知识，能够使用更大的故障知识规模来进行故障诊断，从而提高故障诊断的正确率。

为满足制造企业的这一需求，通过对平台上多个企业的故障数据进行分析，建立第三方云平台的故障分类体系，将故障数据转换为故障知识，为制造企业、服务商和车主提供多链故障知识服务，既能够降低维修人员的学习成本，提高维修效率，也能降低制造企业服务成本，提高客户满意度。

## 7.2.2 面向服务商的故障知识服务业务流程设计

故障关系搜索、智能故障诊断和故障案例推理功能同时提供了链内和跨链的服务，考虑到不同地区的服务商和车主会访问部署在不同地区的系统，制造企业会访问部署在制造企业的系统，但在流程设计时无法全部表示出来。下面以 A 地区的服务商为例，对功能流程进行设计，其他地区的服务商、车主或者制造企业在访问时，除了系统所属位置不同，其他的流程均相同。

### 1. 智能故障诊断流程

智能故障诊断使用多个链条的数据进行故障诊断，用户需要选择诊断所使用的数据源，同时需要选择多个故障影响因素并输入故障现象。A 地区服务商访问时，智能故障诊断流程如图 7-7 所示。

在智能故障诊断时，首先根据故障现象在自己的链内搜索相似故障现象，如果相似度大于故障现象相似度阈值，则进行链内的故障诊断；如果链内没有相似故障，即相似度小于故障现象相似度阈值，且可选择其他链条作为数据源。同时当前链与所选择的数据源链条中具有同品牌故障件，则可以在所选择的数据源链条中搜索相似故障现象；如

果此时相似度大于故障现象相似度阈值，则进行跨链智能故障诊断，否则同样进行链内故障诊断。

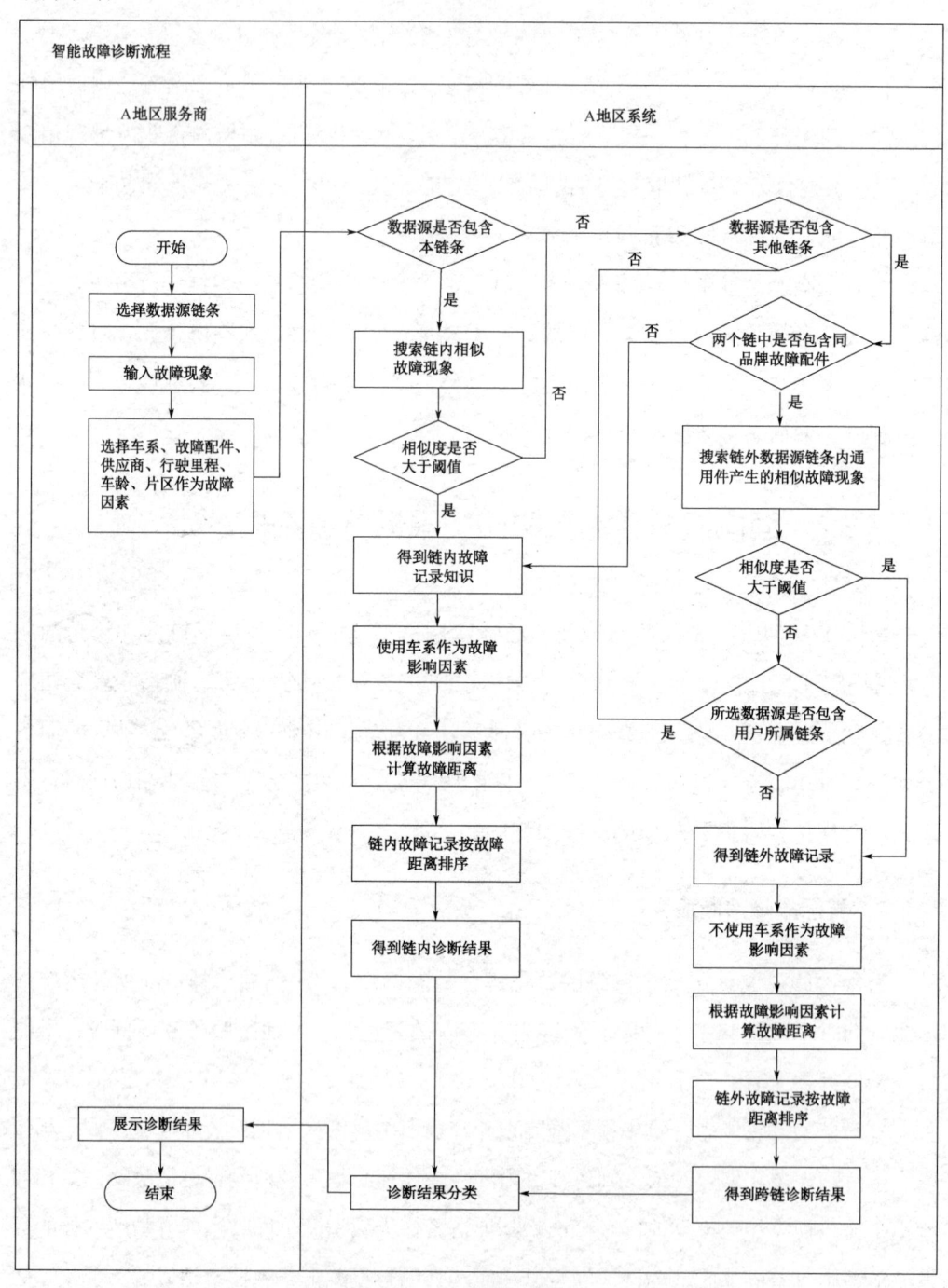

图 7-7　智能故障诊断流程

## 2. 故障案例推理流程

故障案例推理使用多个链条的数据进行推理，用户可以选择数据源链条，同时选择推理条件，并输入故障现象，A 地区服务商访问时，故障案例推理流程如图 7-8 所示。

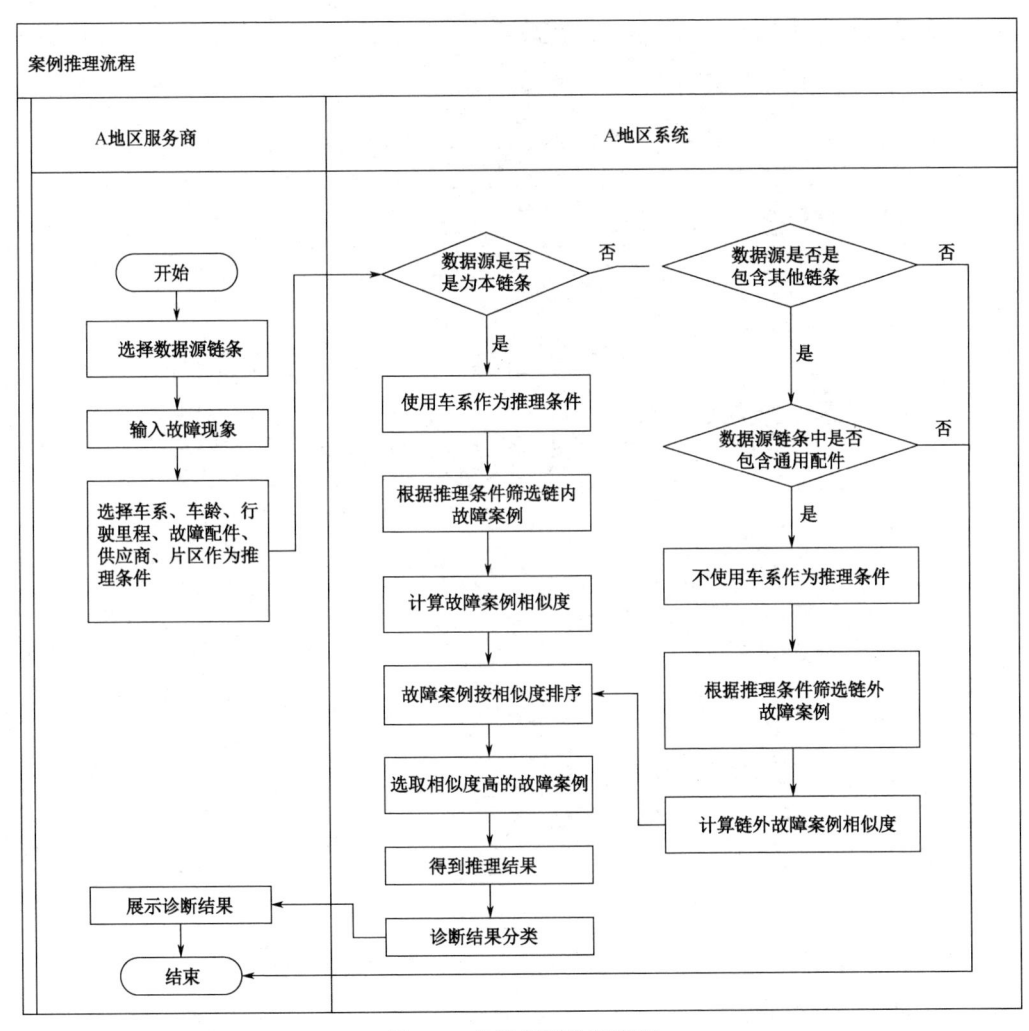

图 7-8　故障案例推理流程

在故障案例推理时，首先根据推理条件在所选的数据源链条中进行故障案例筛选，如果数据源链条是当前链条，需要使用车系作为推理条件，计算输入的故障现象与筛选结果案例的相似度。选择相似度高的案例作为推理结果，并根据平台的故障分类体系对推理结果进行分类。

### 3. 故障关系搜索流程

故障关系搜索分为链内故障关系搜索和跨链故障关系搜索，通过结束节点所属的链条区分。链内故障关系搜索提供了链内的车系、车型、故障配件、故障现象、故障原因和维修方法节点之间的关系的搜索，跨链故障关系搜索提供了以链内的故障件或故障现象作为起始节点，以其他链的故障件、故障现象、故障原因和维修方法节点作为结束节点的故障关系的搜索。A 地区服务商访问时，故障关系搜索流程图如图 7-9 所示。

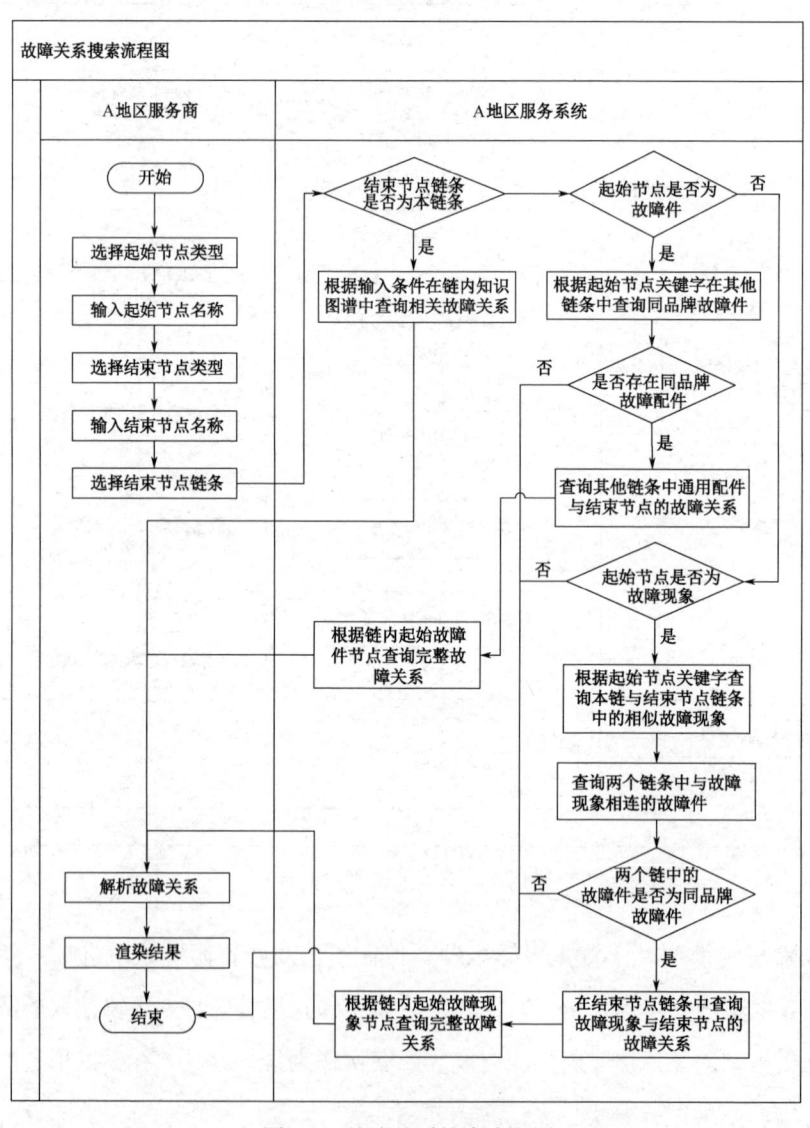

图 7-9 故障关系搜索流程图

在故障关系搜索时，需要在选择结束节点所属链条后，选择故障关系的起始节点类型和结束节点类型，并输入起始节点名称和结束节点名称。如果是链内的故障关系搜索，则直接在链内故障知识图谱中查询即可实现。如果是跨链故障关系搜索，需要判断起始节点是故障配件还是故障现象。若起始节点是故障配件，直接使用起始故障配件节点来判断两个链条中是否有同品牌部件。如果有，则根据同品牌故障配件查询故障关系。若起始节点是故障现象，那么根据起始故障现象节点在结束节点链条中搜索相似的故障现象后，判断两个故障现象是否由同品牌故障件产生。如果是，则在两个链条中根据故障现象搜索完整的故障关系。

## 7.2.3 面向服务商的故障知识服务业务科技资源构建

故障知识服务系统基于平台进行开发、集成、运行和维护。为了达到程序易扩展、易维护、可重用等设计目标，系统采用 B/S 架构模式进行程序开发。平台上的多个制造企业的售后服务系统是独立运行的，采用不同的业务数据库，但平台的数据空间集成了所有业务系统的业务数据，通过从平台数据空间抽取数据构建独立的数据库层，避免与云平台上已有的售后维修服务业务系统产生冲突，以加快数据读取速度。故障知识服务系统的架构分为数据库层、数据访问层、算法模型层、业务逻辑层和用户表示层，系统架构图如图 7-10 所示，详细介绍如下。

### 1. 数据库层

数据库层包括故障知识图谱和故障知识专业库。故障知识专业库是从数据空间中抽取多个制造企业的故障数据形成的，采用关系型数据库 SQLServer 2014 存储。故障知识图谱对平台上服务数据空间的多个制造企业的故障数据进行抽取、处理、融合得到的，并采用图数据库 neo4j 存储。数据库层为故障知识服务系统提供了数据支持。

### 2. 数据访问层

数据访问层是对数据库访问的封装，封装了对故障知识图谱的访问方法和对故障知识专业库的访问方法，实现了对知识图谱和专业库的添加、查询、删除和修改接口。

3. 算法模型层

算法模型层封装了 word2vec 算法、BERT 算法、WORD2VEC- BERT 算法、HNSW 算法及神经网络分类模型的训练逻辑,实现故障诊断和案例推理的接口。算法模型层利用数据访问层提供的接口提取数据用于算法训练、故障匹配及故障推荐等,为上层提供算法接口。

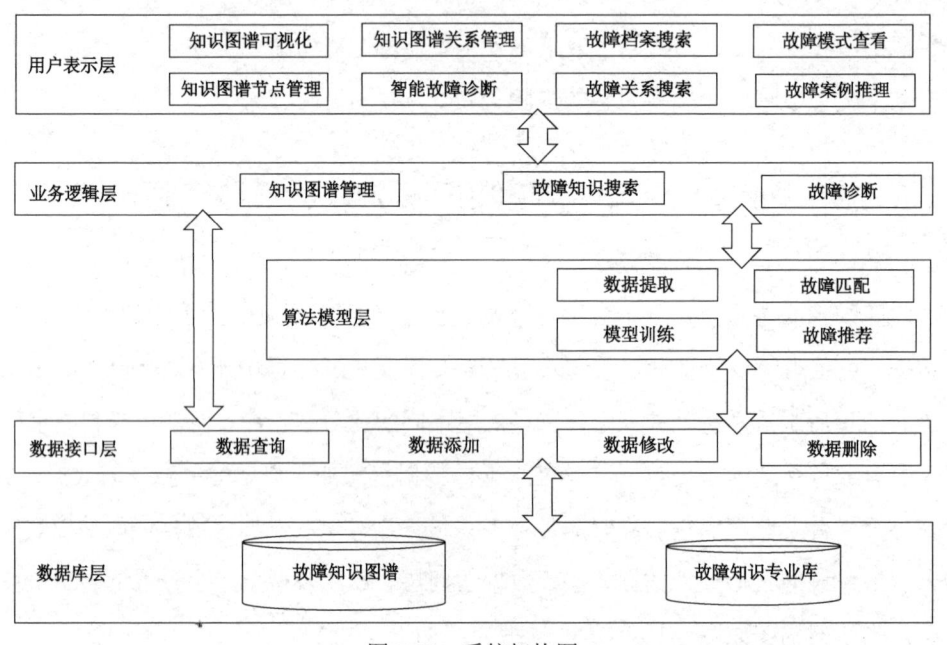

图 7-10 系统架构图

4. 业务逻辑层

业务逻辑层是具体功能的实现,包括业务逻辑和算法调用逻辑,可直接利用数据接口层提供的接口读取数据实现相关业务,也可调用算法模型层的接口完成故障诊断业务。业务逻辑层是系统功能实现的核心,起承上启下的作用。业务逻辑层包括知识图谱管理、故障知识搜索和故障诊断等业务逻辑。

5. 用户表示层

用户表示层是系统功能具体展示的位置,以网页的形式表现。用户通过此层可以与系统进行交互,系统提供直观的页面展示。用户表示层包含了系统的具体功能,如知识图谱可视化、故障关系搜索、故障案例推理等。

## 7.2.4 支持服务商故障知识服务业务科技资源的匹配搜索模型

### 1. 基于 word2vec-BERT 的故障匹配模型研究

车辆故障匹配是根据输入的故障现象在历史故障案例库中匹配相似的故障案例，故障现象相似度的计算可以分为基于字词距离的相似度计算和基于向量距离的相似度计算。因为基于字词距离的相似度计算无法考虑语义信息，所以采用基于向量距离的相似度计算，并采用向量的余弦距离作为相似度计算的衡量标准，余弦距离越小，相似度越高。余弦距离的计算公式为：

$$\cos(\theta) = \frac{a \cdot b}{|a||b|} = \frac{\sum_{k=1}^{n} x_{1k} x_{2k}}{\sqrt{\sum_{k=1}^{n} x_{1k}^2} \sqrt{\sum_{k=1}^{n} x_{2k}^2}} \tag{7-18}$$

$$d = 1 - \cos(\theta) \tag{7-19}$$

利用故障现象嵌入模型可以将所有历史故障现象嵌入为向量，形成故障现象向量空间，同时将输入的故障现象也嵌入为匹配向量，利用向量计算将故障匹配过程变为在向量空间中搜索与匹配向量余弦距离最小的向量过程，从而变成了向量空间的搜索问题。

向量空间的最近邻搜索是在向量空间中搜索与目标向量最相似向量的问题，分为精确最近邻搜索和近似最邻近搜索。在精确最近邻搜索中，最简单的方法是采用穷举法对向量空间的向量进行枚举计算，抽取距离最近的向量作为搜索结果，但简单的蛮力法在数据量大的时候搜索效率急剧下降；通常情况下，数据多呈现聚簇状态，因此可以考虑建立索引，如 KD 树等。但当向量维度非常高的时候，索引算法的复杂度将会大大提高。近似最近邻搜索综合考虑了准确率和时间的影响，即在可控的时间内获取可接受但不是最理想的搜索结果，常用的近似最近邻搜索算法有局部敏感哈希算法、Annoy 算法、HNSW 算法等。根据常用的近似最近邻搜索算法在 Fashion-MIST 数据集上的对比实验，HNSW 算法效果最好，比 Annoy 算法快 10 倍左右，而局部敏感哈希算法表现最差。HNSW 算法是一种基于图的算法，HNSW 算法在 NSW

（Navigable Small World graphs）算法的基础上融入跳表的思想，构建为多层图结构。NSW 算法中提出了"友点"的概念，空间中的点至少要与 $m$ 个"友点"相连，从而将所有的点形成一张图，NSW 算法示例如图 7-11 所示。

NSW 算法在搜索时，首先随机指定空间中的一个点为搜索起点，并计算其与搜索点的距离，接下来计算搜索起点的"友点"与搜索点的距离，如果搜索起点与搜索点的距离最小，那么这个点就可以作为搜索结果，否则将距离最小的"友点"作为搜索起点，重复以上过程，直到满足搜索起点距离最小的条件。NSW 算法在构建图时，首先指定"友点"个数为 $m$，接下来对每个插入的点都按照上述的搜索过程找到 $m$ 个"友点"，然后将插入点与它的"友点"相连，重复以上过程，直到空间中所有的点都插入完成。

HNSW 在 NSW 算法的基础上增加了层级的概念，第 0 层为 NSW 算法构建的图。第 0 层中的每个点都通过公式 $floor(-\ln(uniform(0,1) \times ml))$ 来计算可以深入到第几层。其中，ml 为用户指定的参数。第 0 层以上的每一层都按照 NSW 算法来构建图，HNSW 算法示例如图 7-12 所示。HNSW 算法所构建的搜索空间是一个多层的图，搜索过程利用跳表的查询思想。HNSW 算法在搜索时从最高层开始搜索，搜索过程与 NSW 算法搜索过程类似，首先随机指定搜索起点，然后按照 NSW 的搜索过程进行搜索，当查找到最近点时，会将当前点作为下一层的搜索起点在下一层中继续搜索，直到在第 0 层中找到最近点。

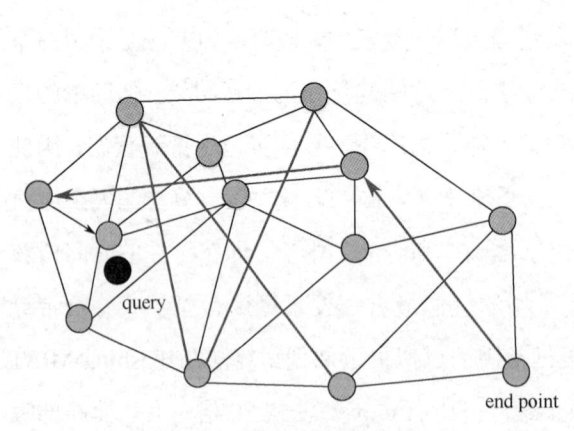

图 7-11 NSW 算法示例

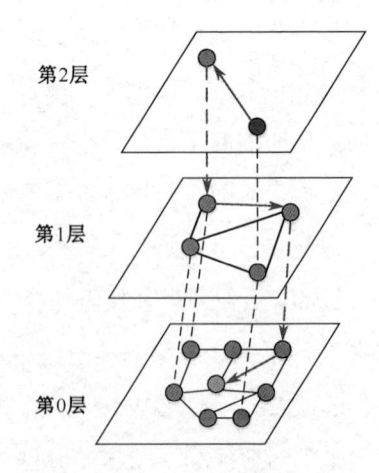

图 7-12 HNSW 算法示例

基于 word2vec 的语句嵌入模型以词语为单位,但结果依赖于分词的准确度;基于 BERT 的语句嵌入模型以字符为单位,能够在一定程度上避免分词,但忽略了词语级别的语义,而基于 word2vec-BERT 的语句嵌入模型能够兼顾词语级别的语义和语句级别的语义,提高故障现象匹配的准确度。基于 word2vec-BERT 的故障现象嵌入是将 word2vec 嵌入向量和 BERT 嵌入向量按一定权重相加。由于向量维度高,再加上历史故障现象的数量大,导致最后形式的向量空间是一个高维海量向量空间,使得在向量空间中做匹配计算的时候计算量大、计算速度慢,无法满足实际中快速响应的需求。使用 HNSW 算法虽然会降低一些匹配的准确度,但却能大幅度提高匹配的效率,使得模型具有实际的应用能力。

基于 word2vec-BERT 的嵌入模型,首先利用 word2vec 嵌入模型和 BERT 嵌入模型分别将故障现象的文本表示转换为向量表示,然后将两个向量按一定的权重相加形成一个新的向量,计算公式为:

$$V = \alpha V_{\text{BERT}} + (1-\alpha) V_{\text{word2vec}} \tag{7-20}$$

其中,$V_{\text{BERT}}$ 为基于 BERT 的嵌入模型得到的向量;$V_{\text{word2vec}}$ 为基于 word2vec 的嵌入模型得到的向量;$\alpha$ 为权重。利用以上公式能够得到故障现象的嵌入向量,并以此将所有的历史故障现象向量化,形成故障现象向量空间,同时使用 HNSW 算法将向量空间转换为搜索空间,使用相同的嵌入模型将输入的故障现象嵌入为匹配向量,利用 HNSW 算法在搜索空间搜索近似最相似的向量从而得到结果向量,然后根据索引得到结果向量对应的历史故障现象,最后根据历史故障现象得到历史故障案例,从而得到匹配结果。故障匹配模型结构如图 7-13 所示。

从图 7-13 中可以看出,融合的车辆故障匹配模型可以分为搜索空间的构建和故障搜索两个部分。搜索空间是将历史故障现象向量化后使用 HNSW 模型构建的 HNSW 搜索空间,搜索空间流程图如图 7-14 所示。

历史故障现象通常变化不大,并且由于数量较大,构建搜索空间的时间也较长,因此在实际应用中搜索空间只构建一次,每次故障匹配时都使用同一个搜索空间进行搜索。故障搜索是根据输入故障描述的嵌入向量采用 HNSW 算法在故障搜索空间中搜索近似最相似的向量,此向量对应的故障现象就是故障现象匹配结果,再根据此故障现象获取到相应故障案例,故障搜索流程如图 7-15 所示。故障搜索中输入的故障

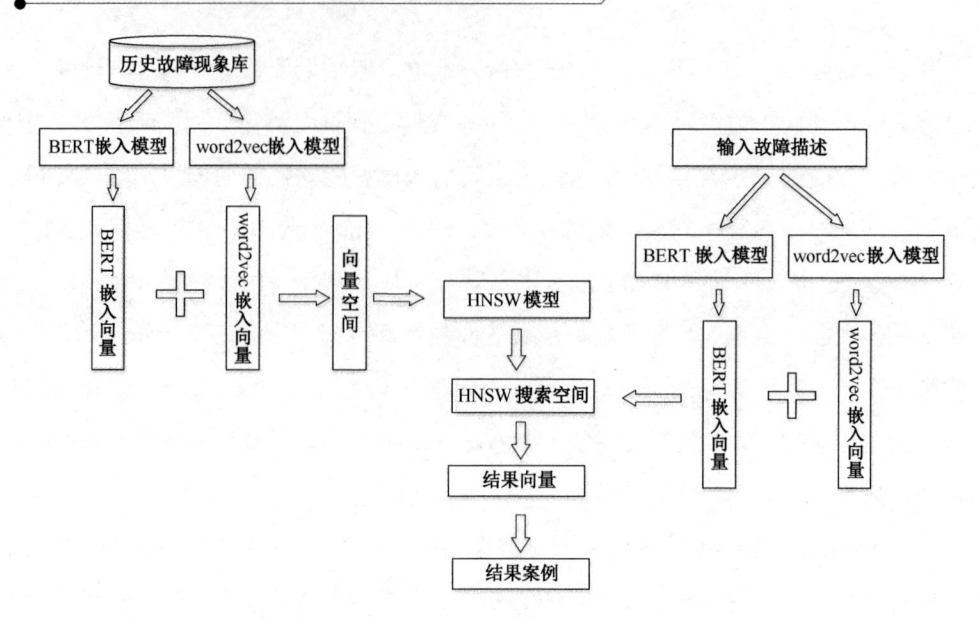

图 7-13　故障匹配模型结构

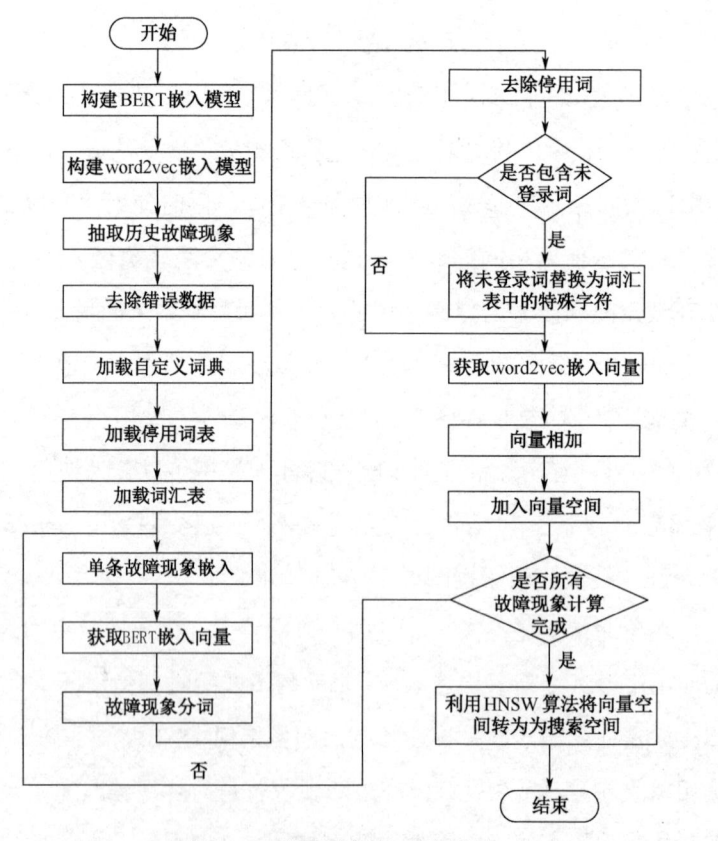

图 7-14　搜索空间构建流程图

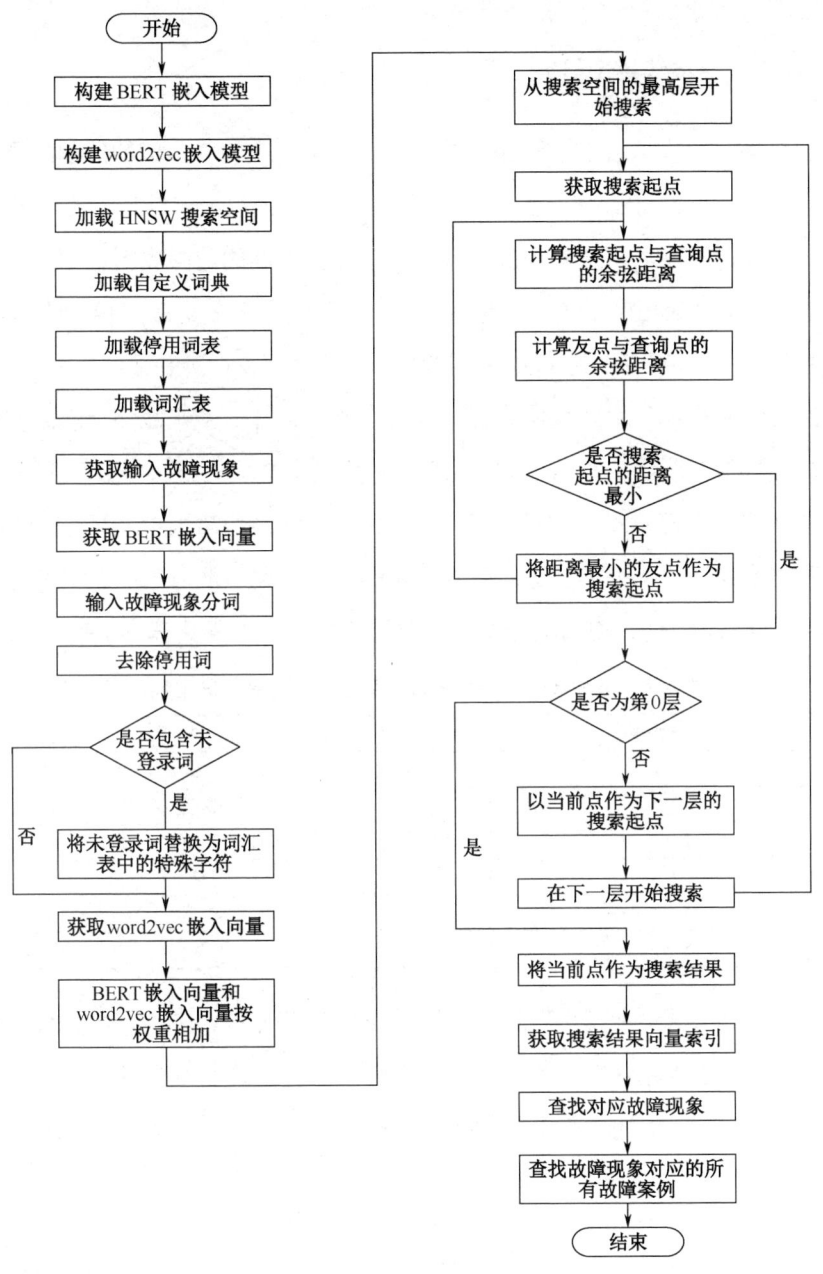

图 7-15　故障搜索流程

现象使用的嵌入模型要与搜索空间构建时使用的嵌入模型相同，同时进行 HNSW 算法搜索时使用的参数也需要相同，并且能够通过搜索结果向量查找到对应的故障现象，然后根据故障现象查找出对应的故障案例。

## 2. 链内故障推荐模型研究

根据故障匹配模型可以得到输入的故障现象所对应的多个可能的故障原因，如果同时将所有的匹配结果都进行展示，会导致用户一时无法分辨结果，需要根据更多的故障影响因素对匹配的候选集进行筛选后推荐可信度高的故障原因、故障模式和故障分类。通过对平台数据空间的数据进行分析，发现其中与车辆故障相关的影响因素有车系、故障配件、故障配件品牌（供应商）、行驶里程、车龄和片区等。

采用神经网络模型对匹配结果进行分类，目的是计算两个故障案例之间的距离。模型使用故障案例所属的故障原因和故障模式作为标记，如果两个故障案例的故障原因相同并且故障模式相同，说明两个故障案例间的故障距离为 0，不相同时则为 1，从而将其转换为一个二分类问题。模型的输出是一个大小范围在[0,1]之间的标量，模型的输入向量长度为 6，对应 6 个故障影响因素，对应关系见表 7-4。

表 7-4 链内故障分类模型输入向量与故障影响因素的对应关系

| 输入向量元素 | 影响因素 |
| --- | --- |
| 0 | 车系 |
| 1 | 故障件 |
| 2 | 故障件品牌（供应商） |
| 3 | 片区 |
| 4 | 行驶里程 |
| 5 | 车龄 |

由于当车系、故障配件、供应商和片区为文本类别类型时，无法直接作为模型的输入，需要将文本类别转换为数字，采用字典的方法将文本类别离散化后，使用数值 ID 表示某一个类别。同时将两个故障案例中对应的车系、故障配件、供应商和片区的数值 ID 差值的绝对值作为输入，计算公式为：

$$x_i = \text{abs}(\text{ID}_{ai} - \text{ID}_{bi}) \tag{7-21}$$

其中，$x_i$ 为输入向量的元素，$i=\{0,1,2,3\}$；$\text{ID}_{ai}$ 和 $\text{ID}_{bi}$ 表示两个故障案例对应的故障影响因素的类别 ID。行驶里程为数字类型，但是考虑到其值范围较大，并且大部分在 0~10 000 千米范围内，可将其划分为 6 段：0~2 000 千米、2 000~4 000 千米、4 000~6 000 千米、6 000~8 000 千米、8 000~10 000 千米及 10 000 千米以上，计算公式为：

$$r = \begin{cases} |x/2000|, & x < 10\,000 \\ 5, & x \geq 10\,000 \end{cases} \quad (7\text{-}22)$$

$$x_4 = \mathrm{abs}(r_a - r_b) \quad (7\text{-}23)$$

式（7-22）中，$x$ 为故障案例中的行驶里程，$r$ 为所属的段。式（7-23）中，$r_a$ 和 $r_b$ 分别为两个故障案例中行驶里程所属的段，$x_4$ 表示模型输入向量的第 5 个元素。车龄也为数字类型，范围为 0～36 个月，大部分都在 0～12 月内，因此将其划分为 5 段：0～3 月、3～6 月、6～9 月、9～12 月及 12 月以上，计算公式为：

$$c = \begin{cases} |x/3|, & x < 12 \\ 4, & x \geq 12 \end{cases} \quad (7\text{-}24)$$

$$x_5 = \mathrm{abs}(c_a - c_b) \quad (7\text{-}25)$$

式（7-24）中，$x$ 为故障案例中的车龄，$c$ 为所属的段。式（7-25）中，$c_a$ 和 $c_b$ 分别为两个故障案例中车龄所属的段，$x_5$ 表示模型输入向量的第 6 个元素。

链内故障分类模型使用的是一个 5 层神经网络，包括了一个输入层、三个全连接隐藏层和一个输出层，链内故障分类模型结构如图 7-16 所示。

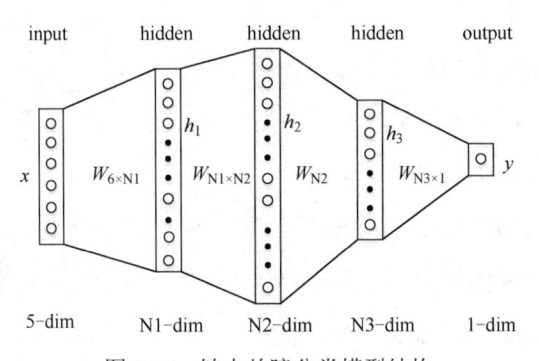

图 7-16 链内故障分类模型结构

在进行链内故障推荐之前，会根据已有数据对神经网络分类模型进行训练。故障推荐是利用神经网络分类模型计算匹配结果的故障距离，为用户推荐故障距离小的故障案例，链内故障推荐流程如图 7-17 所示。推荐时首先利用故障现象匹配模型得到可能的故障案例，然后以故障影响因素作为输入，计算每一个匹配结果案例的故障距离，可以得到一个范围为[0,1]的距离值，如果某个影响因素未输入，则所对应的输入向量中的元素为 0，最后根据故障距离从小到大排序得到最终的推荐结果。

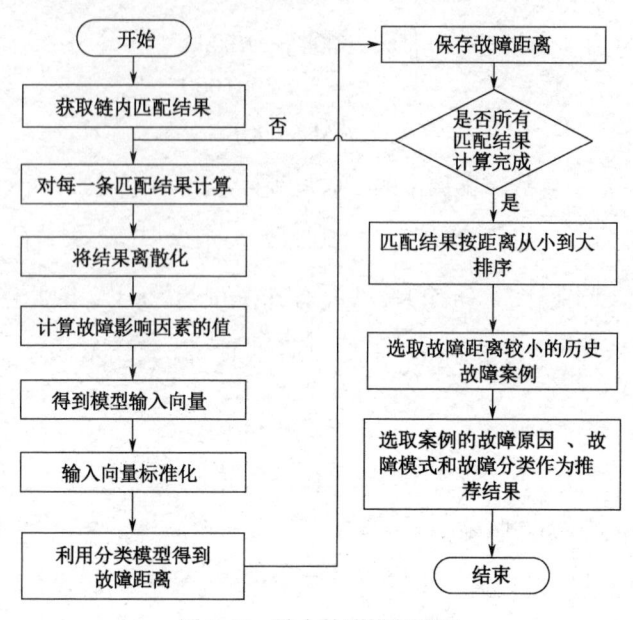

图 7-17 链内故障推荐流程

### 3. 跨链故障推荐模型研究

汽车产业价值链协同平台上有多家商用车制造企业在进行业务协作，由于车辆的零部件具有同质性，存在不同车辆使用同品牌部件的情况，因此同品牌部件产生的故障现象对应的故障原因也有可能相同。

跨链故障推荐模型与链内故障推荐模型类似，诊断流程也相似，跨链故障推荐模型同样基于神经网络分类模型。因为不同链条存在业务相容，跨链故障推荐时可使用业务相容因素作为故障影响因素。不同的链条所使用的车系的命名方式不同，如 KM 链条使用轻卡、TJ 链条使用工程自卸、WP 链条使用 777 自卸等，因此跨链故障推荐模型无法使用车系作为一个故障影响因素。跨链故障推荐模型使用的故障影响因素包括故障配件、故障配件品牌（供应商）、片区、故障件的运行里程和故障配件的运行时间。同样，跨链故障推荐模型的输出也是一个在[0,1]之间的标量，输入向量长度为 5，对应 5 个故障影响因素，对应关系见表 7-5。

表 7-5 跨链故障推荐模型输入向量与故障影响因素的对应关系

| 输入向量元素 | 影响因素 |
| --- | --- |
| 0 | 故障配件 |
| 1 | 故障配件品牌（供应商） |

续表

| 输入向量元素 | 影响因素 |
|---|---|
| 2 | 片区 |
| 3 | 运行里程 |
| 4 | 运行时间 |

跨链故障推荐模型的输入向量与链内故障推荐模型输入向量的计算方式相同,运行里程因素与行驶里程因素对应,运行时间因素与车龄因素对应,但分类模型的结构存在一定差异,跨链故障分类模型使用的是一个 6 层的神经网络,包括一个输入层、一个输出层和 4 个中间层,跨链故障推荐模型结构如图 7-18 所示。

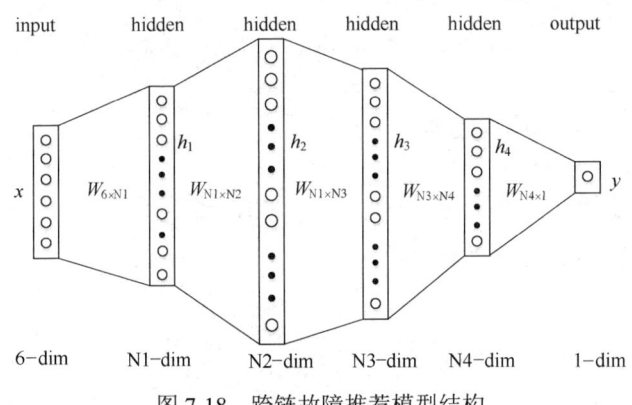

图 7-18 跨链故障推荐模型结构

## 7.2.5 面向服务商的故障知识服务业务科技资源应用案例

### 1. 知识图谱管理模块的实现

知识图谱管理模块提供了对链内故障知识图谱的管理,包括知识图谱可视化、知识图谱节点管理、知识图谱关系管理和故障知识概览。

知识图谱可视化功能提供了自己链内车辆故障知识的整体展示,用户可以选择不同节点类型或输入节点名称对知识图谱进行搜索,搜索结果以关系图的形式展示。知识图谱中的知识节点数量多,搜索出的知识也较多,无法一次性在页面上全部展示,因此本功能对展示结果进行了分页,可以单击下一页来展示更多的搜索结果。双击节点可以关联出与此节点相连的其他节点。知识图谱可视化功能实现如图 7-19 所示。

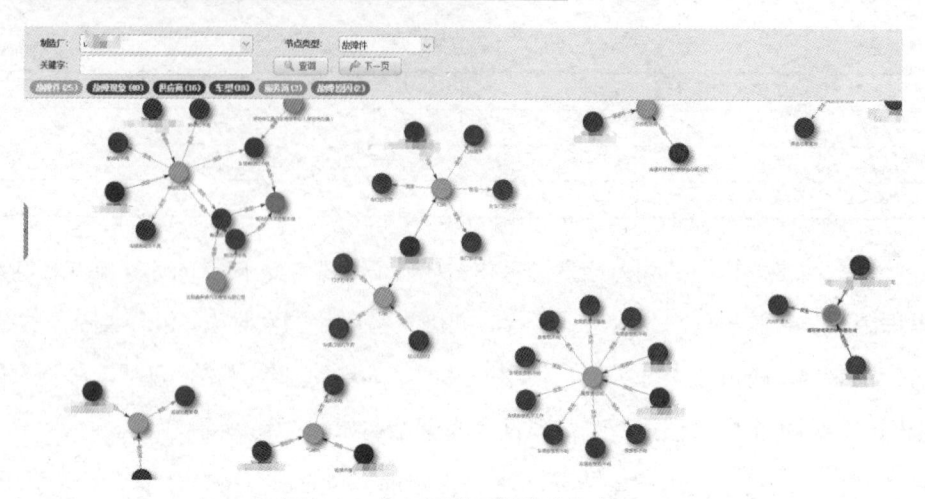

图 7-19　知识图谱可视化功能实现

### 2. 故障知识搜索模块的实现

故障知识搜索模块提供了知识图谱中故障知识的相关搜索功能，包括故障关系搜索、故障档案搜索和故障模式树查看。

（1）故障关系搜索

故障关系是指在车辆故障领域中与具体故障相关的故障件、故障原因、维修方法等节点间的关系。用户可以根据关系的起点类型、起点名称、终点类型、终点名称对链内知识图谱中的故障关系进行搜索。搜索结果包括车系、车辆、故障配件、故障现象、故障原因和维修方法等类型的节点。同时可以指定其他链条来实现跨链故障知识的搜索，基于同品牌故障件来实现跨链故障关系搜索，搜索结果最后以关系图的形式展示。故障关系搜索结果如图 7-20 所示。

（2）故障档案搜索

故障档案是对数据空间中的索赔数据进行提取构成的历史故障案例，包括与车辆故障相关的服务商、供应商、片区、行驶里程、生产日期、维修日期、故障配件、故障现象、故障原因和维修方法等数据。用户可根据服务商、供应商、故障配件、故障现象等条件对故障档案进行搜索，同时可以选择数据生产的日期范围，搜索结果以表格的形式展示。

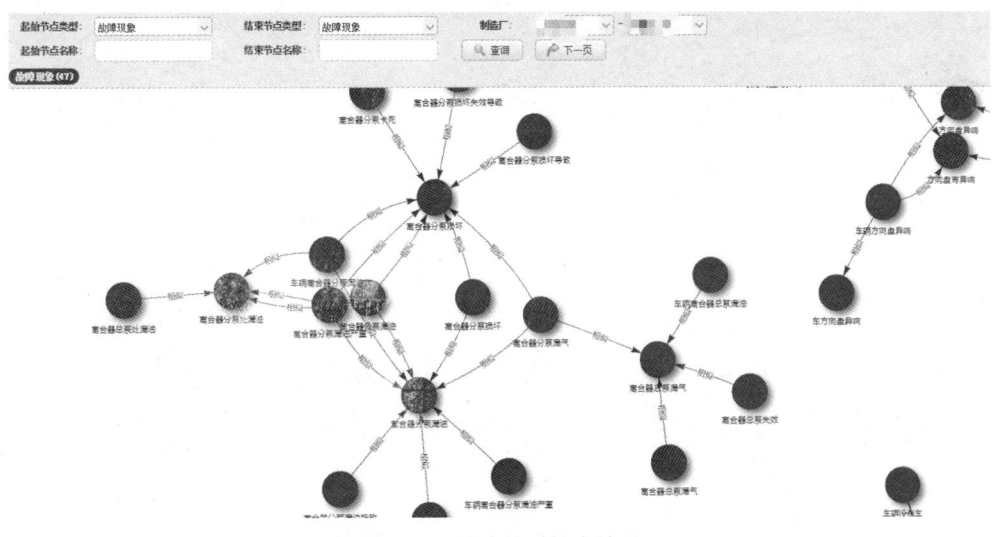

图 7-20  故障关系搜索结果

（3）故障模式树查看

此功能以树形结构展示车辆故障分类体系，共分为 4 级，包括故障类别、故障件、故障现象和故障等级，通过单击节点可以展示其下一级的节点。故障模式树展示结果如图 7-21 所示。

**3. 故障诊断模块的实现**

故障诊断模块具备对输入的故障进行智能诊断的功能，包括故障条件诊断功能和故障案例诊断功能。

（1）故障条件诊断

故障条件诊断利用用户输入的多个条件，根据车辆故障知识图谱进行诊断。系统首先会根据用户输入的故障现象进行链内匹配得到最相似的历史故障现象，然后判断相似度是否大于故障现象相似度阈值，如果大于，则得到链内的相似故障案例，否则匹配链外的相似故障案例。将故障条件作为影响因素计算出输入条件与匹配结果案例的故障距离，得到可能的故障原因、故障模式和故障等级，并将诊断结果按故障类别分类，采用知识图谱和列表的方式展示诊断结果。智能故障诊断诊断结果如图 7-22 所示。

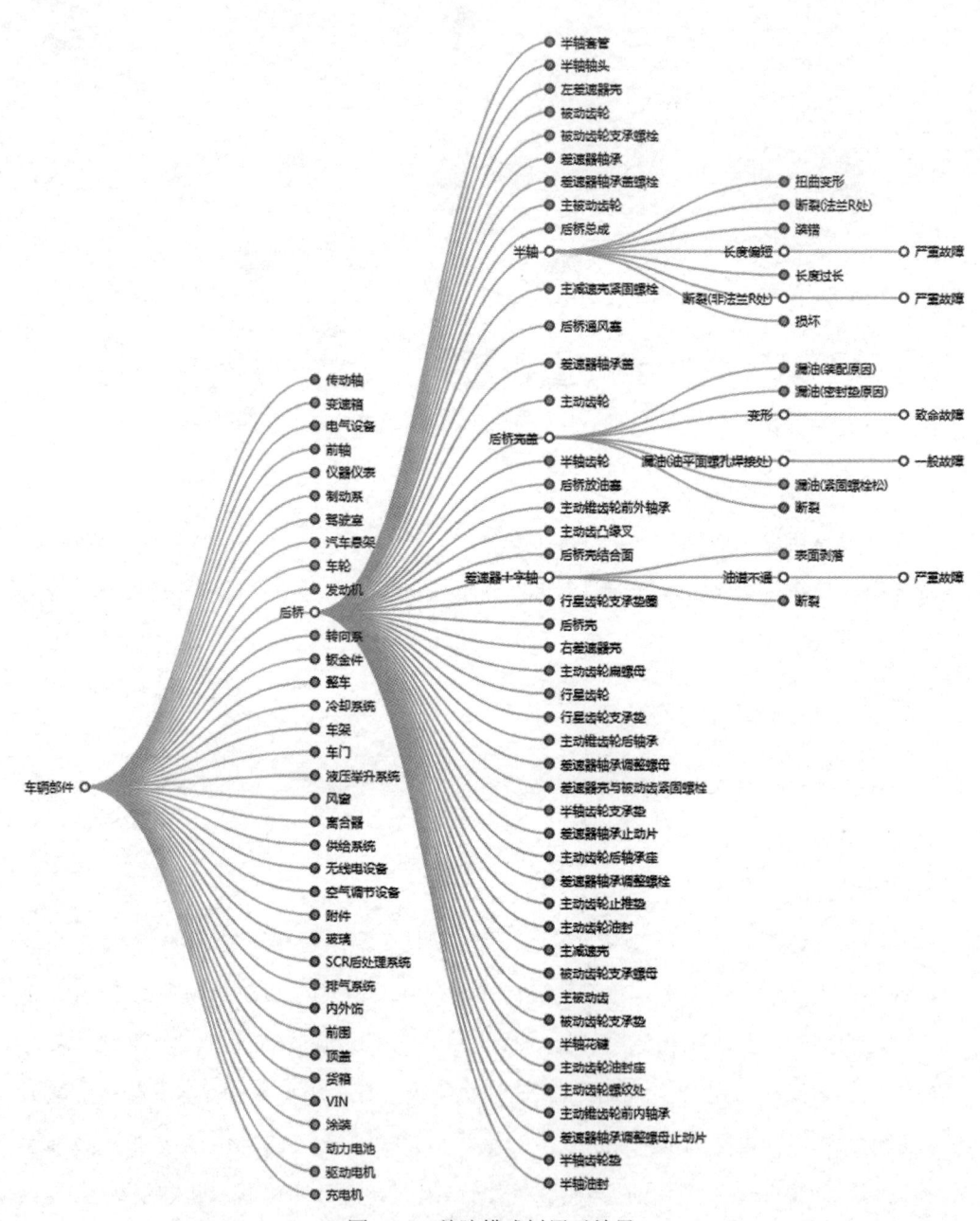

图 7-21　故障模式树展示结果

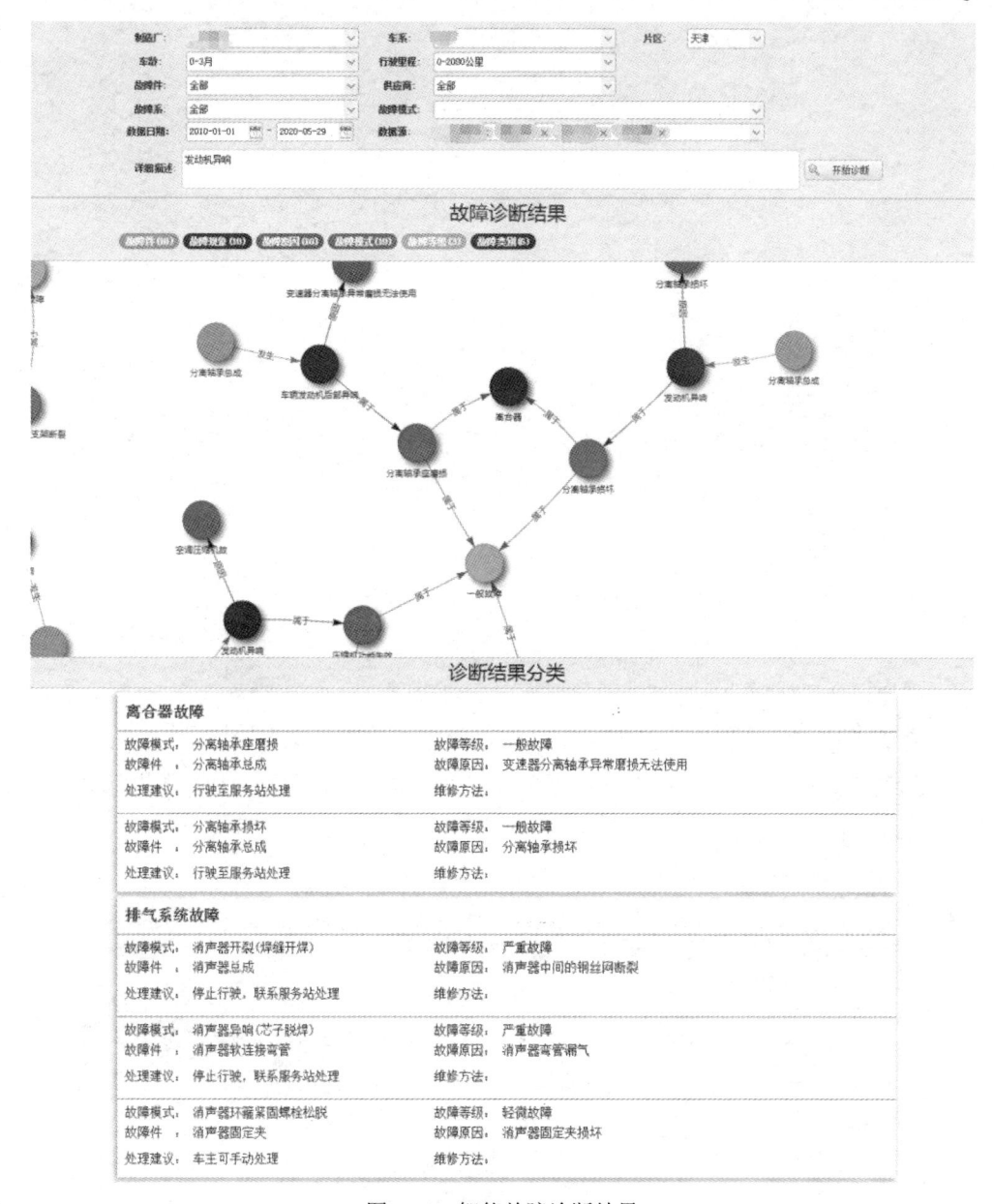

图7-22  智能故障诊断结果

（2）故障案例诊断

故障案例诊断首先根据用户选择的推理条件所选的数据源链条进行条件搜索，再根据输入的故障现象在候选案例集中匹配出相似的案例，最后将结果案例展示在界面中。故障案例诊断结果如图7-23所示。

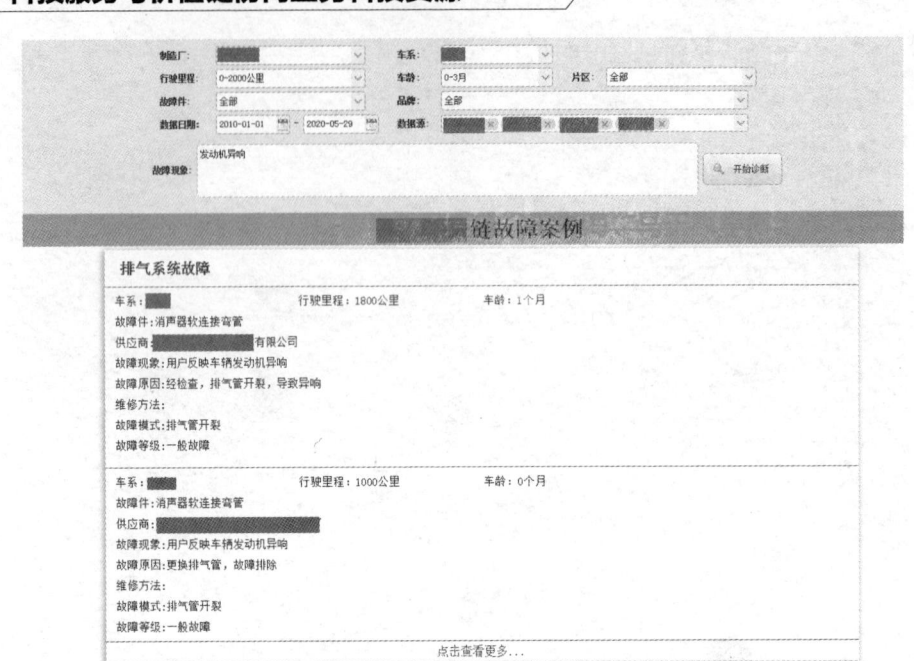

图 7-23 故障案例诊断结果

案例推理结果中同一类别的故障可能包含多个故障案例，但在展示时只在列表中展示两个案例，可以通过单击查看更多按钮以查看此故障类别下所有的相似故障案例，如图 7-24 所示。

图 7-24 查看更多故障案例

## 7.3 面向服务商的售后数据服务业务科技资源

### 7.3.1 服务价值链协同云平台下的售后数据服务需求分析

通过分析汽车产业链协同平台上现有的售后服务模式,通过第三方云平台,肯定可以实现上下游协作企业及时快速地与核心制造企业进行业务往来,减少纸质单据的使用,大大降低了信息交互的成本。但是作为产业链最下游直接面向客户提供售后服务的角色,售后企业/服务商在其发展过程中最需要考虑的问题仍然是如何通过提供优质的售后服务来保证客户满意度,进而扩大自身的业务规模,塑造专业的服务形象,实现品牌效应。在对汽车产业链协同平台中服务商的售后服务业务进行研究后,发现其应满足以下几点需求。

#### 1. 需要综合对比多家制造企业的维修质量情况

服务商会根据所代理制造企业的不同,在云平台中分别使用不同制造企业的售后服务管理系统实现售后业务的数据交互,这使得服务商在各个联盟内进行售后服务所产生的数据是相互独立的,导致服务商所使用的每一个售后服务系统仅仅能够对该联盟内自身的相关售后数据进行查看,并不能将自身在多个联盟内的所有售后数据综合起来进行分析。简单依据服务商在一个制造企业下的售后数据并不能综合反映自身的总体维修情况,进而不能准确找出影响自身所有客户群体满意度的原因。因此服务商需要能够综合自身在多家制造企业下的售后服务信息,准确找出影响客户群体满意度的原因,从而有效地进行改进,以此提升自己的维修质量与客户满意度。

#### 2. 需要及时发现自身的能力短板,有针对性的提高服务的专业性

一方面,对自身、对各维修人员的维修能力,服务商没有构建系统的能力分析体

系，这导致服务商不能准确判断自身对哪些故障类型可能存在维修经验上的不足，自身的能力短板不能及时被发现，无法有针对性地提高。另一方面，服务商进行外出救援服务时，由于没有对维修人员能力进行系统的分析，使得在进行外出救援人员指派时，没有指派的参考依据，可能出现外出人员恰好缺乏对用户所遇到故障的维修经验，不能及时处理客户维修需求的情况。所以服务商需要构建对自身及各维修人员的能力分析方法，准确掌握自身和各维修人员的能力情况，以此找出能力短板并进行改进，实现总体维修能力的提升。

### 3. 需要制订准确高效的零配件采购备件计划

服务商在维修换件过程中出现零配件库存不足的情况时，需要客户等待服务商完成采购后再进行维修，这导致服务商维修服务效率过于低下，客户等待时间过长。服务商当前所使用的售后服务系统，由于只包含了为单个制造企业产品进行服务时的零配件使用数据，导致预测时的样本数据不能很好地反映多个链条中零配件真实的需求情况。所以服务商一方面需要整合在多家制造企业下的零配件使用情况，获取更多、更全面的数据资源，构建预测效果更好的数据模型，以此通过科学的方法准确预测下一阶段常用零配件的需求情况，用于指导自身提前进行采购备货；另一方面服务商需要能够寻找更多零配件的购买途径，及时进行交易以获得急需的零配件，从而减少客户维修换件的等待时间。

### 4. 需要对种类繁多的各项服务金额的异常情况进行监控

服务商在提供各种售后服务项目时，还需要关心在为各个制造企业提供售后服务项目时所产生的各项服务金额的变化情况。服务商需要将这些分散在各个售后系统中的服务金额数据进行整合，从总体实现对服务金额变化趋势的掌握。一方面用于了解自身在各项售后活动中的盈利情况；另一方面可以避免向制造企业提交金额存在问题的索赔单据，影响制造企业对自身的信誉评价。

### 5. 需要通过与其他企业进行部分数据共享，获取更多有价值的信息

由于服务商目前正在使用的售后服务系统仅对服务商与制造企业之间的各项售

后业务提供支持，导致服务商既不能将自身有价值的数据信息共享给其他企业，也不能从其他企业获得更多有价值的信息。因此，借助第三方云平台的优势，服务商可以实现与上游各制造企业、同级各服务商之间的部分数据信息共享，从而及时向制造企业反映短期内频发的故障信息，或与其他服务商共享维修故障信息或库存信息，促进服务之间的信息共享与业务往来，发挥已有数据的最大价值。

## 7.3.2 面向服务商的售后数据服务业务流程设计

### 1. 售后服务质量分析流程设计

售后服务质量分析流程图如图 7-25 所示。当服务商通过该模块对自身售后服务质量进行分析时，首先输入年月查询信息，并且选定是否从多个链条中抽取售后服务数据进行综合分析。当服务商用户选择从多链中提取数据进行分析时，则从对应专业库中抽取多链中的各类可以反映服务质量好坏的售后数据，这些数据包括来自多个链条中的维修鉴定数据、外出救援数据、外购数据、保养数据和维修换件数据等。如果选择单链分析，则从用户指定的链条中抽取上述各种售后服务数据。结合得到的多链或单链数据，分别从维修质量分析、维修能力分析和维修人员分析三个方面进行详细分析。维修质量分析包括对服务业务数量、返修情况进行分析；维修能力分析用于判断服务商处理各类业务的服务效率和维修各类故障的总体能力情况；维修人员分析用于分析维修人员的专业性，从而实现外出人员的精准指派。最后将分析得到的结果通过该地区系统反馈给服务商用户，用于向服务商反映自身在多个链条或单个链条中的售后服务质量情况。

### 2. 售后服务金额分析流程设计

售后服务金额分析流程图如图 7-26 所示。当服务商用户需要通过对自身各项售后服务金额的变化情况进行分析时，首先确定分析年份，结合多链下的服务金额进行总体分析。如果选择多链分析，则需从专业库中读取多链下的工时金额数据、外出金额数据、保养金额数据及换件金额数据；反之，则从所选链内读取相关数据。通过以上数据，对所选年份中服务金额的总体变化情况进行分析。对具体的月份，则可以从工时金额、保养金额详细的变化趋势、外出金额的组成结构及换件金额的占比进行详细分析。依据分析结果是否为多链数据来源，将分析结果通过云平台反馈给服务商，并生成对应的售后服务金额分析报告，使服务商可以对多链或单链中的售后服务金额的变化情况进行监控。

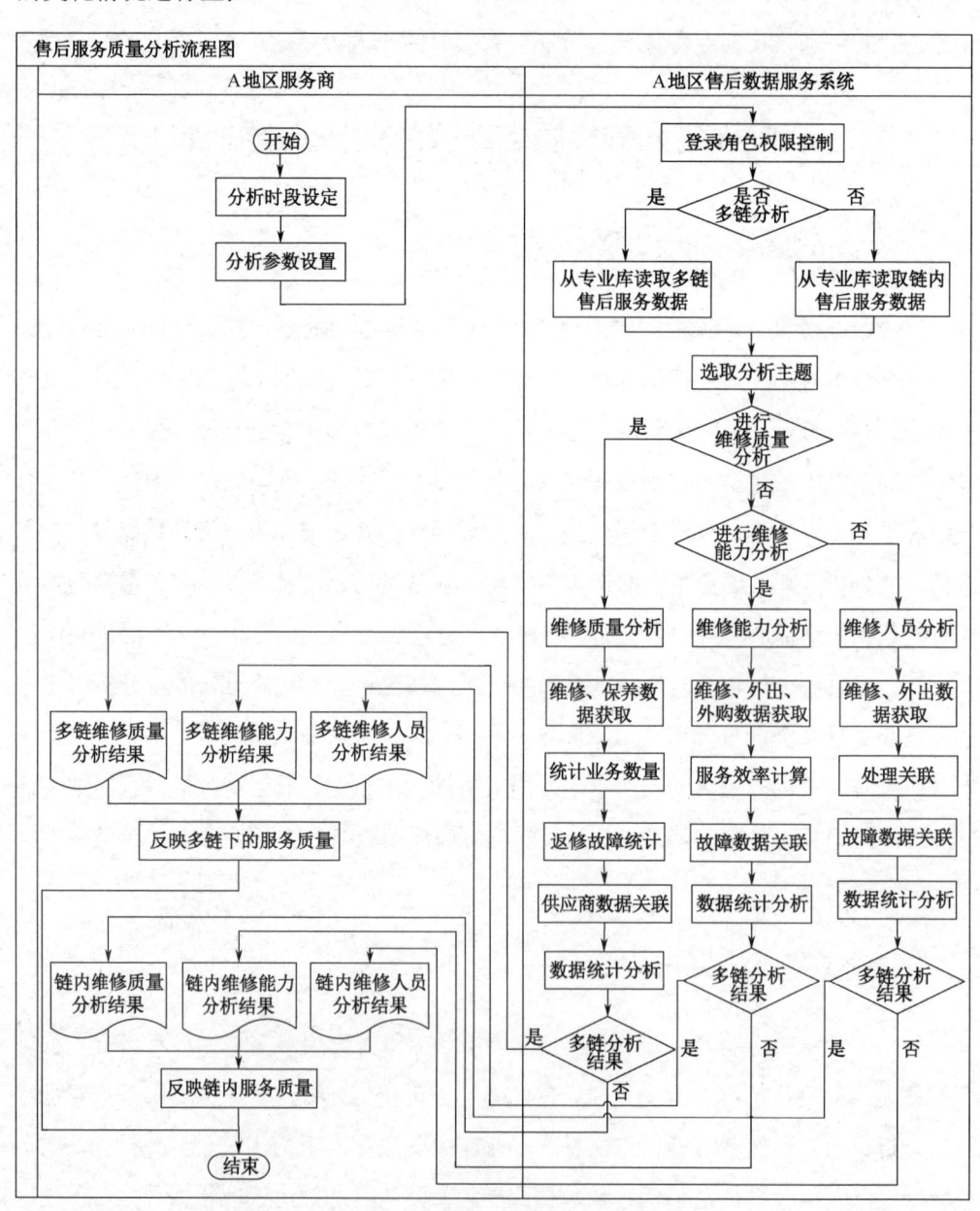

图 7-25　售后服务质量分析流程图

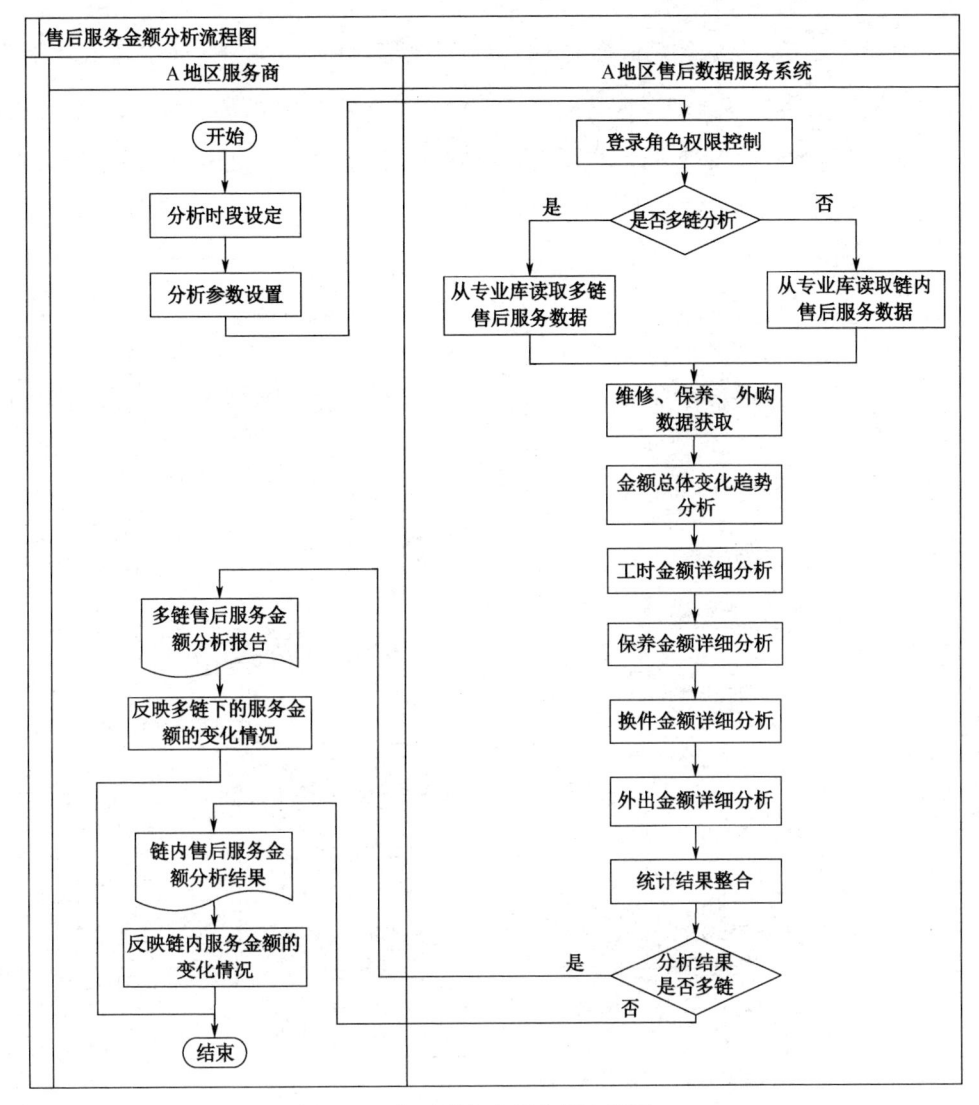

图 7-26　售后服务金额分析流程图

### 3. 零配件需求分析流程设计

零配件需求分析流程图如图 7-27 所示。当服务商进行零配件需求预测时，首先要确定是否结合多个链条中的数据进行预测，根据不同的选择分别从专业库中读取多链或单链内的维修换件数据、外购数据和维修鉴定数据等。然后选取预测模型的特征因素并构建样本集，在对样本预处理后设置模型参数进行训练，将评估合格的模型预测结果反馈给服务商，生成对应的零配件采购备货清单，用于指导采购人员提前备货。

当服务商需要进行零配件跨链搜索时，通过选择输入所需零配件名称，读取专业库多链中的配件销售数据及维修换件数据，从而计算出具有所需零配件库存的其他服务商，然后将零配件跨链搜索的分析结果反馈给服务商用户，为其提供更多的零配件采购途径，促进平台上服务商之间的零配件交易。

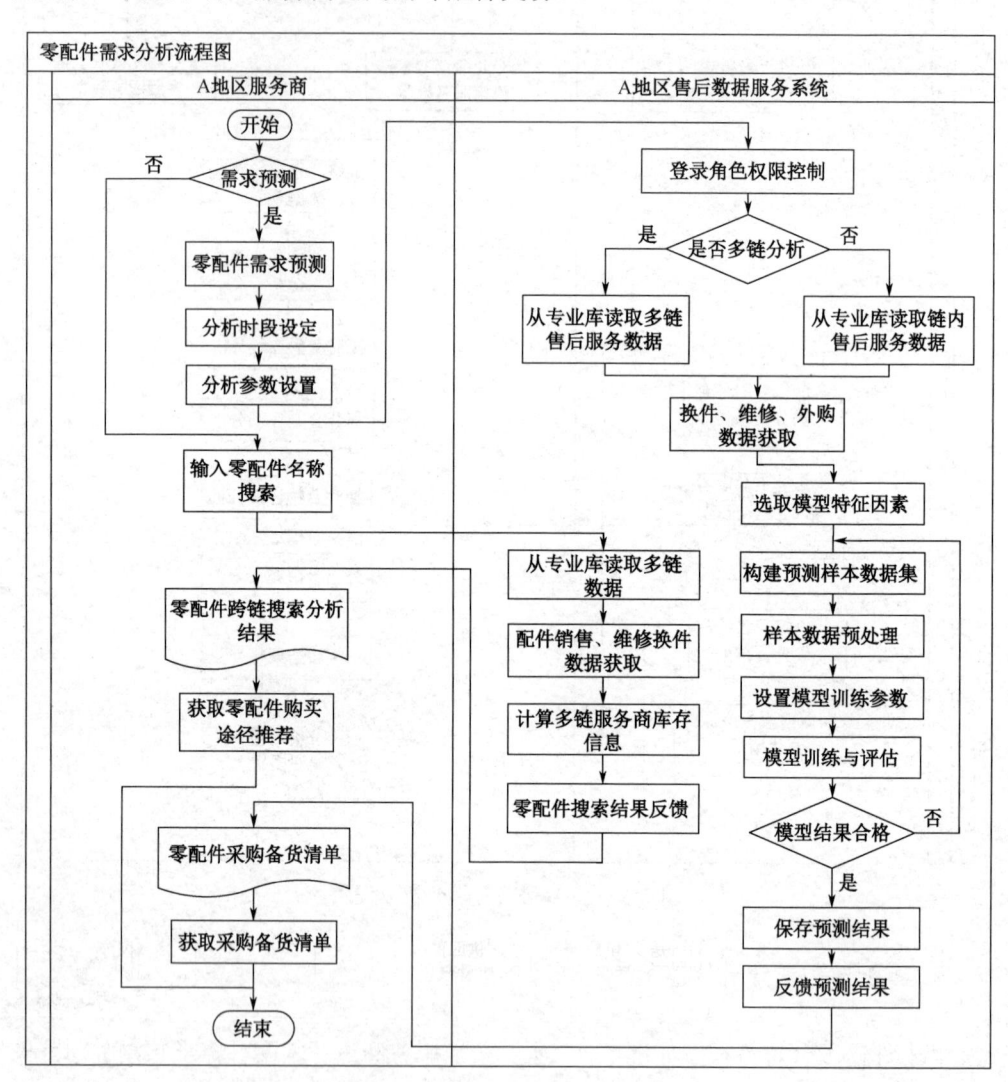

图 7-27  零配件需求分析流程图

### 4. 维修故障分析流程设计

维修故障分析流程图如图 7-28 所示。服务商可以通过输入查询时间、链条来确定故障分析的范围。根据是否是多链，选择从专业库中读取多个链条或单个链条中的零配件故障数据、车型故障数据、故障件供应商数据及故障现象数据。在多链分析中，

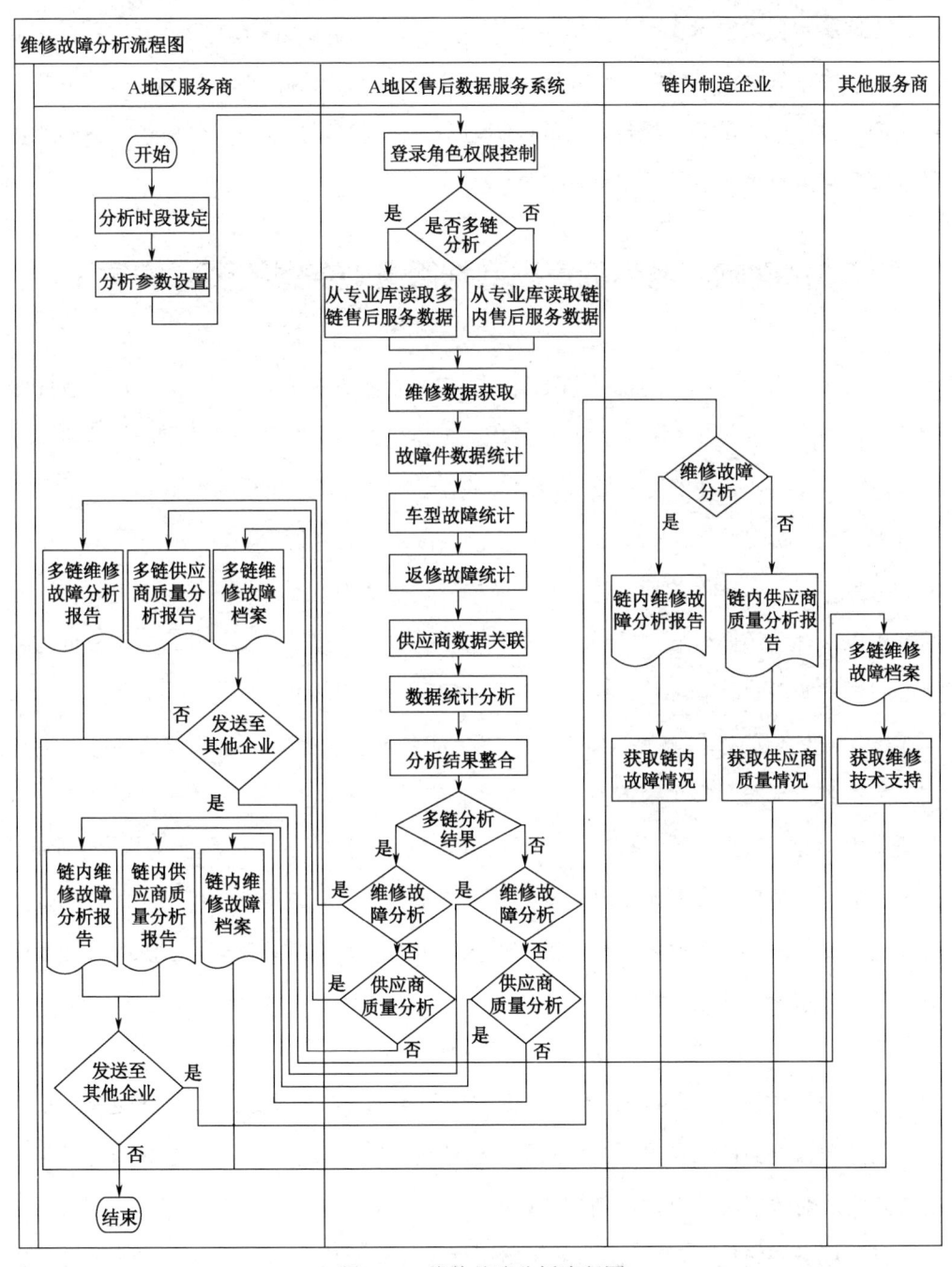

图 7-28　维修故障分析流程图

应分别对维修故障、零配件供应商质量进行分析,并对维修故障档案进行整理,分析结果除了服务商自身可以查看,还可以将多链维修故障档案提供给其他服务商使用,为其维修鉴定提供技术支持。在单链分析中,应通过选取链内的数据,分别对维修故障配件、故障车型和零配件供应商质量进行分析,并生成链内维修故障分析报告和链内零配件供应商质量分析报告,供链内制造企业使用,为其反映不同途径供应商所提供的零配件或自身产品的质量问题。

### 7.3.3 面向服务商的售后数据服务业务科技资源构建

本系统所有功能的实现都是基于第三方云平台进行扩展开发的,为了保证程序的可扩展性及实用性,结合平台的开发结构,使用 ASP.NET 中经典的三层架构进行系统程序的开发。与其他的开发架构相比,三层架构通过在表示层与数据库之间加入中间层的方法,实现了高内聚、低耦合的思想。该思想的好处主要表现在:①通过层次的划分保证了逻辑层面的稳定性,使系统的结构更清晰,更方便维护;②更优秀的兼用性可以保证与不同软硬件的灵活搭配;③不同层次的开发互不影响,可以根据需要选取不同的开发语言和环境,保证每一层的可维护性最大化。

本系统的原始数据来源为第三方云平台的各类数据空间,包括售后服务数据空间、配件数据空间及整车销售数据空间,对 KM、ZB、WP、CQ 等多个链条在平台上所产生的业务数据进行了标准化处理后,对各个数据空间中的数据再次进行筛选、清理、整合,形成了用于支撑数据智能服务的服务商多链数据专业库。同时,结合之前提出的服务商在售后服务过程中的实际需求与系统的功能需求,对系统的总体架构进行设计。系统总体架构如图 7-29 所示。

其中,各层的主要功能包括:

(1)数据访问层(DAL):数据访问层用于实现与数据库之间的数据交换。获取来自业务逻辑层的请求参数后,在该层中构建数据库访问语句,并通过数据访问对象的方式实现对数据库的查询、增加、修改、删除等操作。

(2)业务逻辑层(BLL):业务逻辑层处于体系架构的中心位置。通过接收上层用户传来的业务请求获取请求参数，并从数据访问层中调取指定的查询方法，在获取到数据访问层返回的数据集合后，对原始数据进行筛选整理与统计分析，处理成用户表示层可以读取的数据类型并返回。

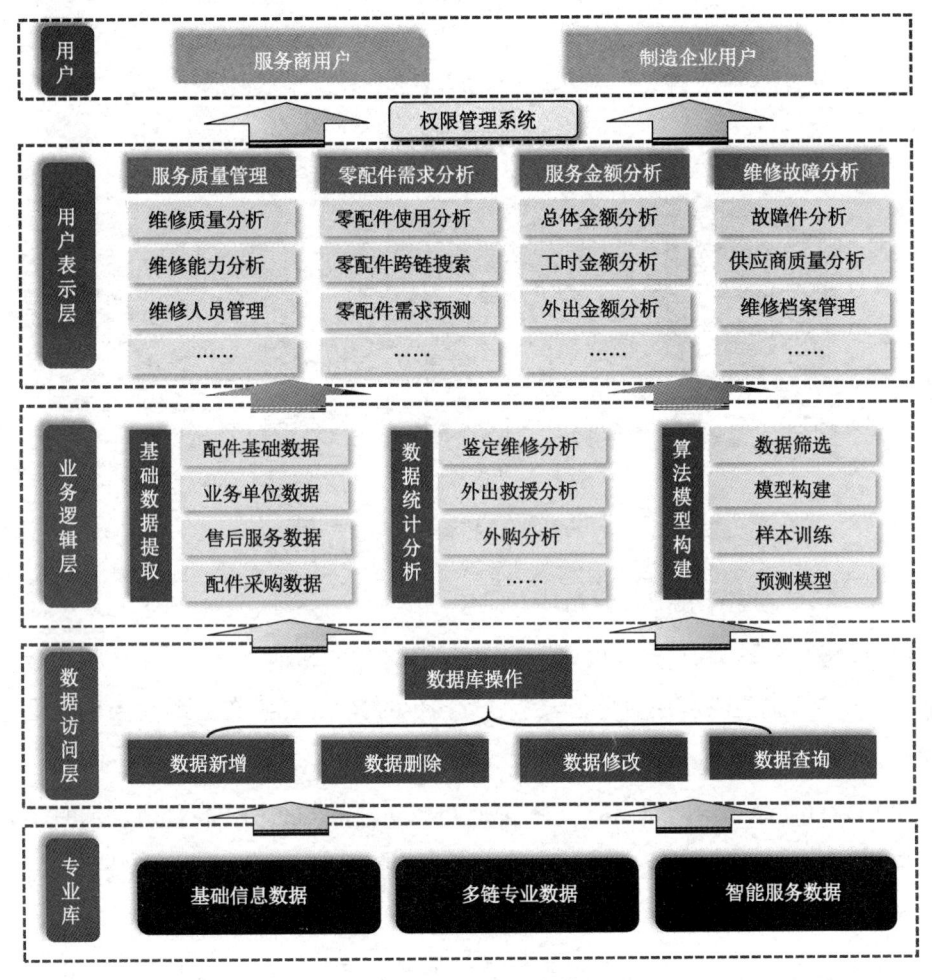

图 7-29 系统总体架构

（3）用户表示层（UIL）：用户表示层主要用于与用户及外部系统进行交互，通过获取前端页面传入的信息后，调用相应的业务逻辑层中的处理方法，并将结果返回 ASP 页面进行渲染显示，实现各类数据分析的可视化显示。

### 7.3.4 支持服务商售后数据服务业务科技资源的预测模型

**1. 基于 CNN-GRU 网络的服务商零配件需求预测模型**

根据多次实验对比测试，提出的 CNN-GRU 模型总体结构如图 7-30 所示。

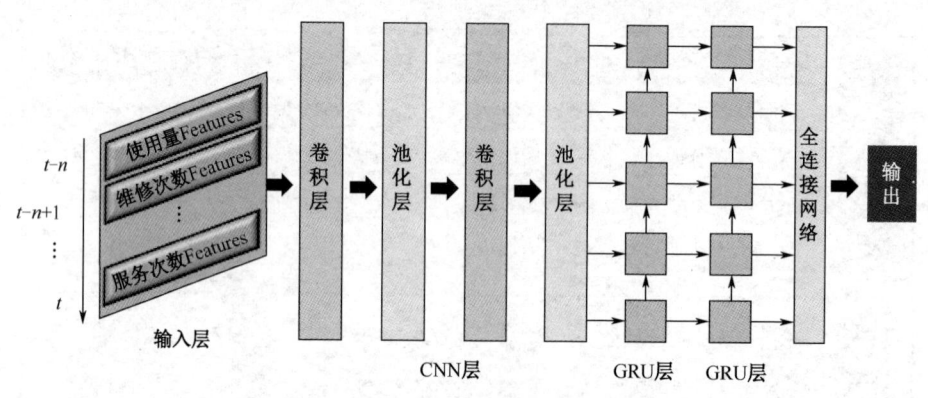

图 7-30 CNN-GRU 模型总体结构

该模型的架构主要由三部分组成，具体包括：

（1）CNN 网络结构：由多层连接的一维 CNN 单元构成，包括多个级联的卷积层和池化层。首先通过卷积层对特征表示进行初步的提取，然后经过池化层使主要特征被保留，同时降低特征维度。

（2）GRU 网络：由两层 GRU 层构成，可以对获取到的初步特征所表示的零配件需求量数据进行进一步的加强和优化，从而捕获时间序列中的长期依赖特征，记忆长依赖的历史信息。

（3）全连接网络：包括输入矢量化层（Flatten）和若干个全连接层（Dense）。通过上两步操作后，得到最终的深层特征表示。将其输入激活函数进行优化后，输出服务商下月零配件需求量的预测结果。

基于上述模型结构的设计，既可以充分发挥 CNN 自动提取特征的优势，同时又能利用 GRU 在处理时序记忆时的优势。

在使用深度学习进行模型的构建时，通常需要通过海量的数据来对深度学习模型进行训练，当数据量不足时，便容易出现过拟合问题。因为深度学习的神经网络有非常多的参数,当数据量不够大时,训练集的内容很容易便可以被各个神经元中的参数记录下来,最终导致训练集的良好拟合并不能让测试集同样表现出优秀的拟合效果。所以需要通过以下几种方法,使小数据集也能有足够的价值让网络模型充分学习,通常有以下几种方法可供选择。

(1) 正则化:正则化方法通过不同的表现方式应用在机器学习模型当中,具有很强的理论性,是最普遍通用的一种方式。具体的形式包括:通过 L1 和 L2 正则化,将权重的大小添加到尝试使其损失函数最小化的模型中,使得权重尽量变小,同时将某些对模型影响不明显的权重值减小到零。L1 和 L2 的正则化公式见式 (7-26) 和式 (7-27):

$$w^* = \arg\min_w \sum_j \left( t(x_j) - \sum_i w_i h_i(x_j) \right)^2 + \lambda \sum_{i=1}^k |w_i| \qquad (7\text{-}26)$$

$$w^* = \arg\min_w \sum_j \left( t(x_j) - \sum_i w_i h_i(x_j) \right)^2 + \lambda \sum_{i=1}^k w_i^2 \qquad (7\text{-}27)$$

(2) Dropout:Dropout 作为一种较新的方式,在训练过程中对每个神经单元按照一定的概率进行丢弃。通过这样的方式,一方面可以达到类似于综合取平均的策略,因为 Dropout 不同的隐藏神经元类似在训练不同的网络,不同的网络会产生不同的过拟合,取平均则可能让一些互为"反向"的拟合相互抵消从而在整体上减少过拟合。另一方面,通过减少共适应关系,使得两个神经元不一定每次都在一个网络中出现。这样权值的更新不再依赖于有固定关系的隐含节点的共同作用,通过对每一种模式都进行学习,阻止了某些特征仅仅在其他特定特征下才有效果的情况。此外还可以通过 Early Stopping 的方式,对验证集的性能进行监控,当发现性能不再提高时,便提前停止训练,防止因数据量不够大而出现过拟合现象。

(3) 数据增强:数据增强通过改变训练数据,而不改变数据标签的方法来产生更多的训练数据。但是通常只有在进行图像处理时这种方法比较适用。

(4) 迁移学习:通过采用为其他任务训练的网络参数来解决特定问题。这种方法通常用于某些层的初始化或者用于特征提取,从而避免训练新的模型。

(5) 特征工程:在深度学习中,合理地使用特征工程可以在没有大量数据时帮助网络在面对复杂的模式时,有效地提升性能。

综上所述，通过在各个隐藏层之间添加 Dropout 层的方式来对部分信息进行丢弃，防止出现过拟合的问题，具体的预测流程如图 7-31 所示。

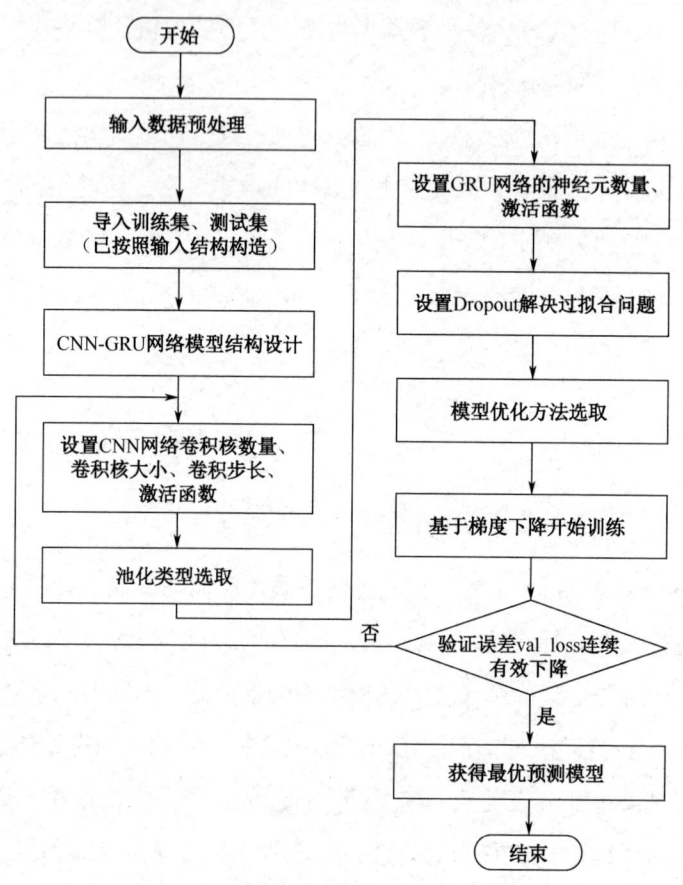

图 7-31　CNN-GRU 模型预测流程

Step1：对样本数据进行预处理，使得数据格式符合模型规范。通过归一化处理，数据值域的范围不会超过模型要求。将归一化后的数据转化为监督学习型数据，使得每条样本数据包含前四个月的特征数据，以及下一个月的实际需求数量。对处理得到的监督学习型数据的格式进行转化，使其满足 CNN 网络要求的输入格式，即 3D 格式 [样本，时间步长，特征]。

Step2：对预处理过后的数据集进行分类，可分为训练集和测试集。通过训练集对模型进行训练并确认模型的各个参数，通过测试集对模型的预测效果进行评估。

Step3：构建 CNN-GRU 网络的模型结构。

Step4：对卷积层中的卷积核数量、卷积核大小、卷积步长及激活函数等参数进行初始设置。

Step5：选取池化层的池化类型。

Step6：设置 GRU 网络中的神经元数量、激活函数等参数。

Step7：对模型训练中的优化方法进行选取。

Step8：基于梯度下降对模型进行训练，判断损失 val_loss 能否连续有效下降，以取得较好的拟合效果。若不能取得较好的拟合效果，则跳转至 Step4 对模型中各参数进行调整；若能，则进入下一步。

Step9：获得最有效的预测模型，流程结束。

使用所构建的 CNN-GRU 神经网络模型对服务商的零配件需求数量进行预测时，具体的模型训练参数见表 7-6。

表 7-6　CNN-GRU 网络模型训练参数

| 参　数 | 值 |
| --- | --- |
| 时间步长 | 4 |
| 预测步长 | 1 |
| GRU 层激活函数 | ReLU |
| 损失函数 | mean_squared_error |
| dropout-rate | 20% |
| filters | 32 |
| kernel_size | 2 |
| strides | 1 |
| pool_size | 2 |
| 优化器 | adam |
| 批尺寸 | 32 |
| 训练周期 | 100 |

获取具有多维属性最近的 4 条零配件用量数据，将其提供给卷积神经网络进行处理。将零配件使用量的时间序列展开成网格后的数据量大小，在数据输入后，通过 2 个卷积层使得能在少量的网格层次中快速提取高层次的特征，通过在每个卷积层后添加池化层防止过拟合问题。对于 GRU 层，通过使用循环 Dropout 的方式来防止过拟合，采用循环层堆叠的方式使模型达到最佳性能。

## 2. 模型评价指标

对于回归问题，通常采用计算预测值和实际值之间的偏差及两者的一致性程度来评价通过模型所得预测值与实际值之间的差异程度，从而评估模型的效果。采用均方根误差（Root Mean Square Error，RMSE）和平均绝对误差（Mean Absolute Error，MAE）作为评价指标。通过 RMSE 反映预测的精准度，通过 MAE 反映预测值误差的实际情况，二者的计算公式见式（7-28）和式（7-29）。

$$\text{RMSE} = \sqrt{\frac{\sum_{i=1}^{n}\left(Y_i - \hat{Y}_i\right)^2}{n}} \qquad (7\text{-}28)$$

$$\text{MAE} = \frac{\sum_{i=1}^{n}\left|Y_i - \hat{Y}_i\right|}{n} \qquad (7\text{-}29)$$

其中，$Y_i$ 表示样本的实际值；$\hat{Y}_i$ 表示通过模型所得到的预测输出值；$n$ 为用于测试数据的个数；$i$ 为预测数据的序列编号。

### 7.3.5 面向服务商的售后数据服务业务科技资源应用案例

## 1. 维修质量分析

该模块主要对服务商自身的服务数量、故障返修情况进行分析。服务商用户通过选定指定链条确定数据来源。将指定时间段中各月的维保车辆数和前两年的数据进行纵向对比，使用用户可以从总体判断自身保有的客户数量是否有明显变化。通过对各种车系、车型的维修、保养占比进行统计，通过业务量判断其维修的专业程度，如图 7-32 所示。

通过将各月返修数量和前两年同期数量进行对比，可以发现返修数量的变化规律是否存在异常的情况。在考虑是否因为某一供应商的大量零配件质量问题造成返修数量骤增时，单击生成对应的维修质量报告。从不同间隔中的返修数量变化趋势、返修零配件占比及返修供应商排行等多个角度找出返修的原因。通过对各种零配件供应商来源途径进行分析，对指定供应商的零配件质量生成相应的分析报告，以此为依据选择质量更加可靠的零配件供应来源，如图 7-33 所示。

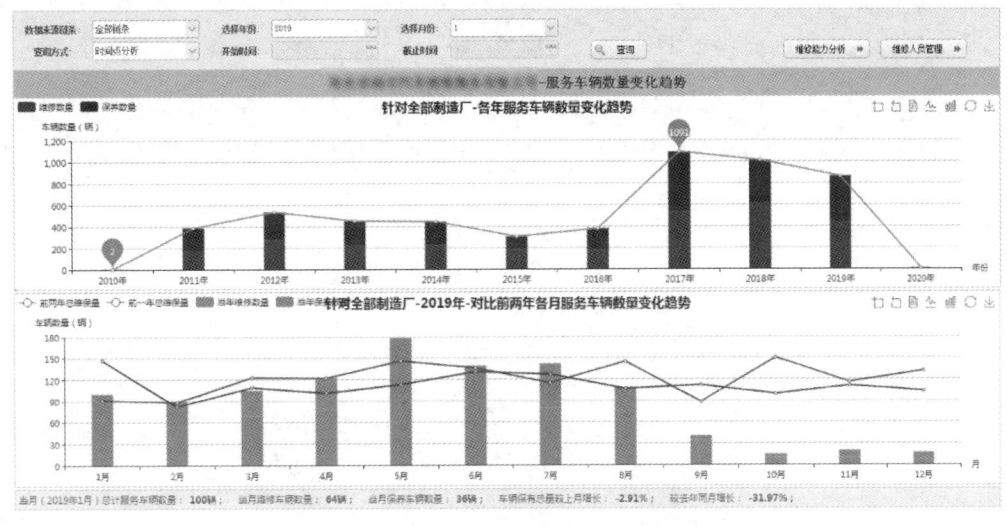

# 基于第三方云平台的服务价值链协同业务科技资源 第 7 章

图 7-32 维修保养数量变化趋势分析

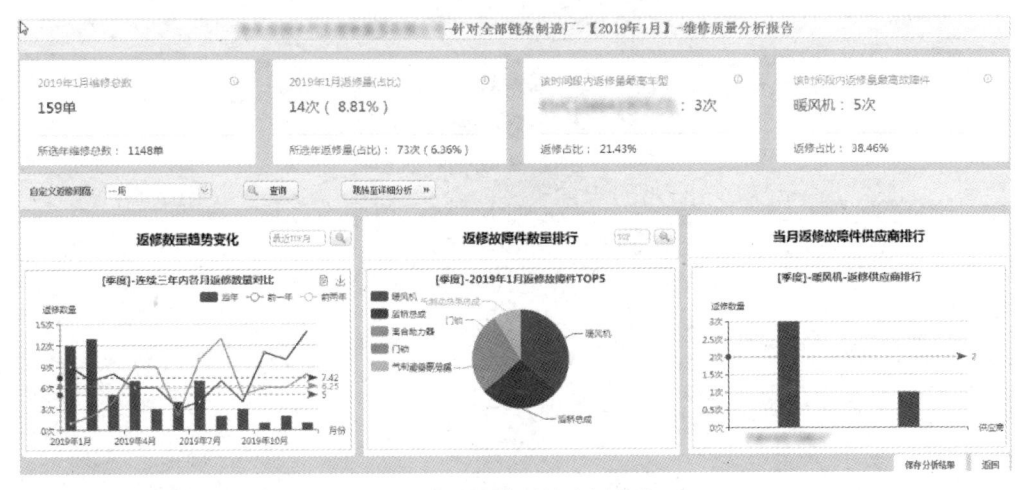

图 7-33 维修质量分析报告

## 2. 维修能力分析

服务商的服务质量好坏不仅取决于维修的质量，还取决于是否有能力及时为客户提供其所需要的服务，如图 7-34 所示。在该模块中，用户选取进行分析的链条作为数据来源，分析指定时间段中每月在进行鉴定维修和外出救援服务时平均等待时间的变化趋势，并且可以对具体某月的缺件情况和维修业务结构分布进行分析，单击任意故障大类对该类型的故障件维修分布结构进行展示，将当月情况结合服务商自身历史维修过的故障大类分布情况进行对比，判断当月维修效率不高的原因，考虑是否因为过往维修历史中没有处理过的故障类型造成的。

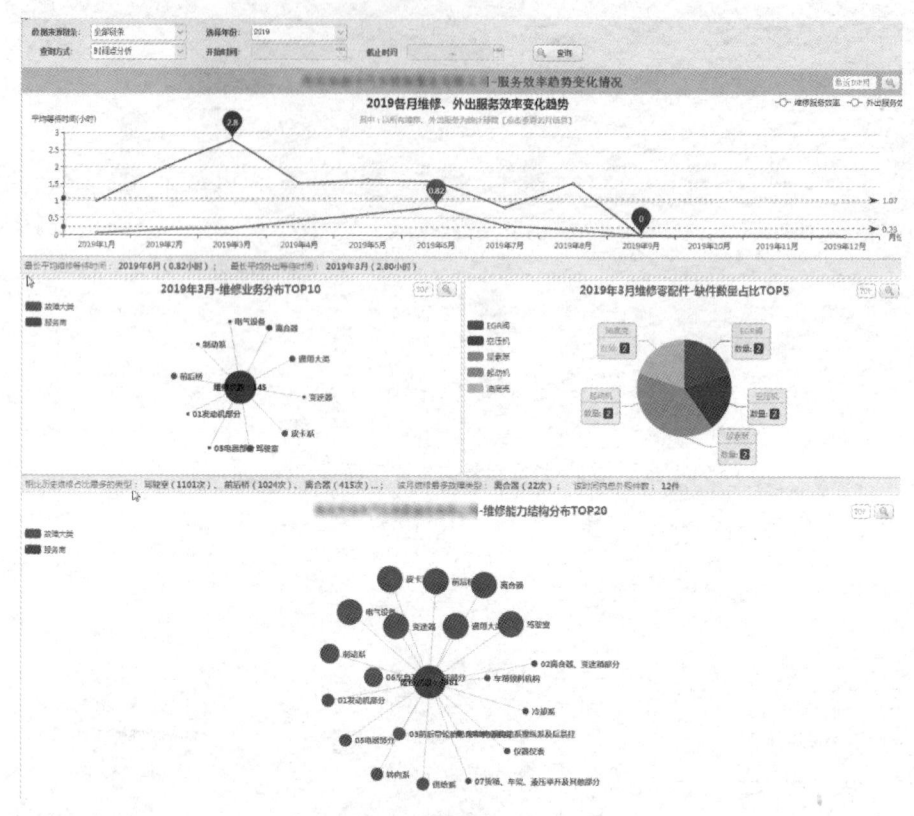

图 7-34　维修能力分析

### 3．服务金额总体分析

服务商首先需要掌握自身金额的总体变化情况，对于选定的制造企业链条，分析得到各年维修索赔金额和保养索赔金额的变化趋势，如图 7-35 所示。当选择具体的某一年时，可以显示该年内各月的工时、保养、外出、换件及外购金额的变化情况，单击某一个月则可以对该月的各类金额信息进行详细分析。

### 4．各金额详细分析

在选定的月份中，对工时、保养金额分别结合各月与过往两年的服务数量及金额数量的变化趋势进行分析，从而发现异常，同时对外出金额的组成结构进行分析，通过饼图和列表，展示所有外出单据的明细情况，包括外出距离、外出时间等。对于换件金额，分析展示当月各零配件的换件费用及换件数量，使服务商可以了解当月在换件服务中的费用结构占比。最后得到售后服务金额分析报告，直观了解各类金额的详细信息及变化情况，如图 7-36 所示。

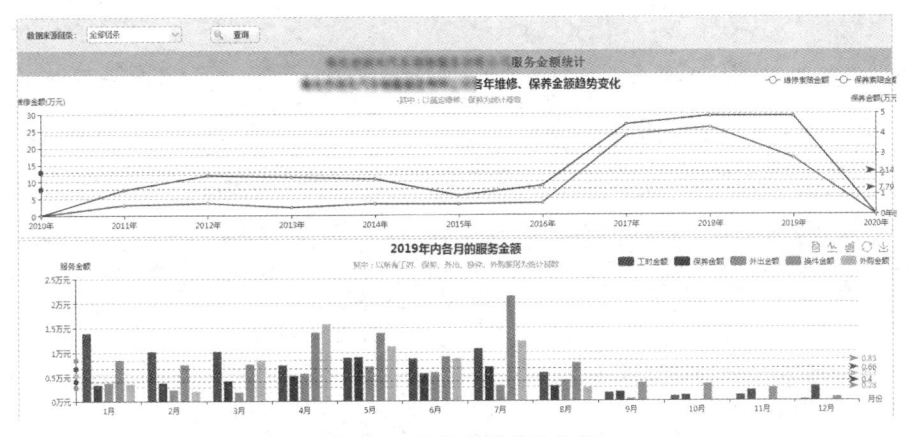

图 7-35　服务金额总体分析

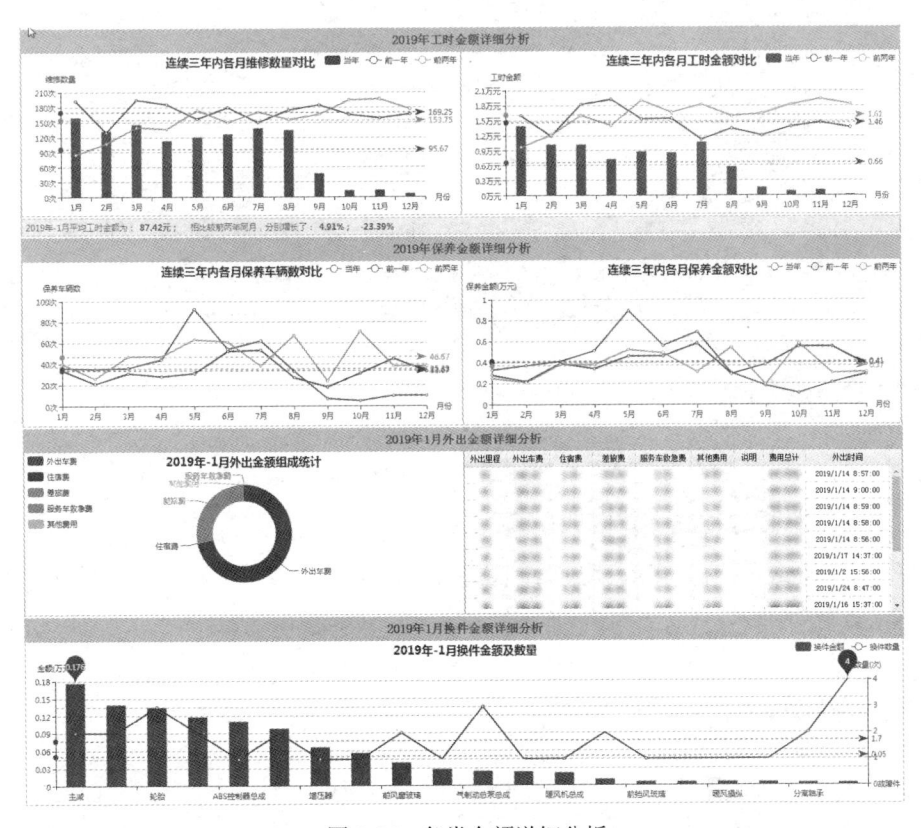

图 7-36　各类金额详细分析

5. 零配件使用需求量分析

服务商可以根据选定的年份，查看该年中各月零配件需求数量的趋势变化。结合各月所使用的故障件大类，分析得到当月使用的零配件主要维修了哪些类型的故障，并且列出各种故障件的使用排行。通过单击某一故障件大类，可以更新查看该类型故障中，具体零配件的使用排行。同时，从外购的角度，通过对各月外购趋势变化和各月具体外购零配件进行分析，向用户反映经常缺件的零配件情况，如图 7-37 所示。

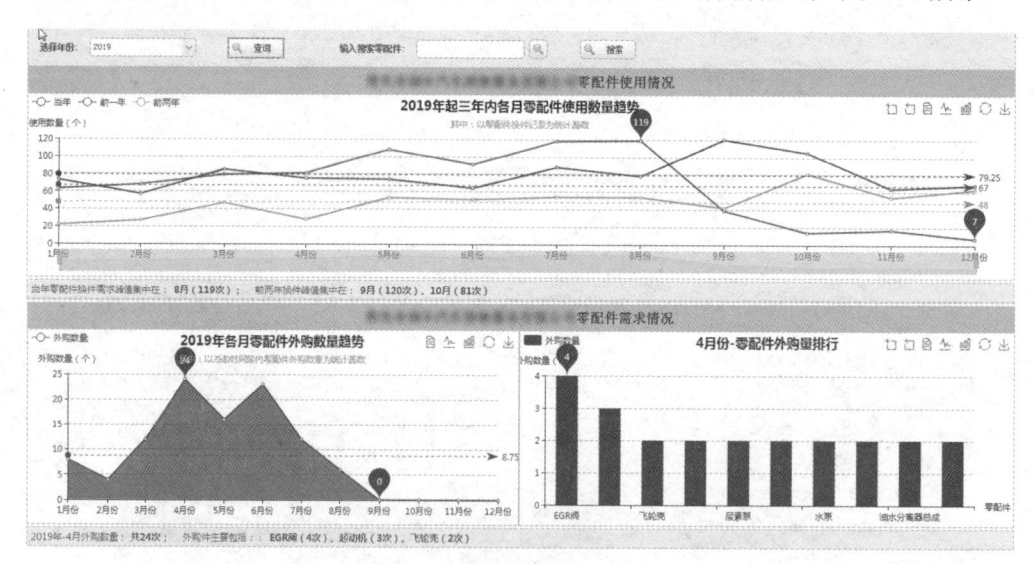

图 7-37 零配件使用需求分析

6. 维修故障分析

服务商在指定数据来源的链条和年份后，对各月的维修数量、返修数量的变化趋势进行展示。结合过往维修数据进行横纵向对比，以此向用户反映当月的故障数量是否符合客观规律。通过单击具体故障件或车型，可以结合多种不同的因素进行详细分析，如图 7-38 所示。

7. 返修故障分析

通过观察返修数量随间隔时长的增加所呈现的变化趋势，对指定返修间隔中的故障信息，从故障件和车型的角度，判断造成返修的原因。维修故障分析可以选择相应故障件，结合行驶里程和车龄进行详细分析。最后生成维修故障分析报告，将其提供给制造企业使其可以全面详细了解产品的质量问题，进而提升产品质量，维修故障分析报告如图 7-39 所示。

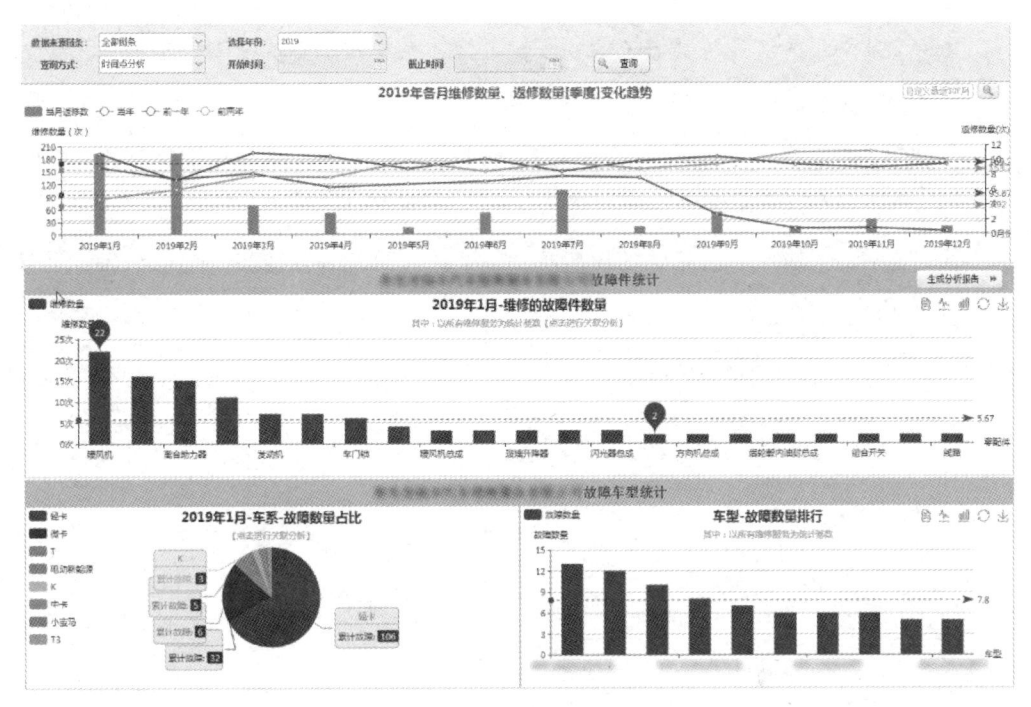

图 7-38　维修故障分析

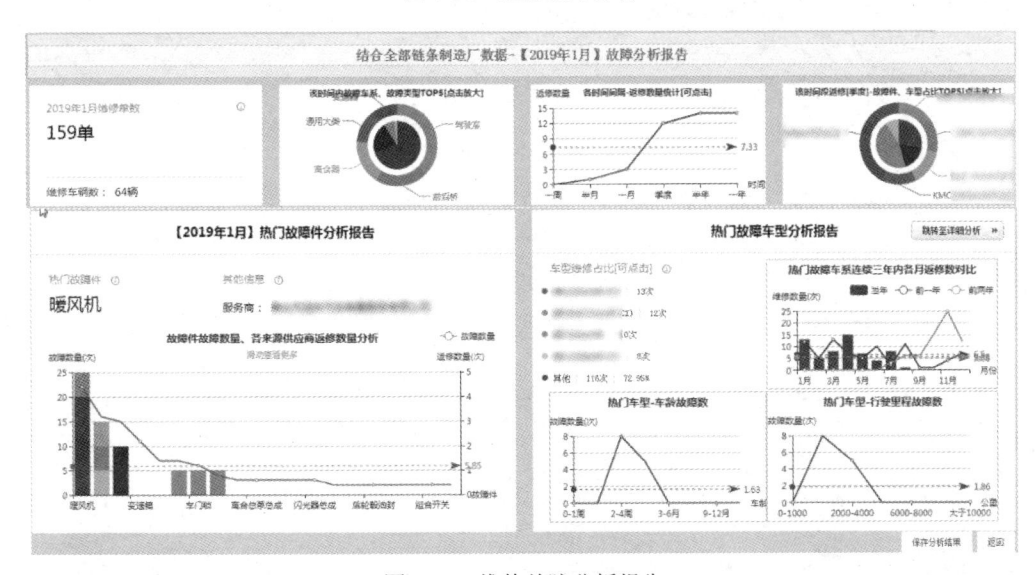

图 7-39　维修故障分析报告

## 参考文献

[1] 刘军. 基于服务链业务数据资源的车辆维修体系及知识库构建[D]. 成都：西南交通大学，2018.

[2] 伍建辉. 基于第三方云平台的故障知识服务技术研究与系统实现[D]. 成都：西南交通大学，2020.

[3] 屈良全. 基于第三方云平台的售后数据服务技术研究与系统实现[D]. 成都：西南交通大学，2020.

# 第 8 章
# 面向城市群的业务科技资源服务体系

## 8.1 城市群综合科技服务平台

在《国务院关于加快科技服务业发展的若干意见》中,综合科技服务"鼓励科技服务机构的跨领域融合、跨区域合作",并且"鼓励科技服务机构面向产业集群和区域发展需求,开展专业化的综合科技服务"。不同区域的重点发展产业不同,对科技服务的需求也不同,单一的科技服务机构很难完全覆盖不同的服务需求。因此,有必要在全国范围内联合多家科技服务机构,面对不同区域的产业集群发展需求,开展专业化的综合科技服务。

城市群作为集群化经济体的典型代表,也是产业集群发展空间承载的典型代表。科技部在国家重点研发计划现代服务业共性关键技术研发及应用示范重点专项申报指南中,部署了哈长城市群综合科技服务平台研发与应用示范、京津冀协同创新区综合科技服务平台研发与应用示范、长三角城市群综合科技服务平台研发与应用示范、成渝城市群综合科技服务平台研发与应用示范、中原城市群综合科技服务平台研发与应用示范、长江中游城市群综合科技服务平台研发与应用示范、珠三角城市群综合科技服务平台研发与应用示范、北部湾城市群综合科技服务平台研发与应用示范、中国(海南)自由贸易试验区综合科技服务技术集成研发和应用等九大科技服务业支撑平台研发与示范项目。在科技服务业快速发展及政策大力扶持的势头下,各个城市群纷纷建立科技服务平台,在更广泛的范围内对各种科技资源进行重新组合配置。

### 1. 哈长城市群综合科技服务平台

该平台围绕现代服务业共性关键技术研发及科技服务应用示范的核心理念,以提升哈长城市群协同创新能力为目标,整合科技服务资源;以完善区域科技服务生态系统为目标,构建区域综合科技服务生态循环模型,揭示区域科技资源共享生态化演进的动力机制和规律,为哈长城市群高端装备制造、新材料、生物医药三个重点产业领域提供服务支撑。

### 2. 京津冀协同创新区综合科技服务平台

该平台面向新一代信息技术、装备制造、生态环保等领域开展科技服务,推动北京科技服务资源向京津冀地区的辐射,支撑京津冀协同创新功能构建。该平台以科技资源+数字地图+情报研究+平台服务为模式,集信息查询、可视化与分析、综合评价、辅助决策等功能于一体,向三地政府、企业、科研人员提供信息和咨询服务。京津冀科技资源创新服务平台的推出,加快推进三地科技资源汇聚、科技协同创新、科技成果供需对接、科技服务示范应用等工作,为推进京津冀协同创新共同体和全国科技创新中心建设提供战略支撑。

### 3. 长三角城市群综合科技服务平台

该平台以科技服务资源共享为主线,以国家级高新技术园区为纽带,以长三角智能制造与科技服务创新战略联盟为抓手,探索和研究区域一体化科技服务模式和方法,整合长三角优势科技服务资源和高新技术园区产业化资源,为长三角建设"最具经济活力的资源配置中心、具有全球影响力的科技创新高地、全球重要的现代服务业和先进制造业中心"提供科技支撑。

### 4. 成渝城市群综合科技服务平台

该平台以新一代信息和网络技术为支撑,以提升现代服务业科技创新支撑能力与水平为主题，以推进互联网与现代服务业及实体经济融合发展为主线，结合成渝城市群产业特点，重点为汽车、物联网、集成电路、工程机械和生态环保等产业集群提供智能化科技服务支撑，有效带动成渝城市群科技服务资源的高效共享。

5．中原城市群综合科技服务平台

为加快推进中原城市群协同创新科技服务的发展，通过创新科技服务的发展模式和顶层设计；突破科技成果转化、创新需求获取、个性化服务推荐、可信服务等支撑技术；梳理现有优势资源，引进高校、科研院所等资源，建立研究研发、技术转移、检验检测认证、创业孵化、知识产权、科技咨询、科技金融、科普等资源池；建设共享、共用、共建+定制的省级协作创新科技服务平台——中原城市群综合科技服务平台。

6．长江中游城市群综合科技服务平台

该平台汇聚了长江中游城市群区域科技创新资源，集聚技术转移、科技金融、创业孵化等科技服务机构，围绕生物医药、高端装备制造、新一代信息技术等特色产业开展综合科技服务，带动区域科技服务业发展，为长江中游城市群的高质量发展赋能。

7．珠三角城市群综合科技服务平台

通过研究珠三角城市群综合科技服务理论体系及平台性关键技术，构建具有珠三角特色的科技服务资源池，建成珠三角枢纽型科技服务平台——珠三角城市群综合科技服务平台，该平台以"资源研发开放、平台整合赋能、模式创新应用、供需典型示范"为主题，构建线上线下融合的科技服务体系，促进珠三角城市群科技成果转移转化、推动科技服务业及典型产业发展。

8．北部湾城市群综合科技服务平台

北部湾城市群综合科技服务平台研发与应用示范项目将整合北部湾城市群优势科技服务资源，形成特色科技服务资源池，研发区域综合科技服务平台，建立平台运营服务体系，实施区域综合科技服务应用示范工程，培育科技服务核心企业，聚集一批科技服务企业，推动科技服务产业的发展。

9. 中国（海南）自由贸易试验区综合科技服务平台

围绕海南全面深化改革开放及中国（海南）自由贸易试验区建设对科技服务的实际需求，面向以旅游业、现代服务业、高新技术产业为主导的开放型生态型、服务型产业体系建设的重点领域，研究自由贸易试验区综合科技服务发展模式、基于分布式资源共享和服务协同的综合科技服务平台发展模式和服务机制，研究面向自由贸易试验区支持服务协同的科技服务平台架构及科技资源聚集、服务协同与和精准服务技术；整合全国及自由贸易试验区的科技服务资源，构建分布式科技服务资源池；整合全国优势专业科技服务平台资源，研发支持服务协同的中国（海南）自由贸易试验区综合科技服务平台，构建平台运营服务体系；选择特色海洋经济、现代服务业、文化旅游、国际医疗保健等产业集群开展应用示范。

## 8.2 面向城市群的业务科技资源服务体系

通过城市群的综合科技服务平台优化科技资源配置，为产业集群提供科技服务是科技服务业落地的重要途径。基于第三方产业价值链协同平台积累的大量业务流程和业务数据，以业务科技资源模型为指导和约束，开发业务科技资源。业务科技资源是业务科技资源体系中最基本的组成单元，也是价值链协同业务科技资源体系构建的基础。跨区域的价值链协同业务科技资源体系，以城市群的综合科技服务平台为依托，整个体系为分布式构建，如图 8-1 所示。为方便展示，将中国地图纵向往内翻转 65°，中国的海域部分未在图中展示。

构建分布式业务科技资源体系的目的是以数据智能的手段，向产业集群提供知识化服务流程。该体系的服务场景包括：当核心企业求解单链业务问题时，使用本地的数据完成分析；当核心企业求解跨链业务问题时，需要跨链数据，则向所属区域的资源服务平台请求资源；当协作企业求解单链和跨链业务问题时，向所属区域的资源服务平台请求资源；企业用户均可向价值链协同平台资源空间请求资源。

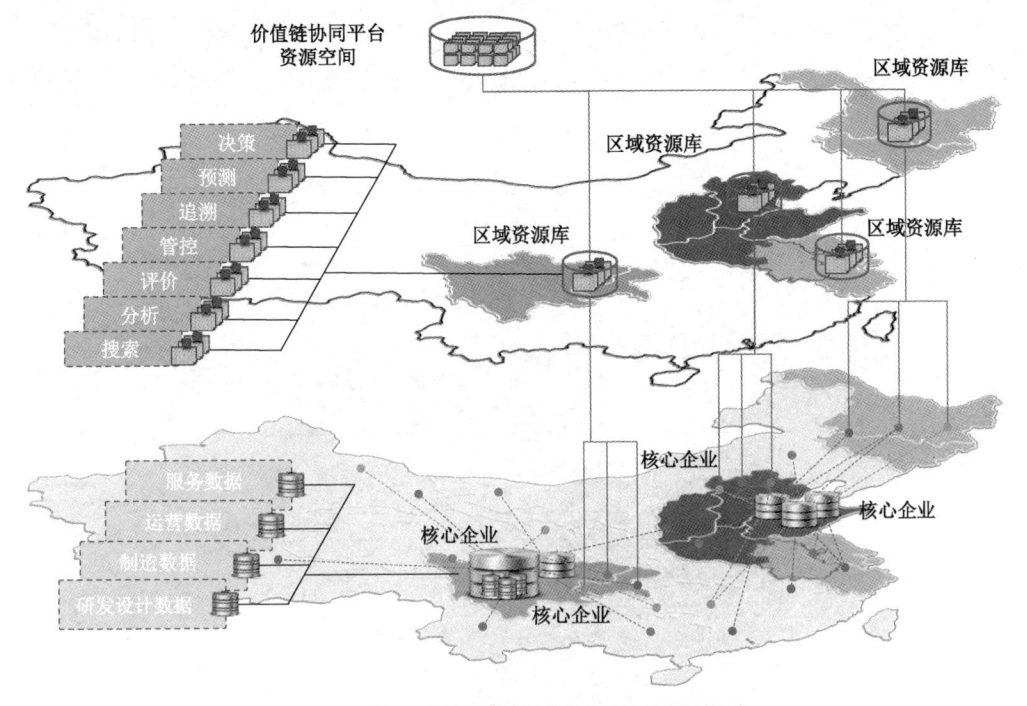

图 8-1 跨区域价值链协同业务科技资源体系

业务科技资源既是业务科技资源体系中最基本的组成单元，也是面向业务科技资源体系构建的基础。从实践的角度看，需要将业务科技资源部署到不同的节点，整个价值链协同业务科技资源体系共包括三种节点角色：价值链协同平台资源空间、区域资源库和核心企业数据库。下面分别论述各节点角色的资源架构。

1. 价值链协同平台资源空间节点

在长期运行过程中，第三方产业价值链协同平台积累了大量价值链协同的业务流程和业务数据，在此基础上，既可以开发业务科技资源，又可以构建资源空间。如图 8-2 所示为价值链协同平台资源空间架构。

价值链协同平台资源空间架构包括基础设施层、数据空间层、资源池层和资源服务层。

基础设施层包括网络基础设施和 IT 基础架构。数据空间层包含供应、营销、服务等领域的数据。资源池层包含大量业务科技资源，为产业集群不同价值链节点上的企业业务科技资源应用。企业对业务科技资源的访问应受相应的价值链管控的约束。资源服务层为产业集群用户提供资源服务，包括资源展示、资源搜索、用户管理等。

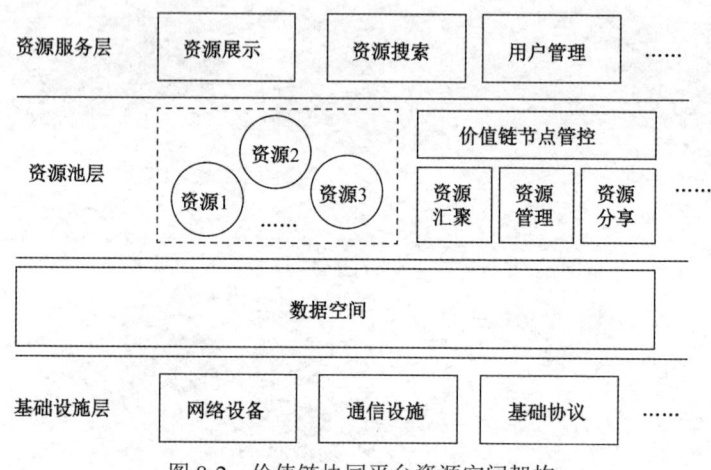

图 8-2 价值链协同平台资源空间架构

在业务科技资源池中，每个业务科技资源都可以完整地表达一个或多个特定功能，是解决特定具体问题的流程和软件构件。业务科技资源是特定价值活动知识的载体，封装了解决特定问题的流程、逻辑、数据、业务流程、经验、算法等。此外，业务科技资源可标准化封装，可重用、可组合。业务科技资源符合特定的标准规范，不同的业务科技资源可以通过一定的逻辑与交互进行组合，解决更复杂的问题。

产业集群上不同的企业根据自身所处的价值节点不同，有不同的知识化服务需求。根据经济合作与发展组织（OECD）的《以知识为基础的经济》报告，可以将知识可以分为 Know-what（知道是什么）、Know-why（知道为什么）、Know-how（知道如何做）和 Know-who（知道谁能做）四种类型。Know-what 指关于事实方面的知识；Know-why 指关于事物的客观原理和规律性方面的知识；Know-how 指关于满足人们某种需要或改变物质世界所需要的能力、技巧及技术方面的知识；Know-who 指关于哪些人具有 Know-what、Know-why 或 Know-how 这一方面的知识。例如，针对配件链协同中的滞销配件管控问题，Know-what 意味着知道哪些配件是滞销配件，Know-why 意味着知道造成滞销配件的原因，Know-how 意味着知道采取何种策略如何处理滞销配件，Know-who 则意味着将滞销配件转让给谁（服务商）最合适。

业务问题是知识的起点，问题求解既是提取知识的过程，也是构建业务科技资源的过程。本节从价值链节点和需求这两个维度对业务问题进行划分，如图 8-3 所示。产业集群上不同价值链节点企业既有不同的需求，也有不同的业务问题集合。例如，针对产品，整机制造企业希望进行产品质量评价，可以相应地构建面向整机制造企业的产品质量评价业务科技资源。

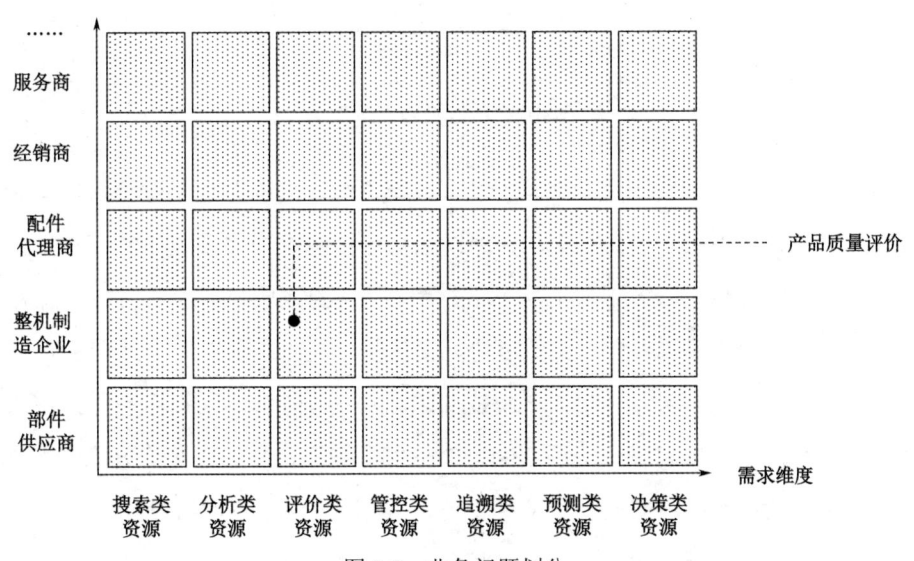

图 8-3 业务问题划分

在价值链节点维度上，可以将产业集群价值链上的企业分为整机制造企业、部件供应商、配件代理商、服务商和经销商等。需求维度则包括搜索类资源、分析类资源、评价类资源、管控类资源、追溯类资源、预测类资源和决策类资源等。

每个业务科技资源都可以完整地表达一个或多个特定功能，是解决特定具体问题的流程和软件构件，不同的业务科技资源可以根据一定的逻辑与交互进行组合，以解决更复杂的问题。

## 2. 区域资源库节点

区域资源库的作用是面向区域的企业发展共性需求,为产业集群发展提供专业科技资源和业务科技资源的一站式服务,区域资源库架构如图 8-4 所示。

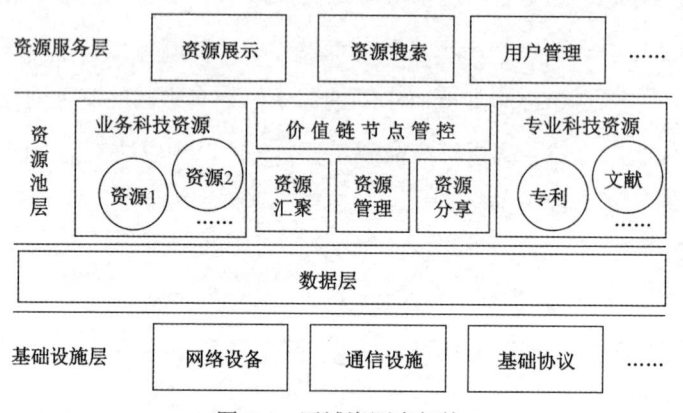

```
资源服务层    [资源展示]    [资源搜索]    [用户管理]    ……

资源池层     [业务科技资源          价值链节点管控         专业科技资源
              (资源1)(资源2)…    [资源  资源  资源        (专利)(文献)
                                  汇聚  管理  分享)]

             [              数据层              ]

基础设施层   [网络设备]    [通信设施]    [基础协议]    ……
```

图 8-4 区域资源库架构

与价值链协同平台资源空间架构类似,区域资源库架构共包括网络设施层、数据层、资源池层和资源服务层。其中,基础设施层包括网络基础设施和 IT 基础架构等。数据层由区域综合科技服务平台汇聚的数据组成。资源池层包含业务科技资源和专业科技资源。业务科技资源来源于价值链协同平台资源空间,由于每个区域都有自己的产业基础和发展规划,因此对业务科技资源的需求存在差异。根据用户访问需求,区域资源池持有价值链协同平台资源空间中的一部分资源,并与其保持数据同步。产业集群企业用户的资源的访问应受相应的价值链管控的约束。资源服务层为产业集群用户提供资源服务,包括资源展示、资源搜索和用户管理等。

## 3. 核心企业数据库节点

核心企业数据库与价值链协同平台资源空间和区域资源库共同组成价值链协同业务科技资源体系。当核心企业求解单链业务问题时,使用本地的数据完成分析即可;当核心企业求解跨链业务问题时,需要跨链数据,向所属区域的科技资源服务平台请求资源,并根据需要,结合本地数据,求解跨链业务问题。核心企业数据库架构与企业自身的规划有关。

## 8.3 面向城市群的业务科技资源服务体系部署与应用

构建业务科技资源体系的直接目的是获得产业集群业务协同所需的各种知识，贯通数据智能手段和业务科技资源应用间的桥梁，支撑企业在研发、采购、制造、营销、服务等各个环节中活动的精细化，从而促进产业集群的整体升级转型。

基于价值链协同业务科技资源基础上，面向京津冀、哈长、长三角、成渝等城市群，设计了价值链协同业务科技资源体系。整个价值链协同业务科技资源体系为分布式构建，共包括三种节点角色：价值链协同平台资源空间、城市群资源库和核心企业数据库。考虑资源访问成本、资源同步成本及资源存储成本的约束，可在不同的城市群站点合理部署业务科技资源，以便提高资源的响应效率，降低成本。本节给出前两种角色的实现界面展示和相关介绍。

### 1. 价值链协同平台资源空间

第三方产业价值链协同平台在长期运行过程中，积累了大量价值链协同的业务流程和业务数据，在此基础上构建资源空间。产业集群上存在整机制造企业、部件供应商、经销商、服务商及配件代理商等企业角色。不同的企业根据自身所处的价值节点，存在不同的知识化服务需求。价值链协同平台资源空间的资源设计从使用角色和求解对象两个维度对业务问题进行划分，研发不同的业务科技资源。以体系化和分布式构建的方式向产业集群提供系统性的综合科技服务，以期促进企业的智能化应用从当前单点局部改进向系统性提升迈进。图 8-5 为价值链协同平台资源空间的访问界面。

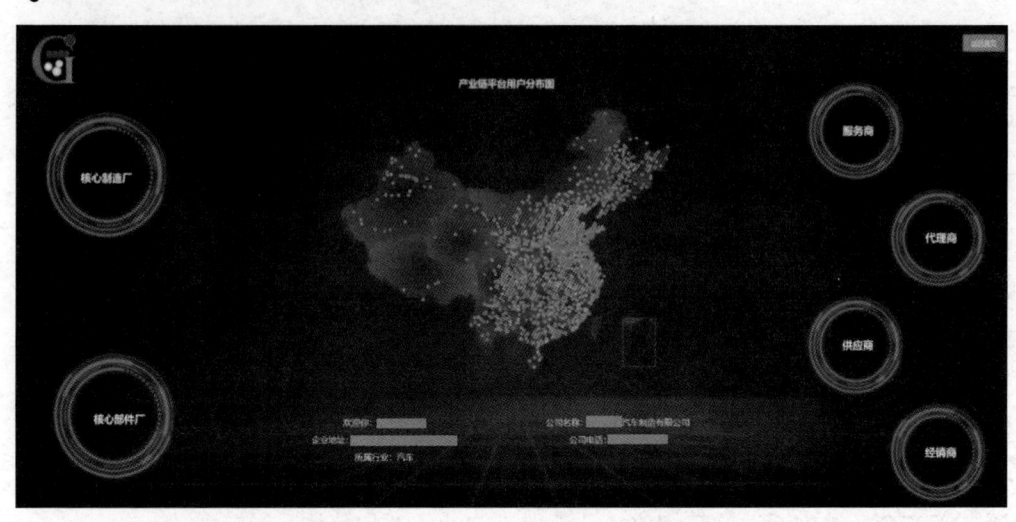

图 8-5　价值链协同平台资源空间访问界面

### 2. 城市群区域资源库

业务科技资源来源于价值链协同平台资源空间，由于每个城市群都有自己的产业基础和发展规划，因此对业务科技资源的需求存在差异。根据用户访问需求，城市群区域资源池持有价值链协同平台资源空间中的一部分资源，并与其保持数据同步，如图 8-6 所示。

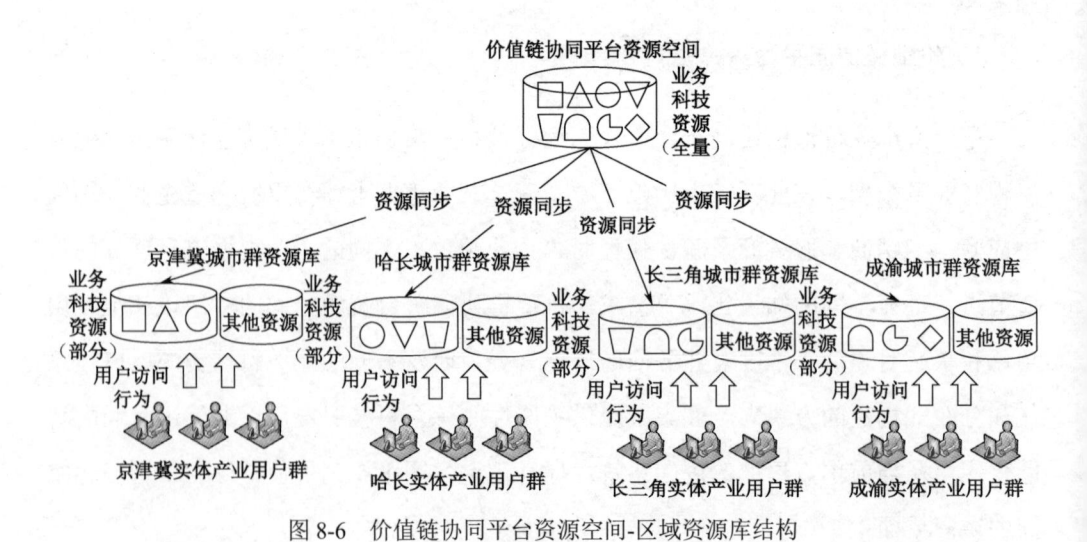

图 8-6　价值链协同平台资源空间-区域资源库结构

目前，业务科技资源已被初步部署到了哈长城市群科技云服务平台，能够为用

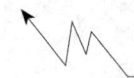

户提供业务科技资源的服务应用，京津冀城市群、长三角城市群和成渝城市群的科技资源服务平台的业务科技资源部署正在进行中。图 8-7 为哈长城市群综合科技服务平台资源库。

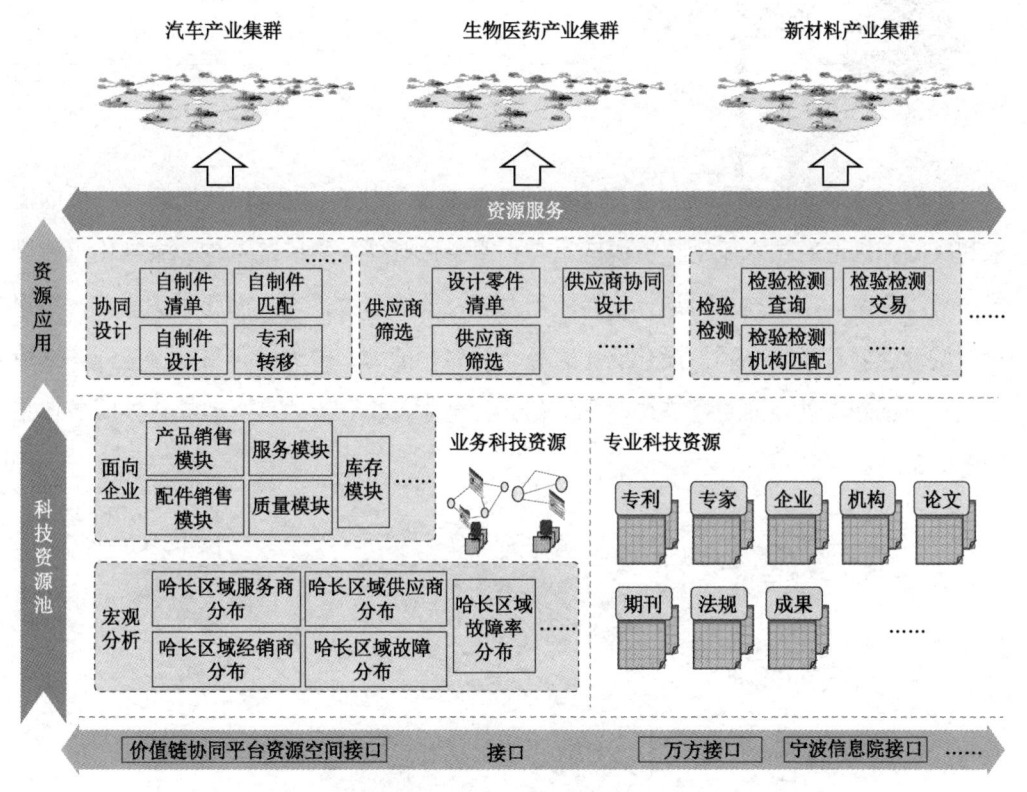

图 8-7　哈长城市群综合科技服务平台资源库

哈长城市群综合科技服务平台通过业务科技资源和专业科技资源的 API 接口，根据城市群内产业集群的需求，可对资源进行二次开发。资源池共包括 2 层。

（1）科技资源池包括业务科技资源和专业科技资源两部分。其中，业务科技资源目前包括可对平台所有访问用户开放的宏观分析类资源，以及只对平台授权用户开放的面向企业类资源；专业科技资源目前包括专利、专家、企业、机构、论文、期刊、法律法规、成果等。

（2）根据哈长城市群产业集群的需求，资源应用目前包括协同设计、供应商筛选、检验检测等资源应用。

## 8.4 城市群及区域产业集群科技服务发展模式探索

牢固树立和贯彻落实新发展理念和创新驱动发展战略，围绕现代服务业发展的需求和实际，打造新技术驱动、资源链重塑、服务化延伸、价值链重构、生态化重建模式与解决方案。抢抓技术机遇，创新驱动发展；凝练重大需求，创新服务模式；集聚科技资源，创新体制机制，提升现代服务业的科技能力，做大做强科技服务业，支撑现代产业创新发展，推动经济转型升级和社会全面进步。新技术驱动的科技服务体系如图 8-8 所示。

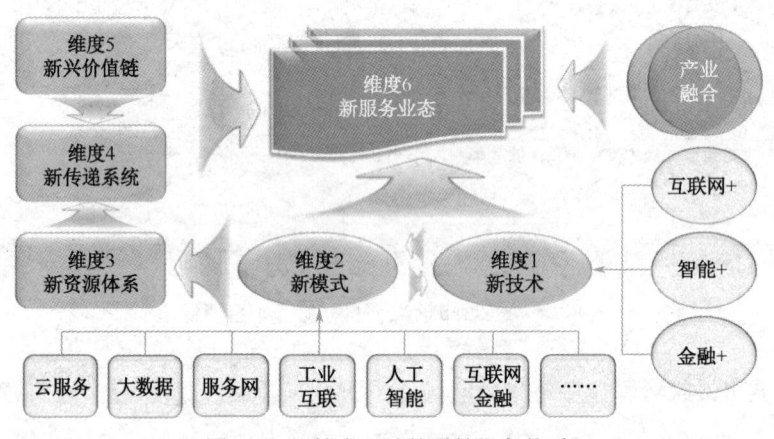

图 8-8　新技术驱动的科技服务体系

**1. 新技术驱动模式与解决方案**

攻克云服务、大数据、务联网、工业互联、人工智能、互联网金融等关键技术，基于"互联网+""智能+""金融+"思维及新一代信息技术和工业技术的突破，推动现代服务业模式创新。通过技术、模式和体制机制的创新，打造现代服务业新资源体系、新传递系统、新兴价值链，推动新服务业态的发展。推进基于工业软件、数字套件和工业互联的全流程信息化服务。构建现代服务业科技创新体系、现代服务业产业服务体系，打造现代服务业产业生态链。

### 2. 资源链重塑模式与解决方案

在新技术驱动战略驱动下，基于"互联网+""智能+""金融+"思维及现代服务发展模式的创新，创新发展现代服务业的专业科技资源体系与业务科技资源；基于云服务、大数据、务联网、工业互联、人工智能、互联网金融，打造从数据到知识、从知识到资源的专业化业务资源体系，构建多平台协同的现代服务业科技资深新体系，重塑现代服务资源链。

### 3. 服务化延伸模式与解决方案

基于云服务、大数据、工业互联和人工智能技术的突破，深化产品三包服务、延伸产品智能监测、远程诊断管理、全产业链追溯、产品维修维护和自收用等产品服务生命周期管理和服务。鼓励优势制造业企业裂变专业优势，通过业务流程再造，向行业提供社会化、专业化的系统集成、备品备件、工程总包和融资服务。支持制造企业由提供产品向提供整体解决方案转变，推动生产型制造向服务型制造转变，推进制造业服务化和服务型制造。

### 4. 价值网重构模式与解决方案

基于云服务、大数据、工业互联和人工智能技术的突破，围绕现代服务资源链重塑、基于工业互联网的产业价值链重构、制造和服务价值链的融合，通过打造工业互联网及互联智能、工业大数据及数据智能、多价值链融合及群智协同，突破传统供应链，推进制造业和金融、音乐、电视、导航、游戏等服务业的跨界融合。打破传统价值链孤岛，推进价值网重构，创新发展现代服务新模式和新业态，打造现代服务价联网。

### 5. 生态化重建模式与解决方案

围绕城市群产业梯度转移及产业集群发展的需求，推进知识密集性服务业；向实体经济全链条全过程渗透；围绕城市群促协同、争高端、强能力、创模式的重大需求，实施科技云平台战略、科技池服务战略和科技网支撑战略，探索区域综合科技服务新模式，面向城市群产业梯度转移，创新发展技术转移、检验检测认证、创业孵化、知识产权、科技咨询等专业科技资源服务；围绕产业集群业务协同的需求，创新发展基于工业互联网及制造与服务融合发展的业务科技资源服务。构建多平台协同的科技资源聚集和服务体系，打造城市群服务互联网，构建现代产业生态链和产业支撑生态链。

# 参考文献

[1] 陈于思. 价值链协同业务科技资源体系构建技术研究[D]. 成都：西南交通大学，2021.

[2] 科技部. "现代服务业共性关键技术研发及应用示范"重点专项2017年度项目申报指南[R]. 2017-08-11.

[3] 科技部. "现代服务业共性关键技术研发及应用示范"重点专项2018年度项目申报指南[R]. 2018-09-11.

[4] 科技部. "现代服务业共性关键技术研发及应用示范"重点专项2019年度项目申报指南[R]. 2019-06-21.

[5] 山东科学院. 学校（科学院）山东省计算中心牵头的国家重点研发计划项目启动[N]. http://zscq.qlu.edu.cn/2019/1128/c7433a139337/page.html. 2019-11-28.

[6] 科技部. 国家重点研发计划"哈长城市群综合科技服务平台研发与应用示范"项目通过中期检查[N]. http://www.most.gov.cn/kjbgz/201910/t20191009_149134.html. 2019.

[7] 中国新闻网. 京津冀科技资源创新服务平台正式发布[N]. https://www.chinanews.com/ gn/2018/10-12/8648716.shtml. 2018-10-12.

[8] 同济大学. 国家重点研发计划"长三角城市群综合科技服务平台研发与应用示范"项目启动会在同济大学召开[N]. https://see.tongji.edu.cn/info/1143/6440.htm. 2018-07-09.

[9] 科技部. 国家重点研发计划"成渝城市群综合科技服务平台研发与应用示范"项目在渝启动[N]. http://www.most.gov.cn/kjbgz/201807/t20180727_140886.html. 2018-07-27.

[10] 江西省科学技术信息研究所. 我所参加"长江中游城市群综合科技服务平台研发与应用示范"国家项目研讨及中期检查会议[N]. http://www.jxinfo.net.cn/info/1016/1024.htm. 2020-12-18.

[11] 中山大学深圳研究院. 中山大学深圳研究院启动实施国家重点研发计划"珠三角城市群综合科技服务走廊应用示范"课题[N]. https://www.sohu.com/a/330834151_99893498. 2019-08-01.

[12] 广西科技厅高新技术发展及产业化处. 国家重点研发计划"北部湾城市群综合科技服务平台研发与应用示范"项目申报研讨会在南宁召开[N]. http://www.gxnews.com.cn/staticpages/20180326/newgx5ab897be-17186698.shtml. 2018-03-26.

[13] 冯宣. 以知识为基础的经济[J]. 中国软科学，1998，03：39-39.

# 读者调查表

尊敬的读者：

  自电子工业出版社工业技术分社开展读者调查活动以来，收到来自全国各地众多读者的积极反馈，他们除了褒奖我们所出版图书的优点外，也很客观地指出需要改进的地方。读者对我们工作的支持与关爱，将促进我们为您提供更优秀的图书。您可以填写下表寄给我们（北京市丰台区金家村288#华信大厦电子工业出版社工业技术分社　邮编：100036），也可以给我们电话，反馈您的建议。我们将从中评出热心读者若干名，赠送我们出版的图书。谢谢您对我们工作的支持！

姓名：_____　性别：☐男　☐女　年龄：_____　职业：_____
电话（手机）：_____　E-mail：_____
传真：_____　通信地址：_____　邮编：_____

1. 影响您购买同类图书因素（可多选）：
☐封面封底　☐价格　☐内容提要、前言和目录　☐书评广告　☐出版社名声
☐作者名声　☐正文内容　☐其他_____

2. 您对本图书的满意度：
从技术角度　　　　　☐很满意　☐比较满意　☐一般　☐较不满意　☐不满意
从文字角度　　　　　☐很满意　☐比较满意　☐一般　☐较不满意　☐不满意
从排版、封面设计角度　☐很满意　☐比较满意　☐一般　☐较不满意　☐不满意

3. 您选购了我们哪些图书？主要用途？
_____

4. 您最喜欢我们出版的哪本图书？请说明理由。
_____

5. 目前教学您使用的是哪本教材？（请说明书名、作者、出版年、定价、出版社），有何优缺点？
_____

6. 您的相关专业领域中所涉及的新专业、新技术包括：
_____

7. 您感兴趣或希望增加的图书选题有：
_____

8. 您所教课程主要参考书？请说明书名、作者、出版年、定价、出版社。
_____

邮寄地址：北京市丰台区金家村288#华信大厦电子工业出版社工业技术分社
邮编：100036　　电话：18614084788　　E-mail：lzhmails@phei.com.cn
微信ID：lzhairs/18614084788　　联系人：刘志红